Test Automation Essentials for iOS Apps

iOSアプリ開発 自動テストの教科書

XCTestによる単体テスト・UIテストから、
CI/CD、デバッグ技術まで

平田敏之
細沼祐介

技術評論社

■免責

本書に記載された内容は、情報の提供のみを目的としています。したがって、本書を用いた運用は、必ずお客様自身の責任と判断によって行ってください。これらの情報の運用の結果について、技術評論社および著者はいかなる責任も負いません。

本書記載の情報は、2019年5月現在のものを掲載していますので、ご利用時には、変更されている場合もあります。

また、ソフトウェアはバージョンアップされる場合があり、本書での説明とは機能内容や画面図などが異なってしまうこともあり得ます。本書ご購入の前に、必ずバージョン番号をご確認ください。

以上の注意事項をご承諾いただいた上で、本書をご利用願います。これらの注意事項をお読みいただかずに、お問い合わせいただいても、技術評論社および著者は対処しかねます。あらかじめ、ご承知おきください。

■商標、登録商標について

本文中に記載されている製品の名称は、一般に関係各社の商標または登録商標です。なお、本文中では、™、®などのマークは省略しています。

はじめに

本書は、iOS アプリ開発における自動テストについて焦点をあてた 1 冊です。

iOS アプリの開発が始まってから約 10 年が経ちました。昔に比べ開発は複雑さが増しており、対応するべき端末の種類も増えました。そのため、手作業によるテストだけでは、品質を保つことは難しくなってきています。

手作業によるテストのみに頼ると、検証にかかるコストがどうしても増えてしまいます。その結果として、リリースまでの速度が遅くなるという事態になりかねません。逆に、リリースを優先してリグレッションテスト（回帰テスト）を実施しなかった場合、リリース後にバグが発生してしまうという事態も起こりえます。

これらの問題に対する解決策の 1 つが自動テストです。しかし、自動テストは、かんたんに導入し、運用を続けられるものではありません。また、すべてを解決する“銀の弾丸”というわけでもありません。

ここ数年で、iOS アプリ開発において、自動テストでおこなえることが増えてきています。また、CI/CD（継続的インテグレーション・デリバリ）やデバイスファーム（クラウド上で実際のモバイル端末を利用できる環境）といった、自動テストに関係するサービスも増えてきています。

しかし、自動テストについて体系的にまとまった情報は少なく、もちろんそれらがまとめられた書籍もありません。こういった情報の少なさや、自動テストを始める際の学習コストの高さから、取り組もうとしたものの挫折した、あるいは失敗した経験がある人も多いのではないかと思います。

そのような背景から、本書の企画が立ち上がりました。本書は「iOS アプリ開発における自動テストのための地図」のようなものを目指しました。各トピックについて深くは取り上げていませんが、自動テストを挫折せずに導入・運用できるよう、自動テストおよびそれに関係する情報を幅広く解説しています。

本書では、おもに以下のような内容をまとめました。

- 自動テストについての考え方
- XCTest を利用した単体テストや UI テストの作成方法

・自動テストに役立つ OSS の活用例
・CI/CD サービスを利用した開発・リリースサイクルの自動化
・アプリ配信やデバイスファームなどの関連サービスの活用例
・fastlane を利用したタスクの自動化
・Xcode や LLDB などを活用したデバッグ手法

このような幅広いトピックを扱いつつも、入門的な情報だけにとどまらず、実際のプロジェクトで活用できる実践的な内容となるように注意を払いました。
本書が、自動テストの導入や活用につながれば、筆者らとしては幸いです。

本書の構成

本書は全体で 5 部構成になっています。第 1 ～ 4 部が「自動テスト」についてのトピックとなっています。基本的にはどのパートから読み始めても構いませんが、実践で利用する際には、第 1 部に目をとおしたほうがよいでしょう。また、第 3 部での「UI テスト」の解説については、第 2 部の第 3 章で解説している XCTest の基本的な知識を必要とする部分があります。
なお、自動テストの導入・運用という全体的な視点で見た際に、それぞれのトピックは独立しているけれどもつながっている点に留意してください。
第 5 部は「デバッグ」についてのトピックになっており、これについては「今日から開発で使えるテクニック」として好きな箇所から読むことができます。

【第 1 部：自動テストについて】

「自動テストとどのように向き合うべきなのか」という指針が書かれています。
第 1 章では、「なぜ自動化するのか」といった根本的なことや、自動テストのバランスを考えるうえで重要な「テストピラミッド」、そして「どこまで自動化すべきなのか」といった自動テストを始める際に重要なことが書いてあります。
第 2 章では、自動テストを実際に導入・運用していくうえで大切なポイントについて触れています。これらのポイントを事前に知っておくことで、自動テストで陥りがちな多くの落とし穴を避けられるでしょう。

【第２部：単体テスト】

第３章では、Xcode における標準のテスティングフレームワークである XCTest についてくわしく解説しています。また、「テストしやすいコードにするテクニック」や「コードカバレッジ」についても触れています。

第４章では、iOS アプリ開発において有用と思われるテスト用の OSS として「Quick/Nimble」、「Mockingjay」、「Cuckoo」、「SwiftCheck」の４つを紹介しています。それぞれが異なるアプローチを採用しているので、自動テストについての考え方を広げることができるでしょう。

【第３部：UI テスト】

第５章では、XCUITest の基本的な使用方法について説明しています。API の基本的な使い方から、レコーディング機能、どのように実装を進めていくかについて記載しています。

第６章では、より詳細な API について解説しています。この章を読むことで、UI テストで必要なほとんどの API を学ぶことができるでしょう。

第７章では、実際に UI テストを作成・運用していくうえで役立つことを解説しています。メンテナンス性を高めるテクニックや「Page Object Pattern」といった実装パターンなどにくわえ、長期的に運用していくうえで課題となるテスト実行時間の短縮についても触れています。

【第４部：CI/CD】

第８章では、CI/CD の基礎的な解説をおこなっています。CI/CD がどういったものかという基本的なところから、関連サービスについての知識、実際に CI/CD パイプラインを作る際の考え方について書かれています。

第９章では、タスク自動化ツールのデファクトスタンダードである「fastlane」について解説しています。導入方法から始まり、Fastfile の書き方やライフサイクル、プラグインの利用方法などを解説したうえで、実際に fastlane を使ってタスクを自動化する例を見ていきます。

第 10 章では、CI/CD に関連するサービスについて、実際のサービスでの利用例について見ていきます。アプリ配信サービスとして「Test Flight」と「DeployGate」、デバイスファームとして「Firebase Test Lab」と「AWS

Device Farm」の利用方法について解説しています。

第11章では、実際のCI/CDサービスで、第8章で例にあげたCI/CDパイプラインを自動化する方法を見ていきます。初心者にとって始めやすいと思われる「Bitrise」と、より柔軟なCI/CDパイプラインを組み立てられる「CircleCI」について解説しています。

【第5部：デバッギング】

最後の第12章では、Xcodeにおけるブレークポイントの一歩進んだ使い方、LLDBによるデバッグ、メモリリークの検出方法など、デバッグに役立ちそうな情報を数多く載せています。これらのテクニックを知ることで、開発の生産性の向上、ひいてはアプリ品質の向上につながるでしょう。

【Appendix】

Appendixとして、XCTestの導入手順や実行方法、Bundlerを利用したツールバージョンの固定について記載しています。これらはそれぞれの章に書くと重複してしまうために、Appendixにまとめました。

これらの情報が必要な場合は、本文中にその旨が書かれているので、必要になったタイミングで参照してください。

想定環境

本書では、以下の環境をもとに動作を確認しています。

・Xcode：10.2
・macOS：10.14.3（Mojave）
・Ruby：2.3.7
・bundler：1.17.3
・fastlane：2.115.0
・CocoaPods：1.6.1
・Carthage：0.32.0

ライブラリ・ツールの導入手順について

本書の執筆時点において、iOSアプリ開発で利用される主要なパッケージマネージャは、次の2つ[※1]があります。

・CocoaPods
・Carthage

本書で解説しているライブラリ・ツールの多くは、これら両方のパッケージマネージャに対応しており、公式リポジトリのREADMEに、具体的な手順が記載されているものがほとんどです。

すべてのライブラリについて両方の導入手順を記載すると、それだけで紙面をとってしまうので、本書では基本的にCocoaPodsでの導入手順だけを記載することにしました[※2]。例外として、第4章の4-1節では、CocoaPodsとCarthageの両方の手順を記載しているので、Carthageでライブラリを導入をする際には、そちらを参考にしつつ、各ライブラリの公式ドキュメントを参照してください。

なお、CocoaPods本体のインストールについては、「Appendix」で触れています。Carthage本体のインストール方法については、本書では割愛していますので、公式ドキュメント[※3]などを参照してください。

本書におけるXcodeの画面説明

本書ではXcodeの操作説明をする際に、画面上の名称を記載することがあります。名称がどこの要素を指しているかわかりやすいように、本書における「呼び名」を事前に説明しておきます。

【画面上の要素の呼び名】

本書では操作説明などにおいて、Xcodeの画面の各要素を表記している箇所があります。Xcodeのメイン画面においては以下の図に記載した呼び名を利用

※1　Swift Package ManagerというSwift標準のパッケージマネージャもありますが、本書の執筆時点ではiOSアプリ開発で多く利用されている印象はないので除外しました。

※2　導入でつまづかないように、CocoaPodsでの導入手順だけは記載することにしました。CocoaPodsを選択したのは、最もトラブルが少ないと思われるためです。

※3　https://github.com/Carthage/Carthage

することにします。

▶図　Xcodeの画面構成と呼び名

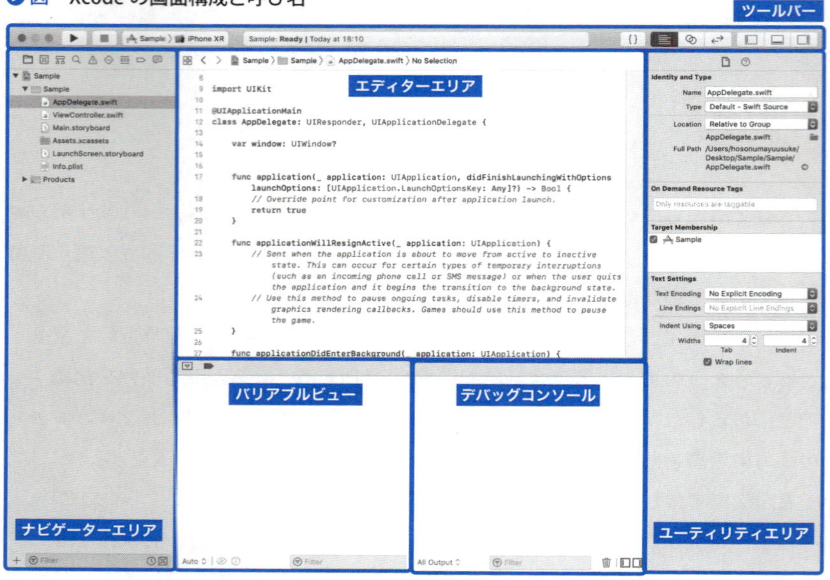

　また、ナビゲーターエリアで、上部のアイコンをクリックすることで表示内容を切り替えられますが、本書では左から順に次の呼び名を利用します。

・プロジェクトナビゲーター（⌘＋1）
・ソースコントロールナビゲーター（⌘＋2）
・シンボルナビゲーター（⌘＋3）
・検索ナビゲーター（⌘＋4）
・警告ナビゲーター（⌘＋5）
・テストナビゲーター（⌘＋6）
・デバッグナビゲーター（⌘＋7）
・ブレークポイントナビゲーター（⌘＋8）
・レポートナビゲーター（⌘＋9）

メニューからの操作については次のように記載します。

Xcode メニュー > File > New > File...（⌘ + N）

ショートカットキーについては、デフォルトで設定されているものがあれば、それを末尾に（）で記載します。

▶図　Xcode のメニュー選択

File　Edit　View　Find　Navigate　Editor　Product　Debug
New ▶　Tab ⌘T
Add Files... ⌥⌘A　Window ⇧⌘T
Open... ⌘O　File... ⌘N
Open Recent ▶　Target...

謝辞

本書の執筆にあたって、多くの方にご協力をいただきました。本書の内容をレビューしてくださった次の皆様（順不同）には、本書全体に渡って技術的な点からわかりづらい箇所までご指摘していただきました。

- 花芽尋かすみ（@kagahiro_kasumi）さん
- ダンボー田中（@ktanaka117）さん
- 玉城信悟（@alligator_tama）さん
- 三原究作（@qmihara）さん
- 新堂敬隆（@ shindyu）さん
- オガサハラオ（@it_the_hayh）さん
- @po_miyasaka さん
- かむい（@kamui_project）さん
- ペンギン村の皆さん

ご多忙のなか本当にありがとうございました。そして、この本の企画を持ってきてくださった技術評論社の西原康智氏には長期に渡りご尽力を賜り、心から感謝申し上げます。

共著者の細沼さんに感謝します。1人ではこの本を書ききることはできなかったと思います。

また、妻と2人の娘には本当に感謝しています。みんなの笑顔は、執筆の糧になりました。

本書を通じて少しでもコミュニティに貢献できたら幸いです。

平田 敏之

多くの方に感謝しなければなりません。業務中の執筆活動に理解をくださったSWETチームの皆さん、気軽に相談に乗ってくださったペンギン村の皆さん、そして勉強会やカンファレンスで知識・経験を共有してくださったiOSアプリ開発者の皆さん、本当にありがとうございました。

そして、いつか技術書を書こうと思わせてくれた、書籍「Joel on Software」の著者Jeol Spolsky氏に特別な感謝を。

細沼 祐介

目次

はじめに......3

第1章　自動テストをはじめる前に　23

1-1　なぜ自動テストを実装するのか　24

自動テストのメリット......24
必要な手動テストのために、テストを自動化する......25

1-2　テストピラミッドを意識する　26

自動テストの種類......26
テストピラミッドとは......27

1-3　どこまでのテストを自動化するか　28

やるべきテスト自動化はいつだって、
　与えられた時間と資金よりも多い......28
すべての自動テストの価値は異なる......29
テスト自動化の範囲と目的を考える......29

1-4　テストの目的を把握する　32

単体テストの目的......32
UI テストの目的......34

第2章　自動テストにおける落とし穴を避ける　37

2-1　テストケースを独立させる　38

独立しないテストの問題点……38
テストを独立させる方法……38

2-2　テストの失敗原因をわかりやすくする　39

テストケース名をわかりやすくする……40
テストコードの中身をわかりやすくする……41
テストが失敗したときの情報を用意する……42

2-3　自動テストをどこから追加していくか　44

単体テストの自動化のタイミング……44
UI テストの自動化のタイミング……44

2-4　不安定なテスト結果に向き合う　46

不安定なテスト結果をなおす……47
違った形で担保する……47
テストケース自体を削除する……47

2-4　テストの実行時間を意識する　49

テストの実行時間が増える原因……49
テストの実行時間が増えたことにより起こる問題……49
テストの実行時間を減らす方法……50

第3章　XCTest を利用した単体テスト　51

3-1　XCTest framework とは　52

XCTest framework でできること……52
サードパーティの OSS のフレームワークと XCTest……53

3-2 XCTest を使った最初の単体テスト 54

テスト対象となる四則演算のコード......54
足し算に対するテストを書いて実行する......55
テストコードの解説......58
ほかの算術演算に対するテストを追加する......59
重複コードを共通化する......60

3-3 アサーション 62

アサーションとは......62
アサーションの種類......62
Bool を判定する......64
nil を判定する......65
等値性を判定する......65
等値性を判定する（Objective-C）......66
大小を判定する......69
意図的に失敗させる（XCTFail）......70
例外を判定する......71

3-4 失敗時のエラーメッセージを指定する 76

失敗時のメッセージを記述するメリット......76
すべてのテストに失敗時のメッセージが必要なわけではない......77

3-5 独自のアサーションを作成する 79

3-6 XCTest のライフサイクル（setUp / tearDown） 82

3-7 テストを階層化する - XCTContext 85

3-8 非同期な API のテスト - XCTestExpectation 88

テスト対象のコード......88
まちがったテスト方法......89
正しいテスト方法......90

3-9 単体テストが書きづらいケースに対処する 93

外部環境に依存したテスト......93
デフォルト引数を利用して外部依存を避ける......94
モックを使って外部依存を避ける - プロトコルの利用......96

3-10 API を利用する Model クラスをテストする 102

プロトコルを導入して APIClient を差し替え可能にする 105
テスト用のモックを作成する 106
作成したモックを使ってテストする 107
デフォルト引数で利用しやすくする 109

3-11 ランダムな順序で実行させる 111

Xcode でランダム順での実行を設定する 112
ランダム順による実行の注意点 114

3-12 コードカバレッジを考える 115

コードカバレッジとは 115
Xcode でコードカバレッジを利用する 116
エディタ上でコードカバレッジの結果を確認する 117
コードカバレッジ率を確認する 119

第 4 章 単体テストに役立つ OSS を活用する 123

4-1 Quick/Nimble - BDD フレームワーク 124

Quick とは 124
Nimble とは 126
Quick/Nimble を導入する 127
最初のテストを実施してみる 129
テストケースごとに前処理をおこなう 133
一時的に実行対象外にする／指定したものだけ実行する 135

4-2 Mockingjay - HTTP 通信のモック 139

HTTP モックとは 139
Mockingjay を導入する 140
HTTP 通信をする API をスタブ化する 140
Matcher と Builder 144
Matcher と Builder を自分で定義する 145

4-3 Cuckoo - モック用のコードの自動生成 148
Cuckooとは 148
Cuckooを導入する 149
任意の値を返す（スタブ） 150
呼び出しを検証する（Verify） 153
Matcherの種類 156
自作モックと自動生成モックのどちらがよいか 158

4-4 SwiftCheck - Property-based Testing 160
大量のテストで漏れがないか洗い出す 160
SwiftCheckを導入する 164
最初のProperty-based Testing 164
性質を考える 165
SwiftCheckでテストを記述する 166
事前条件を定義する 167
任意の型の自動生成に対応する 168
同じ条件でテストを再実行する 169
性質を見抜くことに慣れよう 171

第5章 XCTestを利用したUIテストの基本 175

5-1 XCUITestとはなにか 176
iOSでUIテストをおこなうためのテスティングフレームワーク 177
XCUITestで実装する流れ 178
初期のテストコード 178

5-2 UIテストを実装するための最初のステップ 180
テストで利用するサンプルアプリ 180
UI要素を特定する 183
UI要素を操作する 187
UI要素の属性を確認する 188

5-3 Xcodeのレコーディング機能を利用する 190
レコーディング機能を使う流れ 190

サンプル操作でレコーディング機能を使う 191

5-4 UI 要素に設定されている情報を調べる 194

Debug View Hierarchy を利用する 194
Accessibility Inspector を利用する 196

5-5 テストコードを実装する 198

正しいアカウントとパスワードでログインをするテスト 198
正しい情報でアカウントを作成するテスト 200
実装したサンプルコードを改善する 203

第6章 XCUITest の API を理解する 207

6-1 UI 要素を特定する 208

子要素を特定する - children / descendants 208

6-2 UI 要素を操作する 212

タップ／長押し - tap ／ press 212
ジェスチャー（スワイプ／拡大・縮小／回転）
- swipe ／ pinch ／ rotate 213
Slider ／ Picker を操作する - adjust 214

6-3 UI 要素の状態を確認する 216

6-4 UI 要素の情報を取得する - debugDescription 219

6-5 対象のアプリを決める - XCUIApplication 221

複数アプリを操作する 221
アプリを起動／終了する 222
アプリの状態を確認する 223

6-6 端末を操作する - XCUIDevice 225

6-7 テスト実行時の成果物を保存する - XCTAttachment 226

基本的な利用方法を押さえる 226
テスト成功時も成果物が保持されるようにする 228
保存できるコンテンツの種類 230
XCTContext.runActivity と組み合わせる 231

第 7 章 UI テストの一歩進んだテクニック 235

7-1 ユニークな Accessibility Identifier を設定する 236

Accessibility Identifier の設定ルールを決める 236
Accessibility Identifier を一元管理する 237

7-2 UI 要素に対する複数の操作をまとめる 240

7-3 アプリの UI 変更に対応する - Page Object Pattern 242

Page Object Pattern の実装 242
Page Object Pattern のメリット 243

7-4 UI テストの実行時間を短縮させる 245

ビルドとテストの実行を分離する 245
テストの実行を並列化する 246

第 8 章 CI/CD の基本を押さえる 249

8-1 CI/CD とはなにか 250

CI について 250
CD について 252

8-2 iOS アプリ開発で利用できる CI/CD サービスを選ぶ 253

オンプレミス型／クラウド型のメリットとデメリット 254

8-3 CI/CDの結果をフィードバックする 255

8-4 CI/CDサービスと連携するサービス 256

iOSアプリ開発で利用できるアプリ配信サービス 256
iOSアプリ開発で利用できるデバイスファーム 257

8-5 CI/CDパイプラインを決めて自動化する 258

第9章 fastlaneを利用したタスクの自動化 261

9-1 fastlaneとは 262

fastlaneの基本 262
fastlaneを利用するメリット 264

9-2 fastlaneを導入する 266

インストール 266
initコマンドを利用して、ひな形を生成する 267

9-3 最初のレーンを定義して実行する 270

Fastfileにレーンを定義する 270
レーン一覧から選択して実行する 271
レーンを直接指定して実行する 272

9-4 アクションの基本 274

利用可能なアクションの一覧 274
アクションで指定するパラメータ 274
アクションの実行方法 276
パラメータを明示的に指定する 277

9-5 Fastfileのライフサイクル 279

ライフサイクルの定義 279
ライフサイクルの利用方法を考える 282

9-6 Rubyで定数や関数を定義する 284

9-7 プラグインの利用 286

プラグインのインストール 287

9-8 fastlaneに用意されたアクションを利用する 290

ビルド - build_ios_app（gym） 290
テストの実行 - run_tests 295
AppStore 情報の更新 - upload_to_app_store（deliver） 300

第10章 アプリ配信サービスとデバイスファームの活用 305

10-1 アプリ配信サービス - TestFlightを利用する 306

App Store Connectにアプリをアップロードする（PCからの操作） 307
内部テスターを追加する（PCからの操作） 308
外部テスターを追加する（PCからの操作） 309
配布されたアプリをインストールする（iOS端末での操作） 312

10-2 アプリ配信サービス - DeployGateを利用する 313

DeployGateにアプリをアップロードする（PCからの操作） 313
テスターを追加する（PCからの操作） 315
DeployGateから配信されたアプリをインストールする（iOS端末での操作） 316

10-3 デバイスファーム - Firebase Test Labを利用する 319

Firebase Consoleから利用する 321
Bitriseから利用する 326

10-4 デバイスファーム - AWS Device Farmを利用する 331

Built-in: Fuzz 331

第11章 Bitrise と CircleCI による パイプラインの自動化 343

11-1 Bitrise でワークフローを設定する 344

Bitrise をセットアップする 345
iOS アプリをビルドするまでの流れ 350
用意するワークフローを決める 351
環境変数を設定する 352
開発時に利用するワークフローを用意する 354
リリース時に利用するワークフローを用意する 360
ワークフローが動く条件を設定する 365
共通のフークフローを用意する 367

11-2 CircleCI を使ってワークフローを設定する 370

CircleCI を利用する 370
iOS アプリをビルドするまでの流れ 373
用意するワークフローを決める 375
ワークフローが動く条件を設定する 376
開発時に利用するワークフローを用意する 376
リリース時に利用するワークフローを用意する 381
ジョブ間で Workspace を共有する 384
キャッシュを利用する 385

第12章 デバッグのテクニック 389

12-1 ブレークポイントをもっと効果的に活用する 390

条件・アクションを利用する 390
Exception ブレークポイント 392
Symbolic ブレークポイント 394
ブレークポイントを共有する 396

12-2 変数の値を監視する 398

ウォッチポイントを利用する ... 398
ブレークポイントを利用する ... 400

12-3 Xcode に用意されたデバッグツールを使いこなす 402

画面の View 階層を調べる - Debug View Hierarchy ... 402
メモリ状況をビジュアライズする - Debug Memory Graph ... 404
メモリリークを検出する - Instruments ... 407

12-4 LLDB を使ったデバッグ 411

ヘルプを確認する ... 412
変数の値を確認する ... 413
変数の値を変更する ... 415
View のプロパティを動的に変更する ... 416

12-5 シミュレータのデバッグ機能を使う 419

アニメーションをゆっくりにする ... 419
着信中のバーを表示する ... 420

12-6 実機のデバッグ機能を使いこなす 421

ネットワーク接続速度を変更する ... 421

12-7 アプリ上でデザインを確認する - Hyperion 423

Hyperion-iOS を導入する ... 423
Hyperion-iOS を表示する ... 424
各プラグインの機能を利用する ... 426
トリガーとなるジェスチャーを変更する ... 429

Appendix 433

A-1 XCTest を導入する 434

新規プロジェクト作成時に設定する ... 434
既存プロジェクトにあとから追加する ... 437

A-2 XCTest を実行する 440

エディタ上から実行する 440
テストナビゲータから実行する 442
スキーム全体で実行する 442

A-3 Bundler によるツールバージョンの固定 444

Bundler の導入 444
CocoaPods のインストール 445
Bundler 経由でツールを実行する 446

索引 447
参考文献 453
著者略歴 454

第1部

第1章

自動テストをはじめる前に

本章では、自動テストをはじめる前に知っておくとよいことについて説明していきます。「なぜ自動テストを実装するのか」という根本的な問いから始まり、自動テストのバランスを考えるうえで重要な「テストピラミッド」、そして「どこまで自動テストを実装するか」についても考えていきます。

これらを理解しておくことで、より俯瞰した視点で、自動テストの実装・運用について考えることができるでしょう。

1-1 なぜ自動テストを実装するのか

プロダクトの品質を担保するには、なにかしらのテストが必須です。では、手動テストで担保するのでなく、自動テストを実装して担保するべき理由は、なんでしょうか？

自動テストのメリット

自動テストが得意なことには、次のようなことがあります。

・早く実行できる
・何度もくり返し実行できる

自動テストを用意しておくことで、早いフィードバックを頻繁に得られます。その結果として、自身のコードに問題がないかをすぐに判断できます。これと同じことを手動テストでおこなうのは困難です。

また、自動テストは、次のようなリスクの軽減にもつながります。

・人為的ミスの軽減
・属人性の排除

手動で同じことをくり返せば、人間が作業する以上、どうしてもなにかしらのミスが発生します。しかし、自動テストはくり返し同じことをおこなうことが得意です。

また、自動テストは「仕様書」ともいえます。そのため、その機能を実装した開発者がいなくなったとしても、自動テストがあり、それにより機能が担保されていれば、新たな開発者の助けになることがあります。その開発者しかわからないような実装だったとしても、自動テストで仕様を把握したり、自動テストで守りながらリファクタリング[※1]できます。

また、自動テストを実装することは、自動テストを通して「自身のサービスのAPIや機能などを使う最初のユーザになる」ということでもあります。その機能が使いやすいかどうか、といったことも見えてきます。

必要な手動テストのために、テストを自動化する

では、自動テストがあれば手動テストは必要ないか、というと、そんなことはありません。

自動テストのほうが得意なことがあったように、手動テストのほうが得意なこともあります。たとえば、対象のプロダクトに対するユーザビリティテスト[※2]や探索的テスト[※3]などです。自動テストがまだ苦手とするテストがいろいろあります。

ですが、自動テストで担保できるようなことまで手動テストで担保をしていると、このような本当に手動が必要なテストのための時間が足りなくなってしまいます。そのような手動テストをおこなう時間を確保するためにも、自動テストを用意するのは重要です。

※1 外部からの挙動を変更せずにコードの可読性を上げること。
※2 プロダクトがちゃんとユーザに理解できて使いやすく、ユーザにとって魅力的かどうかを判断するためのテスト
※3 プロダクトに対して、テスト設計と実行をループさせながらおこなうテスト

1-2 テストピラミッドを意識する

自動テストを実装、運用していくうえで大事なこととして、テストピラミッドを知っておくということがあります。テストピラミッドとは、Mike Cohnが「Succeeding with Agile」※4の中で紹介したものです。

▶図1-1　テストピラミッド

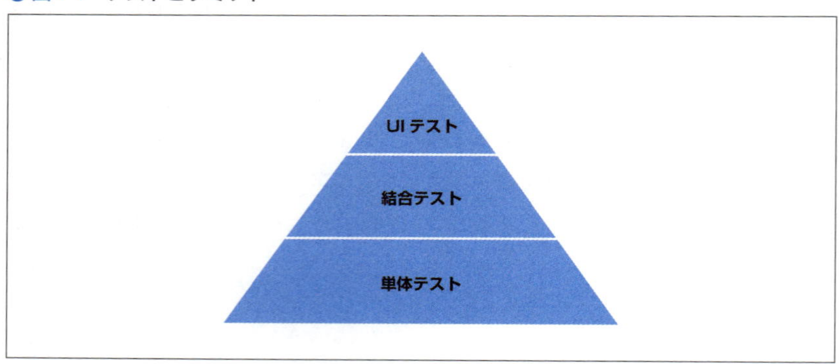

自動テストの種類

テストピラミッドについて理解するために、まず自動テストの種類についてかんたんに知っておきましょう。

自動テストには、いくつか種類があります。図1-1を見ると、下から順に「単体テスト」「結合テスト」「UIテスト」と書かれています。それぞれのテストについて、表1-1でかんたんに説明します。

※4　Succeeding with Agile: Software Development Using Scrum（Addison-Wesley Professional、2009年）

▶表 1-1 自動テストの種類

種類	内容
単体テスト	あるクラスや構造体などのある 1 つの部品（ユニット）に対しておこなうテスト
統合テスト	複数のモジュールを組み合わせておこなうテスト
UI テスト	実際にアプリの UI（ユーザーインターフェース）を操作し想定どおりに動作するか確認するテスト

1 2 3 4 5 6 7 8 9 10 11 12 A

UI テストは Apple の開発者サイトでは、「User Interface Testing」と書かれています。本書では省略して UI テストと表記します。単体テストと UI テストについては、それぞれ第 2 部と第 3 部でくわしく扱います。

テストピラミッドに明記された自動テストの種類がわかったところで、テストピラミッドそのものについて説明します。

テストピラミッドとは

ユーザと同じ操作ができるのであれば、単体テストを一切書かないで、UI テストを増やしてすべての機能の品質を担保すればいいのでしょうか？　じつはそのようにはいかないことが多いです。

図 1-1 を見るとピラミッドの形をしています。これは上にいけばいくほど、テストの実行時間がかかり、テストにかかるコストが増えていくことを示しています。テストの数が少ないうちは、実行時間や運用コストが問題にならないかもしれませんが、数が増えてくるとそれは重くのしかかってきます。UI テストをやみくもに増やすと、ピラミッドの形ではなく逆ピラミッド（またはアイスクリーム・コーン）になってしまいます。これはその見た目同様に、もろく崩れやすいものです。

そのため、この図ではピラミッドのように「下の層のテストの数が最も多く、上にいくほど数が少なくなるほうがよい」ということを意味しています。したがって、できる限り単体テストで担保できるかどうかを考えると良いでしょう。

必ず、このピラミッドのような形に最初からなっていないといけないというわけではありません。状況によっては、単体テストから自動テストを実装するのが難しい状態になっていることもあります。しかし、最終的にはこのようなピラミッドになることを意識して自動テストを用意していくのが望ましいといえます。

1-3 どこまでのテストを自動化するか

「テストの自動化」という単語には、魅力的な響きがあります。手作業でおこなうテストは単調な作業のくり返しですが、それをすべて自動化できるとしたら素晴らしいことでしょう。それでは、すべてのテストを自動化すればよいのでしょうか。

やるべきテスト自動化はいつだって、与えられた時間と資金よりも多い

『アジャイルサムライ※5』という本に、「ソフトウェア開発における3つの真実」の1つとして挙げられた以下の1文があります。

> やるべきことはいつだって、与えられた時間と資金よりも多い

これは「テスト自動化」にも当てはまる内容でしょう。つまり、「やるべきテスト自動化はいつだって、与えられた時間と資金よりも多い」ということです。

作成したテストには保守コストがかかります。UIや機能を変更するたびに対応するテストを修正する必要がありますし、テストが失敗した場合は、原因を調査・修正したうえでテストを再実行する必要があります。

そうした自動テストにかかる工数がある一定量を超えると、せっかく時間をかけてつくった自動テストが開発の生産性を落とす要因にもなり、本末転倒な結果を生む可能性もあります。テストが失敗していても誰も気に留めなくなり、いつしか誰もテストコードを修正しなくなるのです。筆者は実際の開発プロジェクトでそのような事態を経験したことがあります。そのプロジェクトでは、「せっかく作成したテストをすべて捨てる」という苦渋の決断がとられました。

こうした不幸な事態につながる要因はいくつも考えられますが、代表的な要因

※5　『アジャイルサムライ -達人開発者への道-』（オーム社、2011年）

として、「自動テストを実装すること自体が目的になってしまった」ということが挙げられます。そうした状況に陥らないためには、自動テストで担保する範囲や目的を明確にし、プロジェクト全体のトレードオフを考えたうえで取り組むことが大切でしょう。

すべての自動テストの価値は異なる

アプリに用意された機能について考えた際、すべての機能が同じ価値を持っていることはほとんどないでしょう。普段、アプリを開発する際には、実現したいたくさんの機能の中から、より重要な機能を優先して開発しているはずです。

自動テストについても同じように考えられます。つまり、「すべての自動テストが同じ価値を持っているわけではない」ということです。

前述したように、自動テストですべてを担保することは、ほぼすべてのプロジェクトにおいて現実的ではありません。次の2点について考えた際、2が1を上回り、かつその割合が高いほど、自動テストの価値があると考えられます。

1　テストの自動化＋保守の工数
2　その自動テストにより削減できる工数

逆に、1が2を上回るケースでは、別のアプローチを考えたほうがよいかもしれません。これには、後から気づく場合もあります。そうした際は、そのテストを捨てる勇気を持つのも大切だと言えます。

すべてのテストをひと括りに「自動テスト」として見るのではなく、それぞれの自動テストが持つ価値は異なるという事実を受け入れることで、むやみに自動テストを実装して失敗する事態を避けられるでしょう。

テスト自動化の範囲と目的を考える

では、実際のプロジェクトを考えた時に、自動テストでどこまで担保するべきなのでしょうか。その答えはプロジェクトによって異なるため、画一的な答えはありません。ここでは、実際のアプリ開発プロジェクトにおいて、ヒントになりそうなケースを挙げてみたいと思います。

次の3つの架空のケースについて、自動テストで担保する範囲と目的を考えてみます。

・ログイン機能
・プレミアム登録機能
・検索機能

■ログイン機能

ログイン機能は多くのアプリにとって重要な機能といえます。仮にこれが正しく動かなかった場合、ユーザに多大な不便を強いることになり、大幅な損益につながる可能性もあります。しかし、めったに変更されない機能なので、リリースごとに手作業で検証するのは工数的に無駄を感じます。ここでは、次のように考えてみました。

・目的
　・ログイン機能が確実に動作する状態でアプリをリリースする
・対応と範囲
　・ユーザ種別ごとにUIテストを作成し、リリース前には確実に実行する

■プレミアム登録機能

アプリの収益につながる大事な機能です。正しく動かなかった場合は、せっかく興味を持ってくれたユーザを手放す恐れがあります。しかし、入力項目が多いため、手動でのテストには多くの工数がかかっています。ここでは、次のように考えてみました。

・目的
　・プレミアム登録機能のテストの一部を自動テストで担保し、手動テストの工数を削減したい
・対応と範囲
　・入力値の検証については単体テストで網羅的にテストする
　・サーバー側と連携する機能なので、基本的な導線をUIテストで実装し

て 1 日に 1 回は実行する
- 自動テストの実装が難しい部分は、引き続き手動によるテストで妥協する

検索機能

一般的に、検索条件は膨大な組み合わせになるため、手動テストには多くの工数がかかります。既存の検索機能が壊れていないか回帰テストまで実施する場合、さらにコストは高くなるでしょう。ここでは、次のように考えてみました。

- 目的
  - 検索機能に対する手動コストの工数を削減する
- 対応と範囲
  - 検索条件の組み合わせについて、高速で実行できる単体テストで網羅的にテストする
  - UI は変更されやすいため、ハッピーパス[※6]のテストを 1 つだけ用意する

これらは架空のプロジェクトを想定した例であり、実際のプロジェクトにそのまま当てはめられるものではありません。しかし、現実にどういう課題があって、それに対してどのような取り組みをするか考えるイメージは湧いたのではないでしょうか。

このように、自動テストで担保する範囲と目的を明確にし、トレードオフを考えて自動テストを実装することで、自動テストの実装自体が目的になるという事態を避けられるでしょう。

※6　その機能において最も利用されると予想される画面操作の手順

1-4　テストの目的を把握する

自動テストは、それぞれの種類によってできることが異なります。自動テストにおいて担保できることを把握したうえで、自動テストを実装する目的を考える必要があります。自動テストを実装する目的を考えずにやみくもに自動テストを実装してしまうと、意味のない自動テストを実装してしまうこともあります。

また、単体テストで担保できるのにUIテストで担保するといったこともおこなってしまうこともあります。

単体テストの目的

単体テストは、クラスや構造体などのある1つの部品（ユニット）に対するテストのことです。単体テストをおこなうメリットとしては、次のようなものが挙げられます。

・より細かい粒度でテストしておくことで、結合した時の品質を担保しやすい
・内部のロジックに着目することで、網羅的なテスト（ホワイトボックステスト）が可能になる
・高速で実行できて、より早いフィードバックを得られる

■例：ショッピングアプリの検索機能

例として、ショッピングアプリの検索機能を考えてみたいと思います。検索キーワードやカテゴリ、価格の上限・下限、などの検索条件を指定し、検索ボタンをタップすることで検索結果が表示される機能のテストについて考えてみます。

検索条件の組み合わせは一般的に多くなりがちで、手動ですべてのパターンをテストするのはとても時間がかかります。また、手動でテストした場合、コードに変更が入った際に、一部あるいはすべてのテストをやり直すコストも発生

します。

UIテストの場合はどうでしょう。検索条件を指定するために画面上で適切な操作をおこなう必要があるため、本来集中したい検索ロジック以外の部分にコストを割く必要があります。また、実際の画面を操作してテストが実行されるため、UIテストの実行速度はあまり速くありません。

そして、画面デザインに変更があった場合、ほとんどのケースではテストを修正しないと正しく動作しなくなるでしょう。内部的な検索ロジックに対して、いっさい変更が入っていないにもかかわらずです。

以上が、単体テスト（もっと言えば、より小さい粒度の部品に対する自動テスト）をおこなうメリットです。1-2節でも触れたように、小さい粒度の部品に対して「高速」かつ「くり返し可能」な自動テストを作成するのは、費用対効果が高い※7とされています。

もちろん、単体テストがあれば結合テストが不要ということはありません。部品単体で正しく動作しているとしても、それを組み合わせた場合に正しく動作する保証は無いからです。それでも、部品単位で正しく動作することが確認できていれば、組み合わせた時に見つかった不具合の原因特定や修正は、そうでない場合に比べてより短時間で済むことでしょう。

1
2
3
4
5
6
7
8
9
10
11
12
A

Column

単体テストの範囲は？

iOSアプリ開発に限らず、あるクラスは別のクラスに依存している場合がほとんどです。たとえば、古典的なMVCアーキテクチャで考えると、View ControllerやViewはModelに依存していると表現できます。

そうした場合、ViewControllerやViewをテストするためには、Modelが必要となります。言い換えると、ViewControllerやViewについてテストをしたいだけなのに、Modelのテストも同時におこなうことになってしまいます。そうした場合には、モック（テストダブル）という手法を使って、Modelをテスト用の偽物のコードに置き換え、ViewControllerのみをテストするという方法があります。

これは、単体テストにおける一般的なパターンです。しかし、すべてをモッ

※7 もちろんすべてにおいて当てはまるものではありませんが、一般的な指標あるいはソフトウェアテストの歴史における経験則として参考になるでしょう。

ク化して単体テストするのが常に最適かというと一概には言えません。いくつかのクラスを結合してテストしたほうが費用対効果が高い場合もあるためです。そうした場合、それは「結合テスト」と呼ぶべきなのでしょうか。

本書では、XCTestにより自動化された（UI以外の）テストのことを「単体テスト」と表現することにしました。どこからが単体テストで、どこからが結合テストかという議論は、本書を読み進めるうえで重要な点では無いからです。

UIテストの目的

Appleの「User Interface Testing[※8]」というドキュメントによると、「UIテストはUI要素の属性や状態を検証するために、UI要素を見つけて操作できる」とあります。本書では、これをUIテストと呼びます。このようなUIテストは、実ユーザの操作をおこなうことを目的としていることも多いです。そのため、End-to-Endテスト（E2Eテスト）と呼ばれることもあります。

実ユーザの操作をおこなえることから、「手動テストの代わりとして利用したい」というケースがあるかと思います。

しかし、UIテストには次のような弱点があります。

- 手動テストと同等のことができるとは限らない
- UIの変化に伴いテストコードの修正が必要になる
- 実行時間がかかる

手動テストでは、レイアウトが微妙に崩れていても気づきますが、UIテストではそのようなことを検証するのは困難です。

また、対象のアプリのUIが変われば、それに伴いテストコードにも修正が必要になります。頻繁にUIが変わるような箇所において、UIテストを用意していると修正コストが多くなってしまいます。

そして、実際のアプリを操作するため、どうしても単体テストと比べると実行時間がかかってしまいます。

UIテストを導入し運用し続けるためには、「実装コスト（修正コストも含みま

※8　https://developer.apple.com/library/archive/documentation/DeveloperTools/Conceptual/testing_with_xcode/chapters/09-ui_testing.html

す)」「運用コスト」の両方を意識する必要があります。これらのコストをかけても効果がある箇所に対して、UIテストを利用するのが望ましいです。

このように、UIテストを導入したからといって、手動テストをすべてなくすことができるとは限りません。UIテストが「なにができるのか」「なにを不得意とするのか」をしっかりと知ったうえで、導入するのがよいでしょう。

対象とするアプリの機能に対して、どのように品質を担保するかを常に考えましょう。どこまでをどの自動テストで担保できるのか、どこまで担保するのが費用対効果的によいのか。単に自動テストをやみくもに実装するのではなく、テストの目的を考えて実装していくのが重要です。

第1部

第2章

自動テストにおける落とし穴を避ける

普段の開発と同じように、自動テストにも多くの落とし穴があります。

本章では、自動テストを導入・運用していくうえで大切なポイントについて解説していきます。これらのポイントを事前におさえておくことで、自動テストで陥りがちな多くの落とし穴を避けることができるでしょう。

2-1　テストケースを独立させる

一般的に、自動テストは互いに独立しているほうが良いとされます。言い換えると、「あるテストがほかのテストの実行結果に依存しないほうが好ましい」ということです。

たとえば、あるテストAがデータベースを準備し、あるテストBがその内容を利用する場合、テストBはテストAに依存していると表現できます。このように、テストが独立していない場合、どういったことが問題になるのでしょうか。

独立しないテストの問題点

まず、失敗したときに原因を突き止めるのが難しくなります。テストが独立していれば、原因はテスト対象のコードまたはそのテストコード自身に限定できます。しかし、独立していなかった場合、テストケース全体の中から原因を突き止めなければいけません。

また、テスト全体の実行結果が安定しないという問題も挙げられます。テストに依存関係があった場合、あるテストを変更したらほかのテストも失敗するケースもあります。さらに、そのテストを修正したら別のテストが失敗して……と、もぐら叩きのような状態にもなりえます。

こうした事態を避けるためにも、それぞれのテストを独立して実行できるようにしておくのが好ましいと言えます。

テストを独立させる方法

独立させるための考え方としては次のようなものがあります。

- 実行順序に依存したテストを書かない
- グローバルな状態あるいは外部システムを変更しない。変更した場合は、元に戻す

2-2 テストの失敗原因をわかりやすくする

自動テストが失敗した場合、失敗した原因を特定しやすくしておくことは重要です。失敗した原因を特定しづらい場合、そのテストコードの修正に時間がかかってしまいます。そのような状況が続くと、テストコードの修正コストがかかりすぎてしまい、修正する工数がとれずに放置されてしまうこともあります。放置されてしまうと、自動テストが失敗している状況が当たり前になり、結果として自動テストが信用できなくなるといった状況に陥りやすくなります。

自動テストが失敗したときには、次のようなことを検証します。

1. どのテストが失敗したのか、テストケース名を調べる
2. どこのアサーションで失敗したのか、その箇所（ファイル名・行数）を特定する
3. アサーションの失敗がなにに起因するのか、根本原因を調べる[※1]

これらをおこなっても原因がわからず、落ちた原因を延々と調査することになることもあるでしょう。当たり前のことですが、テストが失敗してから修正するまでのコストは、小さければ小さいほど良いです。

そこで、テストの失敗がなんだったのかをわかりやすくするために、次のような対応をするのが良いでしょう。

- テストケース名をわかりやすくする
- テストコードの中身をわかりやすくする
- テストが失敗したときの情報を用意する

※1　原因は単純な不具合から、テストコードの誤り、実行環境など多岐にわたって考えられます。

テストケース名をわかりやすくする

前述したように、テストが失敗したときに最初に得られる情報が、失敗したテストケース名です。そのため、自動テストのテストケース名は重要です。テストケースの名前の付け方はいろいろなパターンがありますが、どのパターンにせよ、「なにをテストしているか」をわかりやすくすることが求められます。

■テストケース名を考えてみる

利用するテスティングフレームワークによってできることは変わりますが、ここではiOSで利用できるXCTestを例に考えてみましょう。

今、リスト2-1にあるようなaddというメソッドがあったとします。このメソッドは、引数として渡された2つを足した結果を返すメソッドです。

リスト2-1　サンプルとするメソッド

```
// 引数を受け取って足した結果を返す
func add(_ x: Int, _ y: Int) -> Int {
    return x + y
}
```

このメソッドに対してのテストケース名は、どのようにつけるとよいでしょうか。単に対象となるメソッド名にprefixであるtestをつけた形を出発点として考えてみましょう※2。なお、今回はキャメルケースで紹介していますが、ほかにスネークケースやチェインケースを利用する場合もあります。必ずしもプロダクトコードのルールに従わなくてもよいですが、プロジェクト内でルールを決めておきましょう。

リスト2-2　テストケース名の例

```
// 対象メソッドの名前のみのパターン ❶
testAdd()
// 情報をすべて記載したパターン ❷
testAddWhenSet2And3ShouldReturn5()
// 条件と結果を指定したパターン ❸
testAddPositiveNumbersReturunsPositiveNumber()
```

※2　XCTestではテストケース名はテストメソッド名と同じになり、テストメソッド名のprefixにtestをつけます。

```
// 条件を指定したパターン ❹
tetAddWithPositiveNumbers()
```

❶の場合、どのようなテストをおこなっているのかわからないケースが多いでしょう。もし、「メソッドに対してそれぞれ正常系のテストが１つ」というルールがあるのであれば、問題ないかもしれません。

くわしく情報を記載するパターンが、❷、❸、❹です。

まず❷は、「` 対象メソッド名 `` 事前条件の詳細（WhenSet2And3）`` 期待値の詳細（Retrun5）`」になっています。「どのような値（2と3）を渡したら、どのような値（5）が返ってくるべきか」がテストケース名から読み取れます。しかし、この名前だと、値を少しでも変えるとテストケース名まで変える必要があります。

❸は、「` 対象メソッド名 `` 事前条件（PositiveNumbers）`` 期待値（Retruns PositiveNumber）`」になっています。このテストケース名ではPositive Numbersとなっており、❷と比べると詳細ではなくなっています。しかし、「なにをテストしていて、なにが返ってくるべきか」はわかるようになっています。

最後に❹は、「` 対象メソッド名 `` 事前条件（PositiveNumbers）`」になっています。❷や❸と比べると情報が少なくなっています。期待値というのは、ある程度変わりやすいものですが、それに比べて、事前条件はそこまで変わらないことが多いです。そこで、事前条件のみをテストケース名に入れて、「期待するべき値はテストコード内に記述する」というスタイルです。

今回は、4種類について紹介をしましたが、どれを選ぶにしても、テストケース名はわかりやすくしましょう。ただし、詳細な情報まで組み込みすぎるとコストもかかってしまうため、どの粒度にするかはプロジェクト内である程度の指針があるのがよいでしょう。

テストコードの中身をわかりやすくする

テストケース名だけでなく、テストコードの中身もわかりやすくなっていることが重要です。

テストコードでは、おもに「前処理（準備）」「実行」「検証」「後処理（後始末）」

をおこないます。この4つを分けて実装しようという考え方は「Four-Phase Test」と呼ばれています。これら4つがわかりやすい形で区分されて実装されていることにより、なにをテストしているかがわかりやすくなります。この4つがテストコード内で散らばっていると、読む側にとってなにをテストしたいのかがわかりにくくなってしまいます。

この4種類に分けて実装した例は、次のとおりです。

リスト2-3　Four Phase Testの例

```
func testAddWithPositiveNumber() {
  // 前処理（準備）
  let calculator = Calculator()

  // 実行
  let result = calculator.add(3, 4)

  // 検証
  XCTAssertEqual(result, 7, "3 + 4 = 7 であること")

  // 後処理（後始末）
}
```

この例では、1つのテストケース内でSetup（前処理）とTearDown（後処理）をおこなっています。ただし、1つのテストクラス内に複数のテストケースがある場合は、これらの処理はテストクラスの前処理、後処理として共通化することがよくあります。一般的なテスティングフレームワークでは、共通化できるようにサポートされていて、本書で紹介するXCTestでも同様にサポートしています。

今回紹介したFour-Phase Test以外にも、「Arrange、Act、Assert」や「Given-When-Then」などといったスタイルもあります。この2つのスタイルについての説明は本書では割愛しますが、どのようなスタイルで実装するにせよ、テストコードの中身を見て、どのようなテストをおこなっているのかがわかるようになっていることが重要です。

テストが失敗したときの情報を用意する

自動テストが失敗したときの情報があると、原因の特定をしやすくなります。

テストケース名だけでなく、自動テスト実行時のログなども併せて残っているとよいです。これらの情報が用意できるかどうかは、テストコードを実装する際に気をつけておくべきことでもあります。

iOSで利用するXCTestのアサーションでは、失敗時に出力する文字列を指定できます[※3]。Xcode上では、失敗時に次のような形で表示されます。

▶図2-1 テスト失敗時

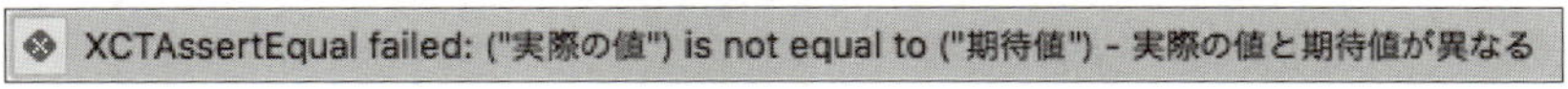

XCTAssertEqual failed: ("実際の値") is not equal to ("期待値") - 実際の値と期待値が異なる

また、コンソール上から実行している場合は、ログに出力されます。これにより、この文字列のテストが失敗したときに知りたい情報が記載されていれば、失敗した理由がわかりやすくなります。

また、テストピラミッドの上位ほど、残っていると良い情報の種類が増えてきます。画面操作をしているようなUIテストだと、テストが失敗した時点だけでなく、その前段階からの情報があるとよりわかりやすくなります。たとえば、スクリーンショットや動画といった情報があれば、原因が特定しやすくなるでしょう。

失敗した時点でのスクリーンショットだと、必ずしも失敗原因がわかりやすく取れているとは限りません。そのため、それより前のスクリーンショットを取っておいたり、動画を用意しておくのがよいでしょう。

※3 第3章の3-4節にてくわしく解説しています。

2-3 自動テストをどこから追加していくか

自動テストがない状態で、自動テストをどこから追加していくかは難しい問題です。テストコードを追加しやすいかどうかは、そのプロダクトの作りにも依存します。必ずしも、現在の作りがテストコードを実装しやすい状態でないかもしれません。

単体テストやUIテストなど自動テストの種類によってどのようなアプローチを取るかは異なります。

単体テストの自動化のタイミング

単体テストにおいては、自動テストを追加するタイミングとしては、次の2つがあります。

・新機能の開発時
・リファクタリング

新機能の開発時においては、なにもない状態からスタートできるので、テストコードも実装しやすい状態といえます。また、リファクタリング時は自動テストが実装をサポートしてくれることを考えるといいタイミングと言えます。

単体テストを実装しやすいのは、入力が引数のみに依存し、副作用を持たないメソッド※4と言えます。単体テストに慣れていない場合は、そのようなメソッドから実装するのも1つの方法です。

UIテストの自動化のタイミング

UIテストであれば、そのプロダクトにおいて最もよくあるフローから検討す

※4　参照透過性を持った関数とも表現したりします。

るのがよいでしょう。利用者が必ずおこなうようなフローを用意しておくことで、そこからほかのテストケースへと広げられます。ただし、第1章で説明したように、UIテストは運用コストが高くなる傾向にあります。したがって、できるだけ単体テストのほうから追加していくのが望ましいでしょう。

　また、開発者が不安に思っているところは自動テストにしたほうが価値が高い場合も多くあります。しかし、そのような場所は自動テストにするのが難しいことも多いです。そのような箇所に注力して疲弊してしまい、自動テストの実装を諦めてしまうよりは、より実装しやすい箇所から自動テストを取り組むほうがよいケースは多いです。

2-4 不安定なテスト結果に向き合う

自動テストは、テスト対象に変更がなければ、何度実行しても同じ結果が返ってくることが期待されます。しかし、たまに失敗するといった「不安定なテスト結果」になることがあります。UIテストのようなテストの実行環境や、テスト対象が利用している外部サービスなど関わるものが多いと、テスト結果の安定性が問題になることがあります。テスト結果の安定性を向上させるにはコストがかかりますが、テストを安定化させずに放置をしていると、負のスパイラルになってしまいがちです。

たとえば、このような不安定なテスト結果があると、テストが落ちるのか当たり前になってしまい、テストが落ちたときに対応しようという意識が弱くなってきてしまいます。その結果として、自動テストがテスト対象の問題（バグなど）により落ちたとしても、問題が起きたと認識しなくなってしまうことにつながります。

不安定なテストは、自動テストの実行時間が増える原因にもなります。たとえば、「2回動かせば1回成功する」というようなテストであれば、テストが落ちたときに再度動かすという行動をとって、問題を修正しないかもしれません。これでは、実行時間が本来より長くなってしまいます。

このような不安定なテスト結果には、どのように向き合うのが良いのでしょうか。考えられる対応例としては、次のようなものがあります。

・不安定なテスト結果をなおす
・違った形で担保する
・テストケース自体を削除する

不安定なテスト結果をなおす

なおせるのであれば、不安定なテスト結果をなおしてしまうのが良いです。しかし、テストの失敗原因がわかりづらいと、修正しようとしても最初の調査工数が大きくなってしまい、放置されがちになります。そこで、2-2 節で述べたような対応をしておき、テストの失敗原因をわかりやすくしておく必要があります。原因がはっきりとして、すぐに対応ができるのであれば、特に問題ではありません。しかし、場合によっては原因が特定できなかったり、自身でコントールできないような外部サービスが原因だったりすることもあります。そこにどれだけのコストかけて調査・対応するかは、各チームやプロダクトの状況によって判断することになります。

違った形で担保する

単体テストよりも、ピラミッドの上部になればなるほど、自動テストで動かす箇所が増えていきます。その結果として、上部になるほど不安定になる可能性があります。

その落ちているテストが担保していることを、テストピラミッドのより下位の方法で担保できないものでしょうか？

もし、UI テストで担保している箇所が単体テストによって置き換えられるのであれば、そのほうが実行時間や安定性の面から良いでしょう。また、そもそも自動テストにする必要がない場合もあります。手動テストで担保してしまうのが最もコストが低い、ということもよくあります。

テストケース自体を削除する

不安定なテスト結果でも、ある程度の価値があるように思ってしまいがちです。しかし、不安定なテスト結果はそのまま残り続けるほうが問題を生むことが多いです。そのため、その自動テストのテストケース自体を削除するというのも 1 つの方法です。

テストケースを削除する場合は、ただ単に削除するだけではなく、ほかの方法でどのように削除したテストケースが担保していたものを担保するかを考えましょう。

Column

バグを見つけることが自動テストの目的？

「自動テストでどれくらいのバグを見つけましたか？」
「どのようなバグを自動テストで見つけましたか？」
「この自動テストはバグを見つけていないから価値がないのでは？」

　このようなことをよく現場で耳にします。定量的に判断できる材料として、バグの数はよく利用されます。当然、自動テストを継続的に動かしていればバグを見つけることもあります。しかし、本当にバグを見つけることが目的なのでしょうか？

　バグは、自動テストの実装時やその前に、すでに見つかっていることが多いです。そのため、運用されている自動テストではバグはあまり見つかりません。しかし、問題なく動いていたはずの機能に対してなにかが起きたことをすぐに見つけてくれます。

　自動テストは問題なく動き続けることにより安心を与えてくれます。それが開発における自信へとつながっていきます。

2-4 テストの実行時間を意識する

自動テストにかかっている実行時間は、意識しておかないと増加する傾向があります。手動でテストするよりも早いとはいえ、テストコードが増えてくると、その実行時間は無視できなくなる可能性があります。

テストの実行時間が増える原因

そもそも、なぜ実行時間は増加してしまうのでしょうか？　テストコードを追加しても、テストコードの削除はおこなわないのではないでしょうか。

テストコードを実装する際、漠然とした不安を解消するために、多めに実装しているといったことはないでしょうか？　さらに、自動テストの基盤が整ってくると、テストコードをかんたんに増やせます。そのため、必要以上にテストコードを作ってしまうこともあります。

そのテストコードは本当に必要だったのでしょうか？　すでに、なにかしらの手段で担保されているにもかかわらず、追加してしまうこともあります。また、単体テストは実行時間が短く、UI テストは実行時間が長いです。できるだけ単体テストで担保できるように検討しましょう。

テストの実行時間が増えたことにより起こる問題

テストの実行時間が長くなってくると、次のような問題が発生します。

・テストの修正確認に時間がかかる
・テストの改善がしづらくなる
・テストの終了が待てなくなる

たとえば、テストが落ちて修正をしたあとに、再度すべての自動テストを走らせるのに時間がかかります。また、自動テストを改善しようと思っても、その確認をするのに時間がかかってしまいます。なにをやるにしても待つ時間がかかってしまいます。

その時間がまだ短いうちは問題が起きないかもしれません。また、自動テストが価値があると思っていてくれるうちは、多少時間が延びても待ってくれるかもしれません。

しかし、実行時間が延び続けていってしまうと、ある時点でテストの終了を待てなくなるケースが出てくることもあります。そうすると、テストの終了を待たなくなり、自動テストを実行しなくなるといった負のスパイラルに陥るかもしれません。

テストの実行時間を減らす方法

それでは、どのようにテストの実行時間を減らしたらいいのでしょうか？　方法はいろいろとありますが、次のようなことが考えられます。

・テストピラミッドのより下部で対応する
・不必要なテストケースはつくらない
・テストの実行を並列化する

自動テストを実装すること自体を目的とせずに、「どこをどのように担保するか」を考えることが重要です。これには、自動テストそのものに対する知識だけでなく、テストそのものについての知識も必要です。本書では説明を割愛しますが、ISTQB[※5]が公開しているシラバスなどを参考にするのも１つの方法です。

テストについて知ると、不必要なテストケースをつくることは減ってきますし、より価値のあるテストケースを実装できます。ほかにも、テストの実行を並列化することにより、トータルの実行時間を減らせます。特に、実行時間がかかるUIテストにおけるテストの並列化の方法については第６章で紹介します。

※5　https://www.istqb.org/

第2部

第3章

XCTestを利用した単体テスト

iOSアプリ開発において、標準のテスティングフレームワークはXCTestです。

本章では、XCTestを使った単体テストの基本から、各種APIの利用方法について見ていきます。また、テストしやすいコードにするテクニックや、単体テストにおいてよく利用されるコードカバレッジについても触れています。

3-1 XCTest framework とは

XCTest framework でできること

XCTest framework（以降、XCTestと表記）は、2013年のXcode 5から組み込まれるようになったApple公式のテスティングフレームワークです。登場した当初は単体テストのみがサポートされていましたが、現在では単体テストに加えパフォーマンステストとUIテストを作成・実行できます。

なお、公式では言及されていませんが、単に「XCTest」と呼んだ場合は「単体テスト」のことを指すことが多いです。本書もそれにならって表記します。

XCTestは、iOS／macOSアプリにおける標準のテストフレームワークとして扱われていて、Xcodeとも統合されています。たとえば、次のようなことがXcode上からおこなえます。

・テスト一覧を確認・選択して実行する
・テストの実行結果を確認する
・テストの過程で記録された成果物を確認する

たとえばテストナビゲータでは、テストの一覧と最新のテスト結果を確認し、ここから任意のテストを選択して実行できます（図3-1）。

▶図 3-1 Xcode 上でのテスト一覧の表示

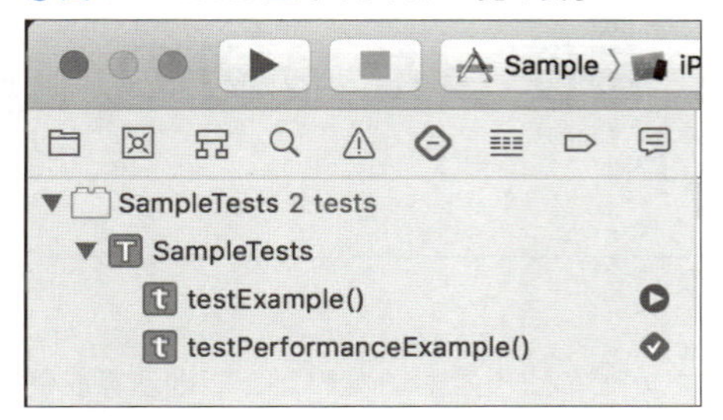

サードパーティの OSS のフレームワークと XCTest

なお、単体テストフレームワークの選択肢としては、サードパーティの OSS も存在します。特に、第 4 章で解説する Quick/Nimble は、XCTest と並んで iOS アプリ開発で利用されることが多い OSS です。

Quick/Nimble は高機能で、一見すると XCTest の上位互換のように感じられるかもしれません。しかし次のようなデメリットもあります。

- 学習コストが高い
- Xcode とのシームレスな統合はされていない[※1]

そういった点を考慮し、あえてシンプルかつ学習コストの少ない XCTest を採用するほうがよいケースもあるでしょう。

また、サードパーティの OSS であっても、内部的には XCTest を利用して実現されているものがほとんどです。事前に XCTest を理解しておくことで、なにか問題が起こったときやカスタマイズが必要な場合も対処しやすいでしょう。

※1　たとえば、Quick/Nimbleはテストを階層構造で表現できるのが特徴となっていますが、Xcode のテストナビゲータ上では単純な一覧として表示されてしまいます。

3-2 XCTestを使った最初の単体テスト

さっそく、XCTestによる単体テストがどのようなものなのか、四則演算を例にして見てみましょう。ここでは、Xcodeプロジェクトのターゲット構成が表3-1であると仮定します。

表3-1　ターゲット構成

ターゲット	説明
TestBook	アプリ本体のターゲット
TestBookTests	XCTest用のターゲット

実際に手を動かしながら試す場合は、Appendix（付録）に手順を記載していますので、「Calc」という名前でXcodeプロジェクトを作成しておきましょう。

テスト対象となる四則演算のコード

四則演算をおこなうCalculatorクラスを作成し、その各メソッドに対してテストコードを作成します。リスト3-1はテスト対象となるCalculatorクラスのコードです。

リスト3-1　テスト対象となる四則演算をおこなうクラス

```
// Calculator.swift

class Calculator {

    // 足し算
    func add(_ x: Int, _ y: Int) -> Int {
        return x + y
    }

    // 引き算
```

```
    func subtract(_ x: Int, _ y: Int) -> Int {
        return x - y
    }

    // 掛け算
    func multiple(_ x: Int, _ y: Int) -> Int {
        return x * y
    }

    // 割り算
    func division(_ x: Int, _ y: Int) -> Int {
        return x / y
    }
}
```


演算対象の数値は Int 型のみに限定し、四則演算の操作をインスタンスメソッドとして実装しています。インスタンスが状態を持たないので、class メソッドまたは static メソッドにするほうが適切かもしれませんが、今回は説明をシンプルにするために、インスタンスメソッドで実装しています。

足し算に対するテストを書いて実行する

まずは、次の CalculatorTests.swift というソースを「CalcTests」ターゲット内に作成し、add メソッドに対するテストを書いて実行していきます。コードの詳細は後ほど説明します。

リスト 3-2　Calculator クラスに対するテストコード

```
// CalculatorTests.swift

import XCTest
@testable import TestBook

class CalculatorTests: XCTestCase {

    func testAdd() {

        let calculator = Calculator()
```

```
        let result = calculator.add(1, 2)
        XCTAssertEqual(result, 3)
    }
}
```

なお、実際にテストを作成するときは、Xcode のエディタを分割し、左側に「テストコード」、右側に「テスト対象のコード」を表示しておくと便利です（図3-2）。テストコードを書く際は、その対象となる API を確認しながら進めます。テスト対象のコードに誤りがあればその不具合を修正する必要があり、可読性の向上のためにリファクタリングすることもあるためです。

図 3-2　Xcode でエディタを分割し、テストコードを書きやすくする

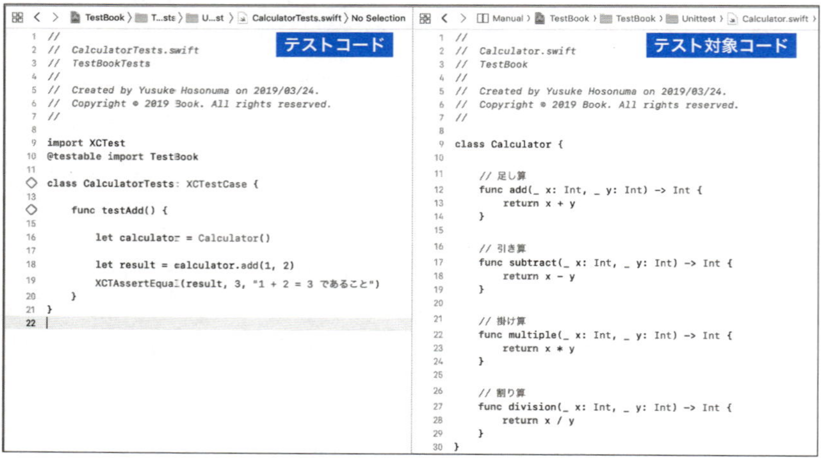
TestBook 〉 T...sts 〉 U...st 〉 CalculatorTests.swift 〉 No Selection
テストコード
//
// CalculatorTests.swift
// TestBookTests
//
// Created by Yusuke Hosonuma on 2019/03/24.
// Copyright © 2019 Book. All rights reserved.
//
import XCTest
@testable import TestBook
class CalculatorTests: XCTestCase {
func testAdd() {
let calculator = Calculator()
let result = calculator.add(1, 2)
XCTAssertEqual(result, 3, "1 + 2 = 3 であること")
}
}
Manual 〉 TestBook 〉 TestBook 〉 Unittest 〉 Calculator.swift 〉
テスト対象コード
//
// Calculator.swift
// TestBook
//
// Created by Yusuke Hosonuma on 2019/03/24.
// Copyright © 2019 Book. All rights reserved.
//
class Calculator {
// 足し算
func add(_ x: Int, _ y: Int) -> Int {
return x + y
}
// 引き算
func subtract(_ x: Int, _ y: Int) -> Int {
return x - y
}
// 掛け算
func multiple(_ x: Int, _ y: Int) -> Int {
return x * y
}
// 割り算
func division(_ x: Int, _ y: Int) -> Int {
return x / y
}
}

■テストを実行する

Xcode エディタのルーラ上に表示されているひし形マークをクリックして、テストを実行してみましょう。入力したコードに誤りが無ければ、次のようにひし形マークが緑色になり、テストに成功したことが確認できます。ビルドエラーやテストが失敗する場合にはコードを見直してみましょう。

図 3-3 テストを実行して成功した様子

```
 8
 9  import XCTest
10  @testable import TestBook
11
◆   class CalculatorTests: XCTestCase {
13
◆       func testAdd() {
15
16          let calculator = Calculator()
17
18          let result = calculator.add(1, 2)
19          XCTAssertEqual(result, 3)
20      }
21  }
22
```

■テストが失敗したケース

リスト 3-3 のように、calculator.add(1, 2) の期待結果を、現状の「3」から、期待結果として正しくない「4」に変更して、テストを再実行してみましょう。

リスト 3-3 失敗例

```
func testAdd() {
...
    let result = calculator.add(1, 2)
    XCTAssertEqual(result, 4) // 第2引数を「3」から「4」に変更した
}
```

今度は、図 3-4 のようにひし形マークが赤色になり、テストに失敗することが確認できます。

図 3-4 テストが失敗した様子

```
 8
 9  import XCTest
10  @testable import TestBook
11
✖   class CalculatorTests: XCTestCase {
13
✖       func testAdd() {
15
16          let calculator = Calculator()
17
18          let result = calculator.add(1, 2)
19          XCTAssertEqual(result, 4)        ✖ XCTAssertEqual failed: ("3") is not equal to ("4")
20      }
21  }
22
```

赤色の帯で「XCTAssertEqual failed: ("3") is not equal to ("4") -」と出力されています。これは「第1引数の“結果”と第2引数の“期待値”が一致しなかった」という意味です。

このように、単体テストでは、ある入力値および条件での「呼び出し結果」について、「期待した結果」と一致するかをコードで表現するのが基本です。

テストコードの解説

それでは、先ほどのコードをもう一度見てみましょう。今回はソース中にコメントで説明を追加しています。

▶リスト3-4　テストコードのサンプル

```
// CalculatorTests.swift

import XCTest          // XCTest Frameworkをインポート ❶
@testable import Calc // Calcモジュールをテスト用にインポート ❷

class CalculatorTests: XCTestCase { // テストクラスの宣言 ❸

    func testAdd() { // テスト用のメソッド ❹

        let calculator = Calculator()

        // addメソッドを呼び出し、結果をresultに格納 ❺
        let result = calculator.add(1, 2)

        // 呼び出し結果の値が、期待どおりであるか確認 ❻
        XCTAssertEqual(result, 3)
    }
}
```

先頭では、「XCTest Framework」をインポートしています（❶）。テストクラスの継承元となる`XCTestCase`クラスや、期待値と結果が正しいか確認する`XCTAssertEqual`などの関数は、このフレームワークに含まれるAPIです。インポート宣言を忘れると、コンパイルエラーが発生してしまうので注意しましょう。

❷では、`@testable`属性を指定し、アプリ本体のモジュール（テスト対象）で

ある「Calc」をインポートしています。Swiftでは、モジュール※2が異なる場合、通常はアクセス修飾子がpublicまたはopenで宣言された要素にしかアクセスできません。

しかし、この特別なインポートを利用することでその制限が緩和され、今回のテスト対象であるCalculatorクラスのようなinternalな要素にもアクセスできるようになります※3。

次に、XCTestCaseクラスを継承したCalculatorTestsというクラスを宣言しています（❸）。XCTestでは、XCTestCaseを継承したクラスが「テスト用のクラス」として認識されます。

❹では、テストクラス内でテスト用のメソッドを宣言しています。テストメソッド名は、先頭を“test”というキーワードから始める必要があります。

最後に、テストコードの本体では、Calculatorクラスを生成してaddメソッドを呼び出し（❺）、その結果が期待値である「3」と一致するか検証しています（❻）。XCTAssertEqualは、2つの引数に与えられた値が等しいか検証するXCTestの関数です。このような検証をおこなう関数のことを、一般的に「アサーション」と呼びます。くわしくは、3-3節で説明します。

ほかの算術演算に対するテストを追加する

残った四則演算（引き算、掛け算、割り算）のテストコードを同様に記述すると、リスト3-5のようになります。

▶リスト3-5　引き算、掛け算、割り算に対するテストコードの例

```
func testSubtract() {
    let calculator = Calculator()
    XCTAssertEqual(calculator.subtract(3,1),2)
}

func testMultiple() {
    let calculator = Calculator()
    XCTAssertEqual(calculator.multiple(2,3),6)
}
```

※2　Xcode上では「ターゲット」と呼ばれます。

※3　テスト対象をpublicまたはopenに変更する方法もありますが、一般的に、テストのためにアクセス範囲を広げるのは良くないアプローチだとされています。

```
func testDivision() {
    let calculator = Calculator()
    XCTAssertEqual(calbulator.division(6,2),3)
}
```

ここで、各テストメソッドに注目してみると、どのテストメソッドでもCalculatorのインスタンスを作成する処理が共通で含まれています。

重複コードを共通化する

テスティングフレームワークには、こうした各テストに共通する処理をまとめるしくみが用意されていることが一般的で、XCTestでも用意されています。

今回のように各テストごとに共通した前処理をおこないたい場合、setUpメソッドをオーバーライドすることで実現できます（リスト3-6）。

▶リスト3-6 setUpメソッドの利用例

```
class CalculatorTests: XCTestCase {

    // 共通で利用するプロパティを宣言  ❶
    var calculator: Calculator!

    // 各テストメソッドごとの前処理  ❷
    override func setUp() {
        super.setUp()
        self.calculator = Calculator()
    }

    // 各テストごとの後処理  ❸
    override func tearDown() {
        super.tearDown()
    }

    func testAdd() {
        XCTAssertEqual(calculator.add(1, 2), 3)
    }

    func testSubtract() {
        XCTAssertEqual(calculator.subtract(3, 1), 2)
```

```
    }

    func testMultiple() {
        XCTAssertEqual(calculator.multiple(2, 3), 6)
    }

    func testDivision() {
        XCTAssertEqual(calculator.division(6, 2), 3)
    }
}
```

1
2
3
4
5
6
7
8
9
10
11
12
A

まず、通常のクラスと同様の考え方で、プロパティを宣言しています（❶）[※4]。そして、オーバーライドした**setUp**メソッド内で、先ほどまで各メソッドでそれぞれおこなっていた**Calculator**インスタンスの生成をおこなっています（❷）。

これにより、各テストメソッドでは生成する処理が不要となり、より本質的なテストコードのみが含まれるようになりました。テストコードでは、プロダクトコードと違い、重複を排除すること（DRY原則）が必ずしも重要とは言えません。しかし、プロダクトコードの仕様をわかりやすくしたり、バグを適切に検出できるテストコードにする目的で、テストコードに対してもリファクタリングするのは良い考えです。

なお、今回は利用していませんが、各テストメソッドごとの共通的な後処理は、**tearDown**メソッドをオーバーライドすることでおこなえます（❸）。オブジェクトの開放など、共通的な後片付けが必要な場合に利用しましょう。

XCTestのライフサイクルについては、3-5節で詳細を見ていきます。

※4　setUpメソッド内で初期化が必ずおこなわれるため、暗黙的アンラップ型を利用しています。

3-3 アサーション

アサーションとは

3-2節では、四則演算を例にして、XCTestの基本的な利用方法を説明しました。その際に、「期待値」と「実際の値」を比較するため `XCTAssertEqual` メソッドを利用しました。このメソッドを利用することで「期待値」と「実際の値」が異なっていた場合に、「テストが失敗した」としてレポートされるのは前述したとおりです。

このような、「期待値」と「実際の値」を比較する専用のメソッドを「アサーションメソッド」あるいは単に「アサーション」と呼びます。

アサーションの種類

ここまで、2つの値が一致しているかどうかを確認するアサーション `XCTAssertEqual` を利用しました。XCTestでは、それ以外にも多くのアサーションが用意されています。表3-2がXCTestに用意されたアサーションの一覧です。`XCTAssertNotEqual` の例のように"XCTAssertNot"から始まるアサーションは、「一致しない場合」を判定するためのものです。

表3-2　XCTestのアサーション一覧

種類	メソッド	説明
Boolの判定	XCTAssertTrue(expr)	`expr` が `true` であることを期待
	XCTAssertFalse(expr)	`expr` が `false` であることを期待
	XCTAssert(expr)	`XCTAssertTrue(expr)` と同等※5
nilの判定	XCTAssertNil(expr)	`expr` が `nil` であることを期待
	XCTAssertNotNil(expr)	`expr` が `nil` でないことを期待

※5　XCTAssertTrueと同じ挙動なので、本書では説明を割愛します

等値性の判定	XCTAssertEqual(expr1, expr2)	expr1 と expr2 が一致することを期待
	XCTAssertNotEqual(expr1, expr2)	expr1 と expr2 が一致しないことを期待
等値性(オブジェクト型)の判定(Objective-C専用)	XCTAssertEqualObjects(expr1, expr2)	expr1 と expr2 が同一オブジェクトであることを期待
	XCTAssertNotEqualObjects(expr1, expr2)	expr1 と expr2 が同一オブジェクトでないことを期待
大小の判定	XCTAssertGreaterThan(expr1, expr2)	expr1 > expr2 であることを期待
	XCTAssertGreaterThanOrEqual(expr1, expr2)	expr1 ≧ expr2 であることを期待
	XCTAssertLessThanOrEqual(expr1, expr2)	expr1 < expr2 であることを期待
	XCTAssertLessThan(expr1, expr2)	expr1 ≦ expr2 であることを期待
失敗させる	XCTFail()	テストを失敗させる（中断はされない）
例外の判定	XCTAssertThrowsError(expr, errorHandler)	expr が何らかの例外をスローすることを期待
	XCTAssertNoThrow(expr)	expr が例外をスローしないことを期待

表中の引数 expr は、式を意味する expression の省略形で、ここでは見やすいように短い単語にしています。なお、Swift 版の XCTest では、クロージャ式として実現されており、「() -> T?」といった型になっています。

また、表中のメソッドの引数からは省略していますが、ほとんどのアサーションでは表 3-3 の項目も設定可能です。

表 3-3　多くのアサーションで利用可能な共通引数

項目	引数名	型
テストの説明文	message	String
ファイル名	file	StaticString
行番号	line	UInt

「テストの説明文」については 3-4 節、「ファイル名」と「行番号」については 3-5 節で利用方法を解説します。

それぞれのアサーションについて、コードを交えながら利用方法を見ていきます。

Boolを判定する

値がtrueまたはfalseであることを期待する場合は、次のアサーションを利用します。

▶表3-4　Boolの判定用アサーション

メソッド	説明
XCTAssertTrue(expr)	exprがtrueであることを期待
XCTAssertFalse(expr)	exprがfalseであることを期待

▶リスト3-7　Boolの判定用アサーションの使い分け

```
let string = "Hello"
XCTAssertTrue(string.hasPrefix("He")) // "He"から始まること ❶
XCTAssertFalse(string.isEmpty)         // 空ではないこと ❷
```

❶では、string.hasPrefix("He")で"He"から始まる文字列か判定し、その結果がtrueになることを検証しています。

❷では、string.isEmptyプロパティで空文字列であるか判定し、その結果がfalseになることを検証しています。

Column

XCTAssertTrueとXCTAssertEqualの使い分け

リスト3-7のコードはXCTAssertEqualを使用してリスト3-8のように書くことも可能です。

▶リスト3-8　XCTAssertTrueとXCTAssertEqualの使い分け

```
let string = "Hello"
XCTAssertEqual(string.hasPrefix("He"), true)
XCTAssertEqual(string.isEmpty, false)
```

このように、trueまたはfalseと比較できることを考えると、XCTAssertEqualさえあれば十分なようにも感じてしまいます。しかし、XCTAssertTrueおよびXCTAssertFalseを利用したほうがテストの意図が明確になり、また失敗時のメッセージもわかりやすくなります。

nil を判定する

値が nil または nil でないことを期待する場合は、次のアサーションを利用します。

▶表 3-5　nil の判定用アサーション

メソッド	説明
XCTAssertNil(expr)	expr が nil であることを期待
XCTAssertNotNil(expr)	expr が nil でないことを期待

▶リスト 3-9　nil の判定例

```
let notNumber = Int("Hello") ❶
XCTAssertNil(notNumber)

let number = Int("42") ❷
XCTAssertNotNil(number)
```

それぞれ、文字列から数値に変換した結果をアサーションに与えています。❶は数値に変換できず nil となり、❷は数値に変換できるため Int となることを、それぞれアサーションで検証しています。

等値性を判定する

期待値と実際の値が等しい／等しくないことを検証する場合は、次のアサーションを利用します。

▶表 3-6　等値性の判定用アサーション

メソッド	説明
XCTAssertEqual(expr1, expr2)	expr1 と expr2 が一致することを期待
XCTAssertNotEqual(expr1, expr2)	expr1 と expr2 が一致しないことを期待

▶リスト 3-10　等値性の判定例

```
let string = "Hello"

XCTAssertEqual(string, "Hello")       // "Hello"と等しいこと ❶
XCTAssertNotEqual(string, "Goodbye") // "Goodbye"と等しくないこと ❷
```

引数のexpr1とexpr2は、どちらもEquatableに準拠した値を返す式である必要があります。たとえば、リスト3-11は独自にDog構造体を定義していますが、Equatableに準拠していないのでコンパイルエラーとなります。

リスト3-11　Equtableに準拠していないと比較できない

```
struct Dog {
    var name: String
    var age: Int
}

let dog1 = Dog(name: "ポチ", age: 3)
let dog2 = Dog(name: "ジョン", age: 4)
XCTAssertNotEqual(dog1, dog2)
// コンパイルエラー：Argument type 'Dog' does not conform to expected type
'Equatable'
```

このコンパイルエラーを解決するためには、以下のようにEquatableプロトコル[※6]に準拠します。

リスト3-12　Dog構造体をEqutableに準拠する

```
extension Dog: Equatable {}
```

等値性を判定する（Objective-C）

Objective-Cにおけるオブジェクトについて、期待値と実際の値が等しい、あるいは等しくないことを検証する場合は、次のアサーションを利用します。

表3-7　等値性の判定用アサーション

メソッド	説明
XCTAssertEqualObjects(expr1, expr2)	expr1とexpr2が同一オブジェクトであることを期待
XCTAssertNotEqualObjects(expr1, expr2)	expr1とexpr2が同一オブジェクトでないことを期待

※6　Swiftにおいて等値性を表現するプロトコルです。（https://developer.apple.com/documentation/swift/equatable）

リスト 3-13 Objective-C における等値性の判定例

```
#import <XCTest/XCTest.h>

@interface AssertionObjectivecTests : XCTestCase
@end

@implementation AssertionObjectivecTests

- (void)testAssertion {
    NSString *string1 = @"hello";
    NSString *string2 = @"hello";
    NSString *string3 = @"goodbye";
    XCTAssertEqualObjects(string1, string2);
    XCTAssertNotEqualObjects(string1, string3);
}

@end
```

Objective-C では、`NSObject` を継承したオブジェクト型とそれ以外のプリミティブ型で大きく 2 つの型があります。プリミティブ型については、前述した `XCTAssertEqual` と `XCTAssertNotEqual` を利用できます。しかし、オブジェクト型については、ここで記載したメソッドを利用する必要があります。誤ってオブジェクト型に対して `XCTAssertEqual` または `XCTAssertNotEqual` を利用すると、「ポインタアドレスが一致するか」の判定になってしまうので注意しましょう。

Column

オブジェクトの参照が等しいことを検証するには？

前述したように、`XCTAssertEqual` および `XCTAssertNotEqual` は、`Equatable` に準拠した値を対象にして同値判定をおこなうものでした。では、オブジェクトの参照（ポインタアドレス）が同じものを指しているか検証したい場合はどのようにするのでしょうか？

じつは XCTest には、Swift でオブジェクトの参照が等しい（あるいは等しくない）ことを検証する専用のアサーションは用意されていません。オブジェクトの参照が等しいか検証する === 演算子（または、等しくないことを検証する !== 演算子）を利用し、リスト 3-14 のように記述します。

▶リスト3-14　オブジェクトの参照が等しいことを検証する

```
class Cat {}

let cat1 = Cat()
let cat2 = cat1
XCTAssertTrue(cat1 === cat2)

let cat3 = Cat()
XCTAssertTrue(cat1 !== cat3)
```

　このように、専用のアサーションが用意されていない場合でも、最終的にBoolに評価される式であれば、XCTAssertTrueまたはXCTAssertFalseが利用可能です。

Column

実際の値と期待値のどちらを先に指定すべきか？

　XCTAssertEqualなど、「実際の値」と「期待値」を明示的に与えるアサーションがいくつか用意されていますが、AppleのAPIドキュメント上では、第1引数と第2引数のどちらに「実際の値」または「期待値」を与えるべきかは明記されていません。

　xUnitフレームワーク※7では、「期待値」を第1引数、「実際の値」を第2引数に与えるのが一般的になっています。しかし、執筆時点におけるAppleのXCTestのドキュメント※8に記載されたサンプルコード例では、逆の「実際の値」を第1引数、「期待値」を第2引数に与えるようになっています。

　本書では、前述のAppleのサンプルコード例に合わせて、「実際の値」を第1引数、「期待値」を第2引数、という順で統一します。複数人のチームで開発する際は、事前にどちらの順で指定するか決めて統一するとよいでしょう。

※7　Java言語向けのJUnitに代表される単体テストフレームワークを指します。多くの言語に移植されており「xUnitファミリー」と呼称されることもあります。

※8　https://developer.apple.com/documentation/xctest/defining_test_cases_and_test_methods

大小を判定する

期待値と実際の値の大小関係を検証する場合には、次のアサーションを利用します。

表3-8 大小の判定用アサーション

メソッド	説明
XCTAssertGreaterThan(expr1, expr2)	expr1 > expr2 であることを期待
XCTAssertGreaterThanOrEqual(expr1, expr2)	expr1 ≧ expr2 であることを期待
XCTAssertLessThanOrEqual(expr1, expr2)	expr1 < expr2 であることを期待
XCTAssertLessThan(expr1, expr2)	expr1 ≦ expr2 であることを期待

リスト3-15 大小の使用例

```
// 20 > 10
XCTAssertGreaterThan(20, 10)

// 20 >= 10
XCTAssertGreaterThanOrEqual(20, 10)
XCTAssertGreaterThanOrEqual(20, 20) // 等しくてもOK

// 10 < 20
XCTAssertLessThan(10, 20)

// 10 <= 20
XCTAssertLessThanOrEqual(10, 20)
XCTAssertLessThanOrEqual(10, 10) // 等しくてもOK
```

引数は、どちらも Comparable プロトコル※9 に準拠した値を返す必要があります。なお、XCTAssertTrue と比較演算子を利用して、次のようにも記述できます。

```
XCTAssertTrue(x < y)
XCTAssertTrue(x <= y)
XCTAssertTrue(x > y)
XCTAssertTrue(x >= y)
```

コード的に読みやすくなるのが利点ですが、失敗時のエラーメッセージから得

※9 Swiftにおいて大小の比較を表現するプロトコルです。（https://developer.apple.com/documentation/swift/comparable）

られる情報は少なくなってしまうので、注意が必要です。

意図的に失敗させる（XCTFail）

予期しない箇所のコードが実行された場合など、意図的にテストを失敗させるには、XCTFailを利用します。利用例としてリスト3-16を見てみます。

▶リスト3-16　XCTFail()の使用例

```
// テスト対象
func executeClosure(_ condition: Bool, handler: () -> Void) {
    if condition {
        handler()
    }
}

// テストメソッド
func testMethod() {
    executeClosure(false) {
        XCTFail("conditionがfalseの場合はクロージャが呼び出されないこと")   ❶
    }
}
```

テスト対象メソッドexecuteClosureは、第1引数のconditionにtrueが渡された場合のみ、第2引数に渡されたクロージャhandlerを実行する関数です。今回のテストメソッドでは、第1引数にfalseを指定しているため、第2引数のクロージャは実行されないことが期待されます。そのため、クロージャが意図せず呼び出された場合は「失敗」とするために、クロージャ内でXCTFailを呼び出しています（❶）。

なお、XCTFailはテストを失敗としてマークしますが、テストの実行が中断されるわけではないので注意です。テストメソッドの処理を中断したい場合には、リスト3-17のように、明示的にreturnを記述する必要があります。

▶リスト3-17　XCTFailの使用例

```
func testMethod() {

    executeClosure(true) {
```

```
        XCTFail()
        return // 後続の処理を実行したくない場合は明示的にreturnを記述
    }

    // ここのコードは実行されない
    XCTAssertTrue(false)
}
```


例外を判定する

ある処理を呼び出した結果、例外がスローされる／されないことを検証する場合には、次のアサーションを利用します。

表 3-9 例外の判定用アサーション

メソッド	説明
XCTAssertThrowsError(expr, errorHandler)	expr がなんらかの例外をスローすることを期待
XCTAssertNoThrow(expr)	expr が例外をスローしないことを期待

微妙にメソッド名が違う（前者は Throws で後者は Throw）ので注意しましょう。また、ほかの否定形アサーションでは Not が使用されていますが、ここでは No となっているので、その点も注意が必要です。

XCTAssertThrowsError の第 2 引数には任意でクロージャを与えられますが、まずはクロージャを利用しない場合のコードを見てみます。

```
// throwError()がなんらかの例外をスローすることを期待
XCTAssertThrowsError(try throwError())

// noThrowError()がなにも例外をスローしないことを期待
XCTAssertNoThrow(try noThrowError())
```

例外をスローする可能性のあるメソッドを呼び出すので、メソッド呼び出しに try キーワードが必要な点に注意しましょう。

次に、XCTAssertThrowsError の第 2 引数にクロージャを与えるケースについて見ていきます。先ほどの XCTAssertThrowsError では、処理を呼び出した結果、例外がスローされることを検証できますが、例外の種類までは判定できません。

スローされる例外の種類も検証したい場合には、第2引数の errorHandler にクロージャを与えることで、例外がスローされた場合の処理を記述できます。

例として、ネットワーク上からダウンロード処理をおこなうメソッドを考えてみます（リスト3-18）。

リスト3-18 ダウンロード処理のメソッド例

```
// ダウンロード時のエラー
enum DownloadError: Error {
    case connectionError          // コネクションエラー
    case unknownError(code: Int) // 不明なエラー（関連値としてエラーコードを持つ）
}

func downloadContent() throws { // 例外をスローする可能性がある

    // ネットワーク上からコンテンツをダウンロードする処理...

    // コネクションに失敗したらDownloadError.connectionErrorをスロー
    if connectionFailed {
        throw DownloadError.connectionError
    }

    // 不明なエラーが発生したらDownloadError.unknownErrorをスロー
    if unknownError {
        throw DownloadError.unknownError(code: 9)
    }
}
```

downloadContent メソッドは throws で宣言されているので、例外がスローされる可能性を示しています。処理を見ると、DownloadError.connectionError と DownloadError.unknownError のどちらかの例外をスローすることがわかります。

テストコードにおいて、DownloadError.connectionError という例外がスローされることを検証するコードは次のようになります。

リスト3-19 例外を検証するコードの例

```
XCTAssertThrowsError(try downloadContent()) { (error: Error) -> Void in

    // スローされた例外がDownloadError.connectionErrorであること
    XCTAssertEqual(error as? DownloadError, DownloadError.connectionError)
```

```
}
```

クロージャの型は「(Error) -> Void」となっており、唯一の引数にスローされた例外が渡されます。それを as? を用いて DownloadError へのキャストを試み、XCTAssertEqual を使用して値が DownloadError.connectionError であるかを検証しています。

ここではスローされた例外の種類だけを判定しましたが、具体的な型にキャストした後は、内部の状態にアクセスしてそれを検証することも可能です。

リスト 3-20 は、String 型の message というプロパティを持つ構造体 SystemError がスローされた場合に、内部の message プロパティの値を検証する例です。

リスト 3-20 例外を検証するコードの例

```
// Errorプロトコルに準拠した構造体を宣言
struct SystemError: Error {
    let message: String
}

// SystemErrorを例外としてスローするメソッド
func throwSystemError() throws {
    throw SystemError(message: "memory access error")
}

// テストメソッド
func testMethod() {

    // throwSystemError()は例外をスローすること
    XCTAssertThrowsError(try throwSystemError()) { (error: Error) -> Void in

        // スローされた例外errorがSystemErrorにキャストできることを検証
        guard let systemError = error as? SystemError else {
            XCTFail()
            return
        }

        // messageプロパティの値が期待値と一致するか検証
        XCTAssertEqual(systemError.message, "memory access error")
    }
}
```

　このように、スローされた例外の具体的な値を検証したい場合にはクロージャを指定し、引数として渡された値についてアサーションで検証するようにしましょう。

Column

一時的にテストを実行対象外にしたい場合は？

　単体テストが増えてくると、一時的にテストを実行から除外したいケースが出てきます。たとえば、ある修正が完了するまで失敗し続けることがわかっているので、「一時的にそれらを対象外にしたい」などのケースです。

　そうした場合は、「テストメソッド名を一時的に変更する」という方法があります。テストメソッド名は“test”という文字列から始まっている必要があるため、それ以外の文字列から始まるものは、テストメソッドとして認識されません。

　具体的な例として筆者は、“xtestAdd”といった感じで、先頭に“x”の文字を足して一時的に実行対象外にすることがあります。

　テクニックというほどではありませんが、実際に開発する場面では有用なので、こうした使い方を覚えておくのもよいでしょう。

　なお、Quick/Nimbleでは、APIとして一時的に実行対象外にする方法が備わっています。詳細については第4章の4-1節で説明します。

Column

テストコードで強制アンラップは避けるべきか？

　Swiftにおける強制アンラップは、中身が`nil`だった場合にクラッシュを引き起こすため、プロダクトコードにおいては「失敗する可能性があるならば基本的に避けるべき」と言われます。

　では、テストコードにおいてはどうなのでしょうか？

　ユーザから利用されないテストコードにおいては、強制アンラップに失敗しても問題ないように思えます。しかし、次のようなデメリットが存在します。

・アサーションと異なり、失敗した位置は記録されない
・強制アンラップに失敗した箇所よりあとのテストコードは実行されない
・Xcode上で実行していた場合はテストの実行が停止してしまう

Swift では、任意の型 T について、型 T が Equatable に準拠していれば、型 T と型 Optional<T> は等値判定が可能です[※10]。そのため、次のように XCTAssertEqual 関数で String 型と String? 型を比較することも可能です。

リスト 3-21　型 T と型 Optional<T> は比較できる

```
let s1: String  = "hello"
let s2: String? = "hello"
XCTAssertEqual(s1, s2)
```

プロダクトコードと同様、強制アンラップをいっさい使用すべきではないという意味ではありませんが、これらのデメリットを考慮して、適切な箇所のみで利用すれば、テストコードの保守性を高められるでしょう。

1
2
3
4
5
6
7
8
9
10
11
12
A

※10　内部的にはConditional Comformanceが利用され、Optional型の中身がEquatableの場合にOptional型もEquatableに準拠されるように実装されています。

3-4 失敗時のエラーメッセージを指定する

XCTAssertEqualなどのアサーションに引数として与えることができる「失敗時のエラーメッセージ」について説明していきます。

失敗時のメッセージを記述するメリット

リスト3-22はエラーメッセージの出力が失敗時のメッセージの有無でどのように変化するかの例です。

リスト3-22　エラーメッセージの比較

```
// テストの説明なし
XCTAssertEqual(calculator.add(1, 2), 4)
// => XCTAssertEqual failed: ("3") is not equal to ("4") -

// テストの説明あり
XCTAssertEqual(calculator.add(1, 2), 4, "1 + 2 = 3 であること")
// => XCTAssertEqual failed: ("3") is not equal to ("4") - 1 + 2 = 3 であること
```

どちらも実際の値と期待値が「3」と「4」で異なっているため、失敗していることは読み取れます。しかし、失敗時のメッセージがあるほうが「どのような結果を期待していたか」がわかりやすくなっているでしょう。自動テストは作成してしばらく時間が経ってから失敗するケースも多いため、テストが失敗した時に原因を特定しやすくすると、修正に要する時間を短くできます。

次の図3-5と図3-6は、Xcodeのレポートナビゲーター上でテスト実行結果のログを表示したものです。失敗時のメッセージが出力されているほうが、状況を理解しやすく感じられるのではないでしょうか。

図 3-5 レポートナビゲーターでのテスト結果のログ表示（失敗時のメッセージなし）

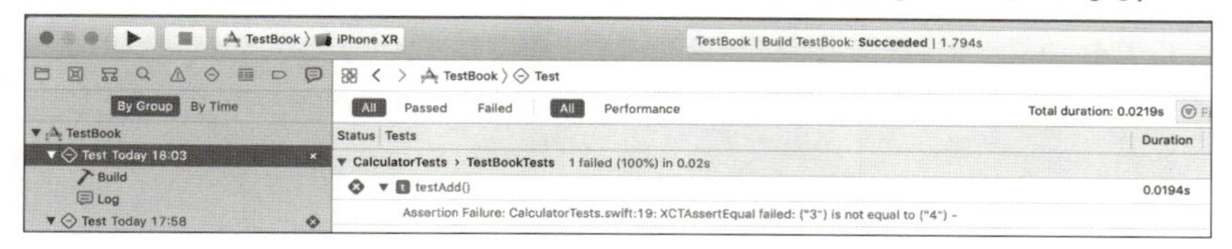

図 3-6 レポートナビゲーターでのテスト結果のログ表示（失敗時のメッセージあり）

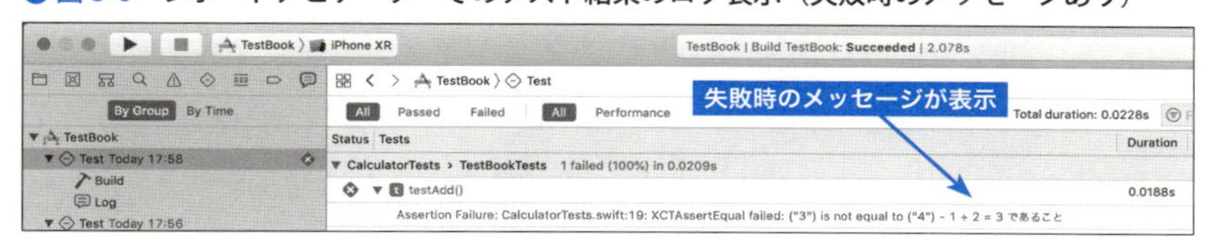

すべてのテストに失敗時のメッセージが必要なわけではない

しかし、すべてのテストに失敗時のメッセージを記述すべきかというと、一概にそうはいえません。たとえばリスト 3-23 のテストコードを見てみましょう。

リスト 3-23 失敗時のエラーメッセージが過剰なケース

```
func testCopy() {
    let person2 = person1.copy()

    XCTAssertEqual(person1.name, person2.name,
        "コピー元のPerson.nameとコピー先のPerson.nameが等しいこと")
    XCTAssertEqual(person1.age, person2.age,
        "コピー元のPerson.ageとコピー先のPerson.ageが等しいこと")
    XCTAssertEqual(person1.hight, person2.hight,
        "コピー元のPerson.hightとコピー先のPerson.hightが等しいこと")
    ...
}
```

これは、「コピー元の Person オブジェクト」と「コピー後の Person オブジェクト」について、各プロパティが一致しているか検証しています。ここでは第 3 引数に「失敗時のメッセージ」を与えていますが、テストコードから読み取れる内容とほぼ一致しているので、冗長に感じられます。冗長な記述が多いと、コピペミスによりまちがったエラーメッセージが出力されてしまうといったリスクも

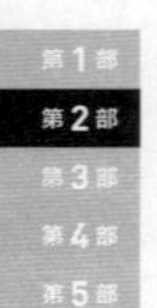

考えられます。

　このように、内容が自明なケースでは「失敗時のメッセージ」を省略したほうがよいこともあります。チームで開発する際は、事前に方針を決めておくとよいです。

3-5 独自のアサーションを作成する

XCTest に標準で用意されたアサーションとは別に、独自のアサーションを作成できます。ここでは例として、「文字列が空であること」を判定する `assertEmpty(_:)` というアサーションを作成してみます。

単純に考えると、リスト 3-25 のように関数を用意し、その中で `XCTAssertTrue` を実行すれば十分なように思えます。

▶リスト 3-25　独自のアサーションを作成する（不十分なケース）

```
func assertEmpty(_ string: String) {
    XCTAssertTrue(string.isEmpty, "\"\(string)\" is not empty")  ❶
}
```

❶の第 2 引数にはアサーション失敗時の説明文も与えて、テスト失敗時に「なぜ失敗したか」がわかりやすくなるようにしています。このコードの問題点は、アサーションが失敗したときに明らかになります。

▶リスト 3-26　assertEmpty(_:) を利用して失敗するケース

```
func testAssertEmpty() {
    assertEmpty("hello")
}
```

▶図 3-7　assertEmpty(_:) が失敗した際に意図しない位置にエラーが表示される

```
 9  import XCTest
10
11  func assertEmpty(_ string: String) {
12      XCTAssert(string.isEmpty, "(\"\(string)\" is empty)") // ①    XCTAssertTrue failed - ("hello" is empty)
13  }
14
15  class OriginalAssertionTests: XCTestCase {
16
17      func testAssertEmpty() {
18          let string = "hello"
19          assertEmpty(string)
20      }
21  }
```

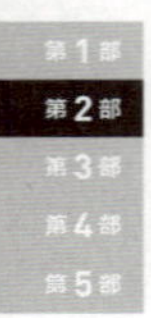

図3-7ではXCTAssertTrue（L12）にエラーが表示されていますが、本来エラーが表示されてほしいのは、アサーションを利用しているfunc testAssertEmpty（L17）のはずです。これでは、assertEmpty関数を呼び出しているどの箇所で失敗したのかわからず不便です。

これを修正するためには、assertEmpty(_:)をリスト3-27のように修正します。

リスト3-27　独自のアサーションを作成する（より良い実装）

```
func assertEmpty(_ string: String,
                 file: StaticString = #file,
                 line: UInt = #line) {
    XCTAssertTrue(string.isEmpty,
"\"\(string)\" is not empty", file: file, line: line)
}
```

引数としてfileとlineを追加し、デフォルト引数として#fileと#lineで与え、それをXCTAssertTrueメソッドの引数にそのまま渡しています。#fileと#lineは、それぞれ「現在のファイル」と「現在の行」を表すマクロになっていて、デフォルト引数として与えることで「呼び出し元」の情報がそれぞれ格納されます。それをXCTAssertTrueメソッドに渡すことで、エラーが発生した位置を知らせることができます。

結果として、図3-8のように本来意図した位置にエラーが表示されるようになります。

図3-8　assertNotEmpty(_:) が失敗した際に意図した位置にエラーが表示される

```
 9  import XCTest
10
11  func assertEmpty(_ string: String,
12                   file: StaticString = #file,
13                   line: UInt = #line) {
14      XCTAssert(string.isEmpty, "(\"\(string)\" is not empty)", file: file, line: line)
15  }
16
    class OriginalAssertionTests: XCTestCase {
18
        func testAssertEmpty() {
20          let string = "hello"
21          assertEmpty(string)            XCTAssertTrue failed - ("hello" is not empty)
22      }
23  }
```

これらの対応は必須ではありませんが、アサーションが失敗したときに原因をすばやく特定できるように、基本的には対応しておくとよいでしょう。

3-6 XCTestのライフサイクル (setUp / tearDown)

setUp/tearDownは、UIViewControllerにおけるviewWillAppear/viewWillDisappearと同様にライフサイクル系のメソッドです。

XCTestにおけるライフサイクルを理解するために、すべてのライフサイクル系メソッドを実装したリスト3-28のコードの出力結果を考えてみましょう。

▶リスト3-28 ライフサイクル

```
class LifecycleTests: XCTestCase {
    override class func setUp() {
        print("setUp (class)")
    }

    override class func tearDown() {
        print("tearDown (class)")
    }

    override func setUp() {
        print("setUp")
    }

    override func tearDown() {
        print("tearDown")
    }

    func test1() {
        print("<test1>")
    }

    func test2() {
        print("<test2>")
    }
}
```

出力結果は次のようになります。

```
setUp (class)
setUp
<test1>
tearDown
setUp
<test2>
tearDown
tearDown (class)
```

▶図 3-9 XCTestCase のライフサイクル

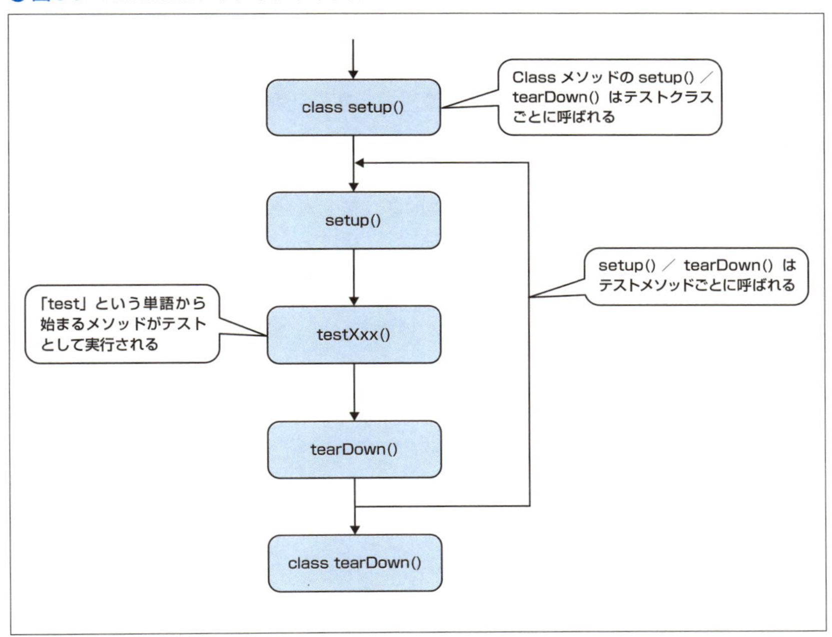

出力結果からわかるように、クラスメソッドの **setUp/tearDown** をオーバーライドした場合は、「テストクラス全体の前後処理」になります。そして、先ほども利用したインスタンスメソッドの **setUp/tearDown** をオーバーライドすると「テストメソッドごとの前後処理」になります。この挙動を正しく理解すると、無駄がなく可読性の高いテストコードが書けるようになります。

なお、ほかのテスティングフレームワークについては、必ずしもこのライフサイクルと一致しないケースもあります。初めて利用するテスティングフレームワークでは、ドキュメントなどを見て、ライフサイクルの使用を理解するのが望ましいです。

Column

それぞれのメソッドの宣言されているクラスは異なる

前述のとおり、`setUp`/`tearDown`メソッドは、インスタンスメソッドとクラスメソッドの２種類が用意されています。しかし、じつはこれらはそれぞれ異なるクラスで宣言されています。

テストクラスは基本的に`XCTestCase`クラスを継承して作成しますが、`XCTestCase`は`XCTest`クラスを継承して実装されています。そして、インスタンスメソッドの`setUp`/`tearDown`は`XCTest`で、クラスメソッドの`setUp`/`tearDown`は`XCTestCase`で宣言されています。

利用する際にこれらを意識する必要はありませんが、余談として覚えておいてもよいかもしれません。

3-7 テストを階層化する - XCTContext

XCTest でテストを記述していると、テストを階層化して表現したくなることがあると思います。そのような時に利用できるのが `XCTContext.runActivity` です。

たとえば、安全な割り算をおこなう次の関数をテスト対象として考えてみます。

リスト 3-29 安全な割り算をおこなう関数

```
func safeDivision(_ x: Int, _ y: Int) -> Int? {
    if y == 0 {
        return nil
    } else {
        return x / y
    }
}
```

この関数の仕様は次のとおりです。

- 引数 x ÷ 引数 y の結果を `Int?` で返す
- 0 除算（引数 y が 0）となるケースの場合のみ `nil` を返す

この関数に対するテストを XCTest で記述した例が以下です。

リスト 3-30 安全な割り算をおこなう関数に対するテスト

```
func testSafeDivision() {

    // 通常の割り算
    XCTAssertEqual(safeDivision(6, 3), 2)
    XCTAssertEqual(safeDivision(6, 2), 3)

    // 0除算
    XCTAssertNil(safeDivision(6, 0))
```

```
}
```

関数の仕様に合わせて、「通常の割り算」と「0除算」の2つの観点でテストをおこなっています。

このケースではコード量が少ないため、これでも十分にわかりやすく感じますが、観点が多くなるとコメントでは不足を感じるケースもあるでしょう。`XCTContext.runActivity`を利用したテストコードは次のようになります。

リスト3-31　安全な除算をおこなう関数に対するテスト（runActivityを利用）

```
func testSafeDivisionRunActivity() {

    XCTContext.runActivity(named: "通常の割り算") { _ in
        XCTAssertEqual(safeDivision(6, 3), 2)
        XCTAssertEqual(safeDivision(6, 2), 3)
    }

    XCTContext.runActivity(named: "0除算") { _ in
        XCTAssertNil(safeDivision(6, 0))
    }
}
```

コメントではなくSwiftコードとして表現されているため、階層的に記述する場合の記述ルールを統一できるというメリットがあります。また、この階層はXcodeのレポートナビゲーターにも反映されます。

図3-10　レポートナビゲーターも階層的に表示される

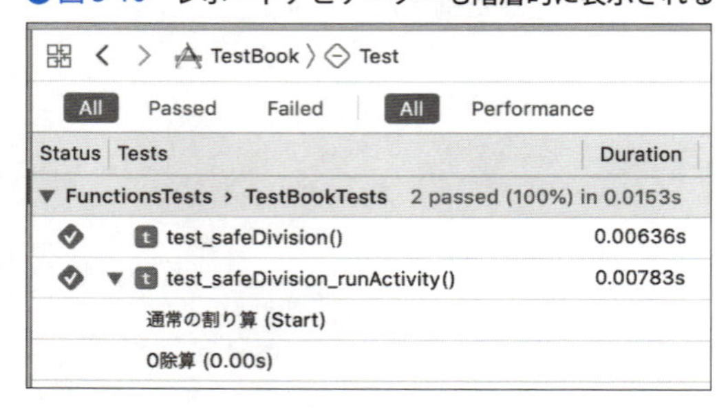

なお、runActivity メソッドはネストして記述することも可能です。

リスト 3-32 runActivity メソッドはネストして記述できる

```
func testSafeDivisionRunActivityNest() {

    XCTContext.runActivity(named: "通常の割り算") { _ in
        XCTContext.runActivity(named: "6 / 3 = 2") { _ in
            XCTAssertEqual(safeDivision(6, 3), 2)
        }
        XCTContext.runActivity(named: "6 / 2 = 3") { _ in
            XCTAssertEqual(safeDivision(6, 2), 3)
        }
    }

    XCTContext.runActivity(named: "0除算") { _ in
        XCTAssertNil(safeDivision(6, 0))
    }
}
```

あまりネストが深くなりすぎると可読性が低下しますが、必要に応じて利用することでわかりやすいテストコードになるでしょう。

なお、第 4 章の 4-1 節で解説する Quick でも、テストの階層化は可能です。用途が異なるためそのまま比較することはできませんが、Quick はより複雑な構造化が可能となっています。

3-8 非同期なAPIのテスト - XCTestExpectation

アプリを開発する際に、API通信など時間のかかる処理は非同期にするケースがほとんどだと思います。ここまで同期的なAPIを対象にしたテストコードを見てきましたが、ここでは、非同期なAPIをテストする方法を解説していきます。

非同期なAPIをテストする場合は、`XCTestExpectation`を利用し、処理が完了するまで待機するのが一般的です。初めてテストする場合には特にまちがえやすいので、順に解説していきます。

テスト対象のコード

テスト対象の非同期メソッドとしてリスト3-33を利用します。これは、メッセージ文字列とコールバック用のクロージャを渡すと、3秒後にメッセージ文字列の末尾に「!」を追加された文字列を引数にコールバックを呼び出すものです。これを利用する側のコードはリスト3-34のようになります。

▶リスト3-33　3秒後にコールバックを呼び出すメソッド

```
func echo(message: String, _ handler: @escaping (String) -> Void) {
    DispatchQueue.global().async {

        // 3秒間待機 ❶
        Thread.sleep(forTimeInterval: 3)

        // 末尾に「!」をつけてコールバックを呼び出し ❷
        DispatchQueue.main.async {
            handler("\(message)!")
        }
    }
}
```

リスト 3-34　echo() の利用例

```
echo(message: "Hello") { (message) in
    print(message) // => Hello! (3秒後に実行される)
}
```

まちがったテスト方法

まずは、正しくないテストコードの例を挙げます。リスト 3-35 のコードは、コンパイルもテストも成功しますが、じつは正しくテストできていません。

リスト 3-35　非同期 API に対するまちがったテストコード

```
func testEcho() {
    echo(message: "Hello") { (message) in
        XCTAssertEqual(message, "Hello!") // 末尾に「!」がついていることを検証
    }
}
```

試しに、コールバック内のアサーションを必ず失敗する XCTFail に置き換えてみたものがリスト 3-36 です。非同期 API のコールバックがきちんと呼び出されていればこのテストは失敗するはずです。しかし、実際には先ほどと同じようにテストは成功[※11] してしまいます（図 3-11）。

リスト 3-36　非同期 API に対するまちがったテストコード

```
func testEcho() {
    echo(message: "Hello") { (message) in
        XCTFail()
    }
}
```

※11　厳密には実行環境によっては失敗する可能性もありますが、実行時の状況に依存するため非決定的です。

図3-11　失敗することを期待したコードだが実際には成功する

```
 8
 9  import XCTest
10  @testable import TestBook
11
    class EchoTests: XCTestCase {
13
        func testEcho() {
15          echo(message: "Hello") { (message) in
16              XCTFail()
17          }
18      }
19  }
20
```

このテストコードが期待どおりに失敗しないのは、非同期 API の処理が完了する前にテストメソッド自体が終了してしまうためです。そのため、コールバックに記述したアサーションコードは評価されず、結果としてテストが成功したとマークされてしまうのです。

これをシーケンス図で表現したものが次の図です。

図3-12　非同期 API に対するまちがったテストコードのシーケンス図

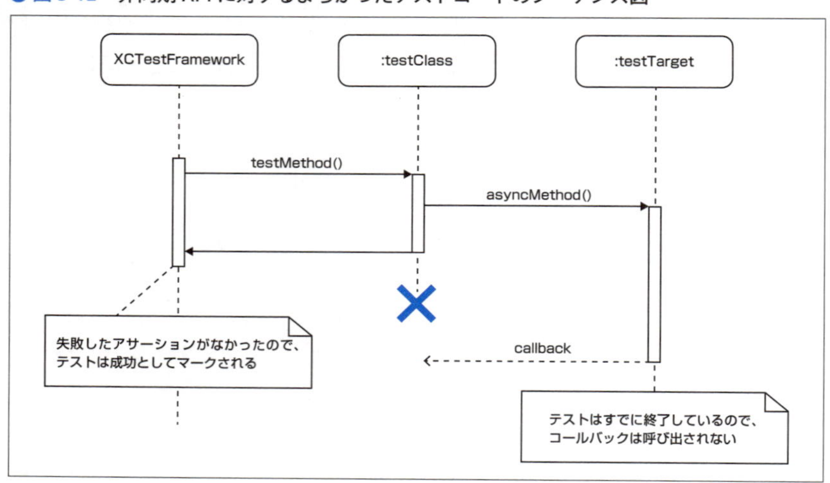

正しいテスト方法

非同期 API のテストを正しくおこなうためには、テストコード内で非同期 API が完了するまで待機し、テストメソッドが先に終了してしまわないようにする必要があります。これを実現するために、XCTest には、**XCTestExpectation** というものが用意されています。これを利用して正しくテストされるように修正したものがリスト 3-37 です。

▶リスト 3-37　非同期 API に対する正しいテストコード

```
func testEcho() {

    // 待機用のXCTestExpectationを生成  ❶
    let exp: XCTestExpectation = expectation(description: "wait for finish")

    echo(message: "Hello") { (message) in
        XCTAssertEqual(message, "Hello!")

        // expの待機を解除  ❸
        exp.fulfill()
    }

    // expに対してfulfill()が呼び出されるまで待機（5秒でタイムアウト）  ❷
    wait(for: [exp], timeout: 5)
}
```

まず❶で、XCTest に用意された **expectation(description:)** メソッドを呼び出し、**XCTestExpectation** を生成しています。引数として説明文を与えていますが、これは任意の値で問題ありません。

次に、今回のテスト対象である **echo** メソッドを呼び出しています。そのあとの❷で第 1 引数に **XCTestExpectation** を配列で渡し、それらすべてに対して **fulfill()** が呼び出されるまで待機しています。第 2 引数はタイムアウトまでの時間です。ここでは 5 秒待機しても完了しない場合には、テストが失敗となります。

最後に、クロージャ内でアサーションによる検証をおこなったあと、❸で **XCTestExpectation** に対して **fulfill()** を呼び出しています。これにより、❷で待機していたテストコードの実行が再開されます。

コード例は割愛しますが、リスト 3-37 で示したように、**XCTFail()** を利用してアサーションを失敗させるコードを書くと、意図したとおりにテストが失敗することがわかります。この一連の流れをシーケンス図として表現したものが図

3-13です。

▶図3-13　非同期APIに対する正しいテストコードのシーケンス図

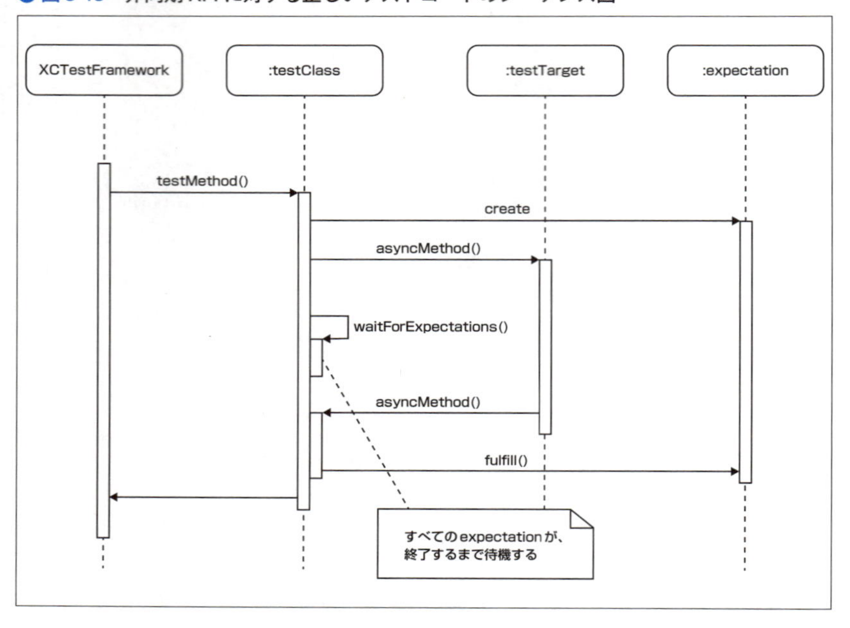

このように、XCTestExpectationを利用して非同期APIが完了するまで待機するのが、非同期APIに対するテストコードの基本です。この流れを箇条書きにすると次のようになります。

1. XCTestExpectationを生成する
2. 非同期APIを呼び出す
3. wait(for:timeout:)を呼び出して待機する※12
4. 非同期APIが完了したら、1で生成したXCTestExpectationに対してfulfill()を呼び出す
5. 2で待機されていたテストコードの実行が再開される

※12　ほかにもいくつかAPIが用意されています。詳細についてはhttps://developer.apple.com/documentation/xctest/xctestcase/2806856-waitを参照してください。

3-9 単体テストが書きづらいケースに対処する

ここまで、XCTestにおける各アサーションや非同期APIのテストについて見てきました。これらのAPIを使用すれば単体テストを書けますが、実際に単体テストを書こうとすると思ったようにテストできないこともあります。

外部環境に依存したテスト

一般的に、「現在時刻」など外部環境に依存した単体テストは、そのままではテストしづらいことがほとんどです。例として、今日が休日（土曜日 or 日曜日）かどうか判定する関数を見てみます。

▶リスト3-38　休日かどうか判定する関数

```
import Foundation

// 休日（土曜 or 日曜）であるかを判定する。（祝日は考慮しない）
// - Returns: 休日であれば true、そうでなければ false
func isHoliday() -> Bool {

    // 現在時刻を取得 ❶
    let now = Date()

    // 何番目の曜日か取得
    let calendar = Calendar.current
    let weekday = calendar.component(.weekday, from: now)

    // 日曜または土曜であれば true
    return weekday == 1 || weekday == 7
}
```

これに対する単体テストを書く時、問題になるのは、❶で取得する「現在時刻」が実行時に毎回変化してしまうことです。この問題を無視して、あえてテストコードを書くとしたら、次のようになるでしょう。

リスト 3-39 休日かどうか判定する関数（悪い例）

```
class DateFunctionsTests: XCTestCase {

    // Note:
    //【重要】このテストは平日にしか動かないため、休日には実行しないこと。
    func testIsWorkdayBad() {
        XCTAssertFalse(isHoliday())
    }
}
```

苦し紛れのコメントを書いて、テストが平日にしか動かないことを伝えています。しかし、緊急対応として休日に作業した際、テスト全体を動かした時にこのテストだけパスしないことになります。その際には、このテストはコメントアウトにより無効化されて無かったことにされるでしょう。

これはあくまで作り話ですが、外部環境に依存していて「なにかの前提が成り立っていないとテストが成功しない」という状況は極力避けたほうがよいでしょう[※13]。

外部環境への依存を避けるには、大きく分けて２種類のテクニックがあります。

1 外部環境に依存する値を「引数」で渡す
2 プロトコルを利用してインターフェースを切り分けて差し替え可能にする

デフォルト引数を利用して外部依存を避ける

Swiftでは、引数が明示的に渡されなかった場合に、デフォルト値を利用可能です。この機能を利用して、テストのときだけ任意の`Date`オブジェクトを渡せるようにAPIを変更したのが、次のコードです。

リスト 3-40 デフォルト引数を活用するようにしたisHoliday関数

```
func isHoliday(_ date: Date = Date()) -> Bool {
```

※13 E2Eテストのように外部環境も含めてテストしたい場合など、これに当てはまらないケースもあります。

```
    let calendar = Calendar.current
    let weekday = calendar.component(.weekday, from: date)  ❶

    return weekday == 1 || weekday == 7
}
```

❶で関数の引数として渡されたdateを参照しています。関数呼び出し時に引数が省略された場合には、リスト3-38と同様に「現在時刻」がDate()によって与えられるため、関数の仕様は変化していません。また、この関数を利用している箇所があっても、これまでどおりコンパイルが通ります。

この変更を加えたisHoliday関数に対しては、次のように任意の日付を与えたテストコードを書くことが可能になります。

▶リスト3-41　引数に任意の日付を与えてisHoliday関数をテストする

```
import Foundation
import XCTest

class DateFunctionsTests: XCTestCase {

    func testIsHolidayGood() {

        // 日付文字列（yyyy/MM/dd）から Date を生成できるようにする
        let formatter = DateFormatter()
        formatter.dateFormat = "yyyy/MM/dd"

        // テスト用の日付を格納する一時変数
        var date: Date!

        // 境界値となる曜日を対象にしてテストコードを書く
        // 日曜日
        date = formatter.date(from: "2019/01/06")
        XCTAssertTrue(isHoliday(date))

        // 月曜日
        date = formatter.date(from: "2019/01/07")
        XCTAssertFalse(isHoliday(date))

        // 金曜日
        date = formatter.date(from: "2019/01/11")
```

```
        XCTAssertFalse(isHoliday(date))

        // 土曜日
        date = formatter.date(from: "2019/01/12")
        XCTAssertTrue(isHoliday(date))
    }
}
```

このテストコード中では、**isHoliday(date)** といったように、明示的に引数を与えています。このように「デフォルト引数」で外部環境に依存する値を指定できるようにすることで、テストしやすいコードになるでしょう。

モックを使って外部依存を避ける - プロトコルの利用

もうひとつの一般的に利用できるテクニックとして「モック（テストダブル）」と呼ばれるものがあります。

■モックとは

オブジェクト指向プログラミングでは、「あるオブジェクト」が「別のオブジェクト」に依存するケースがほとんどです。たとえば、iOSアプリにおいてMVVMアーキテクチャを採用している場合、ViewModelからModelを参照して必要なデータを取得したりするコードは一般的です。このような場合、「ViewModelはModelに依存している」と表現できます。

これをクラス図で表現すると次の図のようになります。

▶図3-14　ViewModelがModelに依存している

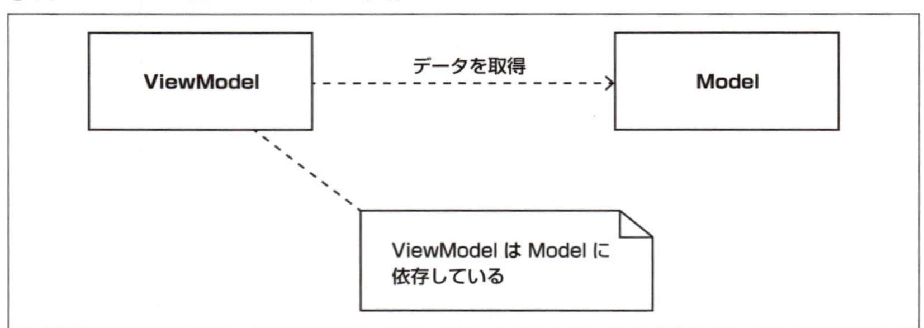

このようなケースでViewModelに対する単体テストをしようとした時、問題になるのが、「ViewModelのロジックをテストしたいのに、Modelのロジックも一緒にテストしなくてはならない」ということです。ViewModelの中にはModelの処理を呼び出すコードが書かれているため、ModelにAPIを呼び出すコードなどが書かれていれば、実際にAPIを叩くことになり、これは「単体テスト」ではなく「結合テスト」になってしまいます。

ここでテスト対象が依存しているModelクラスについて、本来の処理ではなくテスト用に都合のよい処理に変更するという考え方があります。たとえば、本来の処理であるAPIを呼び出さず、テストに適した任意のレスポンスを返すように変更するといったものです。

このようにテスト用に都合のよい振る舞いをする「偽物」のことを「モック（テストダブル）」と言い、一般的に依存オブジェクトをモックに置き換えることを「モックする」と表現したりします。

Column

モックの種類

モック（テストダブル[※14]）は、前述したようにテスト用に振る舞いに変更するものです。その振る舞いの種類によって、言葉を使い分けることがあります。

代表的なものに、以下があります。

- モック：呼び出し結果などを記録する
- スタブ：任意の値を返すようにする
- スパイ：本物の処理を利用しつつ呼び出しなどの記録のみをおこなう

ほかにも実際のオブジェクトと似た振る舞いの偽物を用意する「フェイク」や、コンパイルを通すためだけに用意する「ダミー」といった言葉を利用することもあります。しかし、テストのために一時的に振る舞いを変更するという意味ではどれも同じです。

本書では、基本的に「モック」という言葉を利用しつつ、必要に応じて「スタブ」などの言葉を利用するようにしています。

※14 『xUnit Test Pattern』という書籍では、テスト用の偽物という意味で「Test Double」という言葉が使用されています。

■プロトコルを活用してモックに切り替えられるようにする

オブジェクトを偽物に差し替えるためには、それが実現可能な設計でなければいけません。そのテクニックの1つとして、Swift ではプロトコルを活用できます。次の図のようにインターフェースをプロトコルで定義し、「本物」も「偽物」も同じインターフェースを実装するイメージになります。

▶図 3-15　プロトコルを導入してオブジェクトを差し替えられるようにする

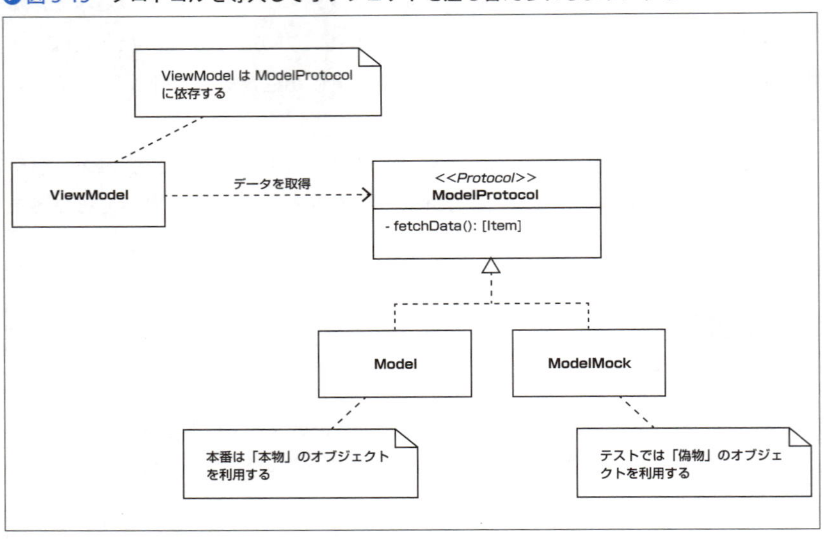

このような設計にしておくことで、「Model」は「ModelProtocol」を実装した任意のクラスに差し替えられるようになります。

■現在時刻のテストで利用してみる

それでは具体例として、isHoliday のテストがどうなるか見ていきます。

まず、プロトコルを導入した変更後のコードは次のようになります。

▶リスト 3-42　プロトコルを導入してモック可能にしたコード

```
import Foundation

// 現在時刻を取得するインターフェースとしてProtocolを定義
```

```
protocol DateProtocol {
    func now() -> Date
}

// 実際にリリースするアプリで利用する「本物」のクラスを実装
class DateDefault: DateProtocol {
    func now() -> Date {
        return Date()
    }
}

// isHoliday() メソッドが定義されたクラスを定義
class CalendarUtil {

    // 内部で DateProtocol への依存を持つ
    let dateProtocol: DateProtocol

    // 引数で DateProtocol を受け取れるように（デフォルトでは DateDefault を利用）
    init(dateProtocol: DateProtocol = DateDefault()) {
        self.dateProtocol = dateProtocol
    }

    // これまでと同じ仕様を持つ isHoliday() メソッド
    func isHoliday() -> Bool {

        // DateProtocol を経由して現在時刻を取得
        let now = dateProtocol.now()

        let calendar = Calendar.current
        let weekday = calendar.component(.weekday, from: now)

        return weekday == 1 || weekday == 7
    }
}
```

これをクラス図で表現すると次の図 3-16 のようになります。

▶図 3-16 リスト 3-42 をクラス図で表現したもの

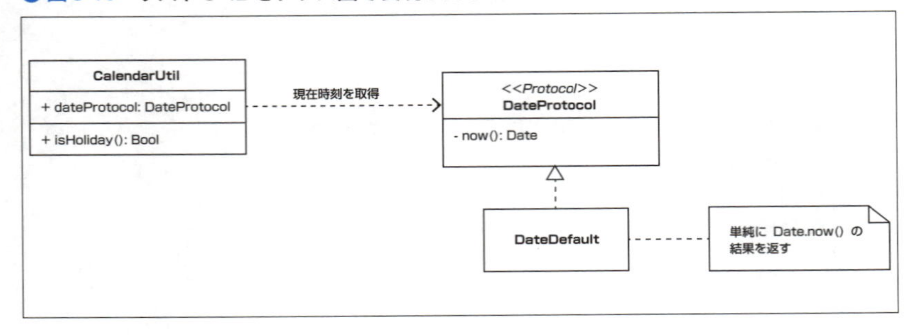

なお、利用方法は以下のとおりです。これまでとそれほど変わりません。

▶リスト 3-43 新しい isHoliday() の利用方法

```
let isHoliday = CalendarUtil().isHoliday()
```

テストコードは、以下のリスト 3-44 です。

▶リスト 3-44

```
// テスト用に任意の日付を返すように設定できる「偽物」であるモック ❶
struct MockDateProtocol: DateProtocol {

    // このプロパティに設定した値が now() で返却される
    var date: Date? = nil

    func now() -> Date {
        return date!
    }
}

// CalendarUtil に対するテストクラス
class CalendarUtilTests: XCTestCase {

    func testIsHoliday() {

        let formatter = DateFormatter()
        formatter.dateFormat = "yyyy/MM/dd"

        // CalendarUtil 生成時にテスト用として渡すモックを生成 ❷
```

```
        var mock = MockDateProtocol()

        // 以前のテストと同様にテストしたい日付をモックに設定しながらテスト ❸
        // 日曜日
        mock.date = formatter.date(from: "2019/01/06")
        XCTAssertTrue(CalendarUtil(dateProtocol: mock).isHoliday())

        // 月曜日
        mock.date = formatter.date(from: "2019/01/07")
        XCTAssertFalse(CalendarUtil(dateProtocol: mock).isHoliday())

        // 金曜日
        mock.date = formatter.date(from: "2019/01/11")
        XCTAssertFalse(CalendarUtil(dateProtocol: mock).isHoliday())

        // 土曜日
        mock.date = formatter.date(from: "2019/01/12")
        XCTAssertTrue(CalendarUtil(dateProtocol: mock).isHoliday())
    }
}
```

1 2 3 4 5 6 7 8 9 10 11 12 A

ポイントは、❶で用意している「偽物」のモッククラスです。DateProtocolを実装していて、テスト用に「任意の日付」を返せるようになっています。これを❷で生成し、❸でCalendarUtil生成時に依存オブジェクトとして渡すことで、デフォルト引数の場合と同様に、任意の日付でのテストを実現しています。

モックを利用したテストは、奥が深いため本書では紙面の都合ですべてを説明しきれませんが、このように、プロトコルを導入してインターフェースと実装を切り離すのが基本です。WWDC2015では、Swiftにおいてプロトコルを中心に設計をおこなう手法として「Protocol-Oriented Programming」が発表されています※15。Swiftの標準ライブラリにもその思想が反映されているので、興味のある方は調べてみるとよいでしょう。

※15 https://developer.apple.com/videos/play/wwdc2015/408/

3-10 APIを利用するModelクラスをテストする

ここでは、より実践的な例として、ユーザ名をもとにGitHubのリポジトリを検索し、リポジトリのうち「スター数が10以上」のものを返すModelクラスをテストしてみます。最初はテストしづらい状態からはじめ、ここまでで学んだテクニックをもとに、テストしやすいコードに変更していきます。

今回登場するクラスは、表3-10のとおりです。今回はModelクラスである`GitHubRepositoryManager`をテストします。

表3-10　ターゲット構成

クラス	説明
GitHubRepository	GitHubリポジトリを表現するEntityクラス
GitHubAPIClient	GitHubのAPIを叩いてデータを取得するAPIクライアント
GitHubRepositoryManager	指定したユーザ名のリポジトリ一覧を取得するModelクラス

リスト3-45　GitHubRepository.swift

```
struct GitHubRepository: Codable, Equatable {
    let id: Int
    let star: Int
    let name: String

    enum CodingKeys: String, CodingKey {
        case id
        case star = "stargazers_count"
        case name
    }
}
```

リスト3-46　GitHubAPIClient.swift

```
import Foundation

class GitHubAPIClient {
```

```
    // ユーザ名を受け取り、そのユーザのリポジトリ一覧を取得する。
    // - Parameters:
    //   - user: ユーザ名
    //   - handler: コールバック（引数にリポジトリ一覧が渡される）
    func fetchRepositories(user: String,
                           handler: @escaping ([GitHubRepository]?) -> Void) {

        let url = URL(string: "https://api.github.com/users/\(user)/repos")!
        let request = URLRequest(url: url)
        let task = URLSession.shared.dataTask(with: request) { (data, _, error) in
            guard let data = data, error == nil else {
                handler(nil)
                return
            }
            let repos = try! JSONDecoder().decode([GitHubRepository].self, from: data)
            DispatchQueue.main.async {
                handler(repos)
            }
        }
        task.resume()
    }
}
```

1 2 3 4 5 6 7 8 9 10 11 12 A

▶リスト 3-47　GitHubRepositoryManager.swift

```
class GitHubRepositoryManager {

    private let client: GitHubAPIClient
    private var repos: [GitHubRepository]?

    // スター数が10以上のリポジトリを返す（未取得の場合は空）
    var majorRepositories: [GitHubRepository] {
        guard let repositories = self.repos else { return [] }
        return repositories.filter { $0.star >= 10 }
    }

    init() {
        self.client = GitHubAPIClient()
    }

    // 指定されたユーザ名のリポジトリ一覧を読み込み、
    // 完了したらコールバックを呼び出す。
```

```
    //
    // - Parameters:
    //   - user: ユーザ名
    //   - completion: コールバック
    func load(user: String, completion: @escaping () -> Void) {
        self.client.fetchRepositories(user: user) { (repositories) in
            self.repos = repositories
            completion()
        }
    }
}
```

今回はリスト3-47のloadメソッドを呼び出したあとで、majorRepositoriesプロパティが正しいリポジトリの一覧（スター数が10以上）を返す※16ことをテストします。なお、UIViewControllerでこのクラスを利用してUITableViewにリポジトリ名の一覧を表示するコード例は、リスト3-48です。

▶リスト3-48　GitHubRepositoryManagerの利用例

```
import UIKit

class ViewController: UIViewController, UITableViewDataSource {

    var manager: GitHubRepositoryManager!

    @IBOutlet weak var tableView: UITableView!

    override func viewDidLoad() {
        super.viewDidLoad()
        self.manager = GitHubRepositoryManager()
        self.manager.load(user: "apple") { [weak self] in
            self?.tableView?.reloadData()
        }
    }

    func tableView(_ tableView: UITableView, numberOfRowsInSection section: Int)
-> Int {
        return self.manager.majorRepositories.count
```

※16　説明をシンプルにするためにGitHubRepositoryManagerで実装していますが、判定ロジックはGitHubRepositoryに実装したほうが素直なケースが多いでしょう。starプロパティはGitHubRepositoryが所有しているものだからです。

```
    }

    func tableView(_ tableView: UITableView, cellForRowAt indexPath: IndexPath) ->
UITableViewCell {
        let cell = tableView.dequeueReusableCell(withIdentifier: "cell")!
        let repository = self.manager.majorRepositories[indexPath.row]
        cell.textLabel?.text = repository.name
        return cell
    }
}
```


プロトコルを導入して、APIClientを差し替え可能にする

今回テストしたい`GitHubRepositoryManager`ですが、内部で`GitHubAPIClient`を利用（依存）していることがわかります。このままでテストしようとすると、実際にGitHubのAPIを叩いてしまうことになり、毎回取得される結果が変わってしまいます。そうすると、テストを記述した時点ではテストがパスしても、リポジトリ数やスター数が変化してテストが失敗する可能性があります。

そこでプロトコルを導入し、APIClientを外部から差し替え可能な状態にします。

まずは、プロトコルを作成し、現状の`GitHubAPIClient`が持つメソッドをプロトコルに定義し、`GitHubAPIClient`がそのプロトコルに準拠するようにします（リスト3-49）。

リスト3-49　APIClientにプロトコルを導入する

```
// 新たにプロトコルを作成
protocol GitHubAPIClientProtocol {
    func fetchRepositories(user: String, handler: @escaping ([GitHubRepository]?)
-> Void)
}

// 作成したプロトコルに準拠するように
class GitHubAPIClient: GitHubAPIClientProtocol {
...
}
```

次に、`GitHubRepositoryManager`内で利用している`GitHubAPIClient`を`GitHubAPIClientProtocol`に置き換え、それをコンストラクタ経由で渡せるようにしま

す（リスト3-50）。

▶リスト3-50 コンストラクタ経由で渡せるようにする

```
// GitHubRepositoryManager.swift

class GitHubRepositoryManager {

    // 内部で利用している型をGitHubAPIClientProtocolに変更した
    private let client: GitHubAPIClientProtocol

    // 内部でGitHubAPIClientを生成せず、コンストラクタ経由で渡せるようにした
    init(client: GitHubAPIClientProtocol) {
        self.client = client
    }
}
```

このように変更することで、GitHubRepositoryManagerはGitHubAPIClientという具体的な型ではなく、GitHubAPIClientProtocolというインターフェースにのみ依存するように変更できました。

テスト用のモックを作成する

次に、テスト用にGitHubAPIClientProtocolを実装したモックを作成します。モックには次の2つの機能が必要です。

1. fetchRepositoriesメソッド呼び出し時の引数userを記録する
2. 任意のGitHubRepositoryの配列をコールバックで返却する

1は意図したとおりの引数で呼び出されているかを検証するため、2はテスト用のデータとして設定した値を返却できるようにする目的です。これを実現するモックコードの例は次のようになります（リスト3-51）。

▶リスト3-51 GitHubAPIClientProtocolを実装したモック

```
// GitHubRepositoryManagerTests.swift

// GitHubAPIClientProtocolに準拠する
```

```
class MockGitHubAPIClient: GitHubAPIClientProtocol {

    var returnRepositories: [GitHubRepository] // 返却するリポジトリ一覧を保持
    var argsUser: String?                      // 呼び出された引数を記録

    // コンストラクタでテスト用のデータを受け取る
    init(repositories: [GitHubRepository]) {
        self.returnRepositories = repositories
    }

    // 引数を記録
    func fetchRepositories(user: String, handler: @escaping ([GitHubRepository]?)
-> Void) {
        self.argsUser = user
        handler(self.returnRepositories)
    }
}
```

ここで作成したモックは`GitHubAPIClientProtocol`に準拠しているため、テスト対象の`GitHubRepositoryManager`にそのまま渡せます。

ここまでで、テストコードを記述するのに必要なものが揃いました。

作成したモックを使ってテストする

作成したモックを利用したテストコードはリスト3-52です。

リスト3-52 作成したモックを利用したテストコード

```
// GitHubRepositoryManagerTests.swift

class GitHubRepositoryManagerTests: XCTestCase {

    func testMajorRepositories() {

        // テスト用のリポジトリ一覧 ❶
        let testRepositories: [GitHubRepository] = [
            GitHubRepository(id: 0, star:  9, name: ""),
            GitHubRepository(id: 1, star: 10, name: ""),
            GitHubRepository(id: 2, star: 11, name: ""),
        ]
```

```
        // モックを生成 ❷
        let mockClient = MockGitHubAPIClient(repositories: testRepositories)

        // テスト対象を生成する際にモックを渡す ❸
        let manager = GitHubRepositoryManager(client: mockClient)

        // テスト対象のメソッドを呼び出し ❹
        manager.load(user: "apple") {

            // 引数の検証 ❺
            XCTAssertEqual(mockClient.argsUser, "apple")

            // 結果の検証 ❻
            XCTAssertEqual(manager.majorRepositories.count, 2)
            XCTAssertEqual(manager.majorRepositories[0].id, 1)
            XCTAssertEqual(manager.majorRepositories[1].id, 2)
        }
    }
}
```

❶〜❸がテスト用の準備、❹がテスト対象の呼び出し、❺と❻が結果の検証です。

まず、❶でテスト用のリポジトリ一覧を用意し、❷でそのデータを返却するモックを作成しています。そして、❸でテスト対象を生成する際に、利用するAPIClientとして生成したモックを渡しています。

❹でテスト対象のメソッドを呼び出し、コールバックとして呼び出されるクロージャ内で期待どおりの結果か検証しています。

❺では引数が正しく `GitHubAPIClientProtocol#fetchRepositories` メソッドに引き渡されていること、❻では `majorRepositories` プロパティが期待どおり「スター数が 10 以上のリポジトリ一覧を返すか」を検証しています。

このように、テスト対象が依存するクラスをプロトコルに置き換え、テスト用に都合の良いモックを渡すようにするテクニックは、単体テストにおいてよく利用されます。

デフォルト引数で利用しやすくする

ここまでで、「GitHubRepositoryManagerをテストする」という当初の目的は達成しました。しかし、1つだけ棚上げにしていた問題があります。GitHubRepositoryManagerのコンストラクタでGitHubAPIClientProtocolを渡せるようにすることで、GitHubAPIClientProtocolに準拠した任意の型を渡せるようになりましたが、結果として、それを生成する責務が利用側に移ってしまいました（リスト3-53）。

リスト3-53 利用側で依存クラスの生成が必要になった

```
// 利用する側で必要なインスタンスを生成する作りになってしまった ❶
let client = GitHubAPIClient()
self.manager = GitHubRepositoryManager(client: client)
```

これを避ける方法の1つとして、3-9節で紹介したデフォルト引数が利用できます（リスト3-54）。

リスト3-54 デフォルト引数を利用する

```
// GitHubRepositoryManager.swift

class GitHubRepositoryManager {

    // clientが指定されなかった場合はGitHubAPIClientを利用する ❶
    init(client: GitHubAPIClientProtocol = GitHubAPIClient()) {
        self.client = client
...
```

これにより、リスト3-48で示した元々のコードでGitHubRepositoryManagerが利用できる状態に戻りました。

Column

すべてをモック化するべきか？

ここまで、モックを活用した単体テストの例を見てきました。これはクラス単体をテストする際の一般的なパターンであり、ほかの言語やプラットフォームにおいてもほぼ同様の考え方が採用されています。

しかし、すべてをモック化してクラス単体に対してテストするのが常に最適かというと、一概にそうは言えないと筆者は考えます。場合によっては、いくつかのクラスを結合してテストしたほうが費用対効果が高いというケースもあるでしょう。第1章のテストピラミッドで解説したように、一般的に単体テストの重要性が高いのは事実ですが、自身のプロダクトの性質や状況に合わせて柔軟に選択することが大切だと考えます。

3-11 ランダムな順序で実行させる

XCTest で定義したテストメソッドは、デフォルトでは毎回決められた順序で実行されます。たとえば、`testA()`、`testB()`、`testC()` というテストメソッドがあった場合、何度実行しても、必ず A、B、C の順で実行されるといった感じです。

この挙動は特に問題が無いように感じるかもしれません。しかし、各テストメソッド間に実行順序の「依存関係」があり、決まった順番でテストが実行されないと正しく動作しない場合に、その発見が遅れます。

たとえば、`testA()` で事前準備としてデータベースを作成し、`testB()` と `testC()` でそのデータベースがあることを前提にしたコードを書いている場合などです。この場合、最初は問題なくテストが成功しているものの、テストメソッド名の変更などによってテストの実行順序が変わったタイミングで、突然テスト失敗するようになる可能性があります。最初にテストを作成したタイミングから発見が遅れるため、原因の調査や修正に時間がかかってしまいます。

この問題に対して、Xcode 10 で新しく追加された機能が「Randomize execution order」というオプションです。このオプションを有効にすることで、毎回テストメソッドの実行がランダムな順序でおこなわれるようになります。これにより、テストの実行順序の「依存関係」を早めに発見できます。

なお、ランダムな順序で実行されるのは、あくまでテストメソッド単位です。テストクラスや `XCTContext.runActivity()` の単位での実行順は変化しないので、注意が必要です。

Xcodeでランダム順での実行を設定する

このオプションはテストターゲットの設定からおこなえます。

1. Xcodeのメニュー > Product > Scheme > Edit Scheme... を選択（「⌘ + >」でも可）
2. 一覧から「Test」を選択し、「Info」タブを選択し、対象のテストターゲットの「Options...」をクリック
3. 「Randomize execution order」のチェックを有効にする

図3-17　Randomize execution orderを有効にする

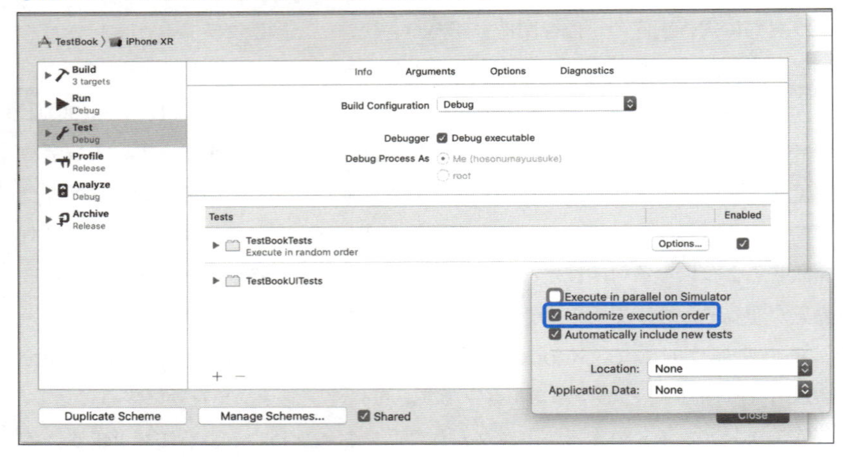

例として、テストメソッドの宣言 `testA()` ～ `testD()` だけをおこなった、次のテストコードで実行結果を比較してみます。

リスト3-55　Randomize execution orderの実行結果を比較する

```
class RandomExecutionTests: XCTestCase {
    func testA() {}
    func testB() {}
    func testC() {}
    func testD() {}
}
```

最初は、「Randomize execution order」が無効（チェックが OFF）の状態での実行結果を Report Navigator 上で確認してみます。

図 3-18 Randomize execution order が無効な状態での実行結果

TestBook 〉 Test

All Passed Failed | All Performance

Status	Tests	Duration
▼	RandomExecutionTests › TestBookTests	4 passed (100%) in 0.00458s
✓	testA()	0.0009...
✓	testB()	0.00051...
✓	testC()	0.0005...
✓	testD()	0.00051...

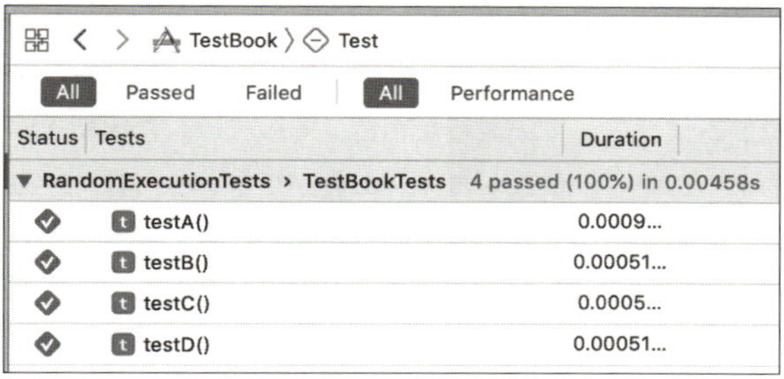

testA、testB、...testD、と順番にテストが実行されているのがわかります。これは、偶然この実行順序になったわけではなく、何度実行してもこのようなアルファベット順※17 になります。

次は、「Randomize execution order」が有効（チェックが ON）の状態での実行結果です。

図 3-19 Randomize execution order が有効な状態での実行結果

TestBook 〉 Test

All Passed Failed | All Performance

Status	Tests	Duration
▼	RandomExecutionTests › TestBookTests	4 passed (100%) in 0.00351s
✓	testA()	0.00076s
✓	testD()	0.00039s
✓	testC()	0.00037s
✓	testB()	0.00047s

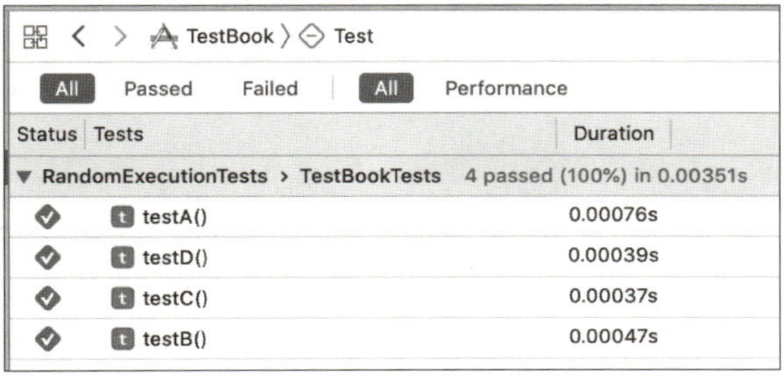

先ほどとは異なり、バラバラな順番でテストが実行されているのがわかります。前述したとおり、この実行順はテストを実行するたびに変化します。

単体テストにおける暗黙の依存関係（実行順序）の問題を早めに発見するため

※17 執筆時点のXCTestでは、テストメソッド名の昇順にソートされてテストの実行が行われます。

に、「Randomize execution order」を有効にしてテストを実行するようにしておくのは、良い方法と言えるでしょう。

ランダム順による実行の注意点

ランダム実行における注意点として、前回と同じ順番で再実行できない点が挙げられます。つまり、ランダム実行をして失敗した場合、その失敗した箇所を修正した後の再現確認ができないのです。テストコードの数が少ないうちは、手動でもなんとかなるかもしれませんが、テストコードの数が多くなるとそういうわけにはいかないので、注意が必要です。

3-12 コードカバレッジを考える

テストで重要になるのは「条件の網羅性」です。ある条件で試すと正常に動作するものの、別の条件で試すと正しく動作しない、というのはよくあるケースです。網羅的にテストがおこなえず、漏れていた条件でたまたま不具合があった場合、最悪アプリのクラッシュという形で、ユーザから報告される可能性もあります。

本節では、コードがどれだけ網羅的に実行されたか確認できる「コードカバレッジ」について説明します。

コードカバレッジとは

コードカバレッジは「コード網羅率」とも呼ばれ、テストなどを実行した際に、テスト対象のコードがどれだけ網羅的に実行されたか測定するものです。

例としてリスト 3-56 のコードを考えてみます。

▶リスト 3-56 引数に与えられた数値が正の数か判定する関数

```
func isPositive(_ x: Int) -> Bool {
    if x >= 0 {
        return true  //  ❶
    } else {
        return false //  ❷
    }
}
```

このコードは、引数に渡された「x」が、正の数であれば true、そうでなければ false を返す単純な関数です。この関数に対するテストコードとして、「x」が「1」の場合のみテストした場合、テストで実行されるのは❶のみで、❷のコードは実行されないことになります。言い換えると、❷のコードはテストされていないため、実行された際に不具合が見つかる可能性があります。

今回のコードは単純なため、テスト対象のコードが網羅的に実行される条件はかんたんに列挙できますが、これが複雑な条件であった場合はどうでしょうか。きちんと必要なパターンを洗い出してテストコードを作成したとしても、「本当に網羅できているのか？」と不安な気持ちになるのではないでしょうか。

このようなケースで役立つのがコードカバレッジです。コードカバレッジを利用すると、あるコードが実行されているかどうかを確認することが可能となります。

Xcodeでコードカバレッジを利用する

Xcode上でコードカバレッジを有効にするには、次のようにします。

1. Xcodeのメニュー > Product > Scheme > Edit Scheme... を選ぶ（「⌘ + <」でも可）
2. 一覧から「Test」を選択し、「Options」タブにある「Gather coverage for」のチェックを有効にする

図3-20 コードカバレッジを有効にする

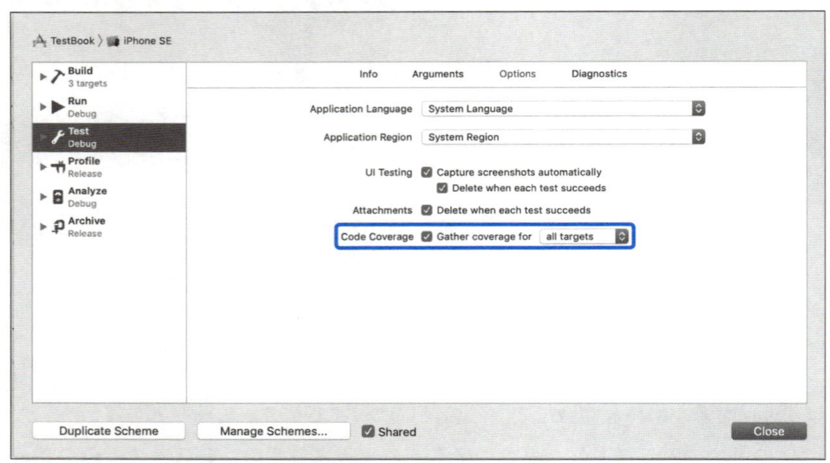

デフォルトでは「all targets」が選択されており、すべてのターゲットに対してコードカバレッジが取得されるようになります。なお、プルダウンから「some targets」を選択することで、特定のターゲットのみを対象とすることも可能です。

図 3-21 コードカバレッジの対象となるターゲットを指定する

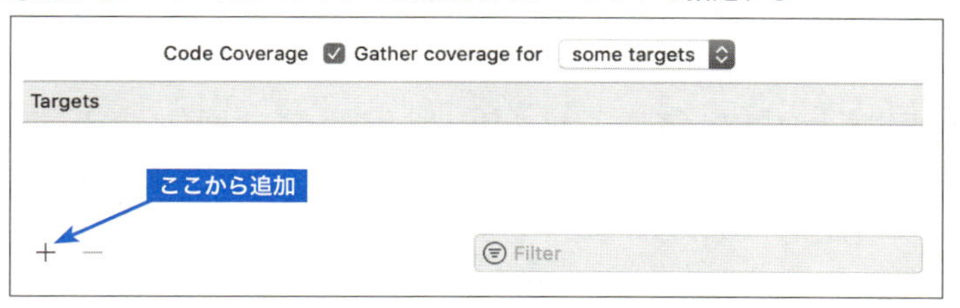

たとえば、テスト対象となる本体のターゲットだけカバレッジが取得できればよいケースでは、明示的にそれだけを指定することで、余計なカバレッジ表示を減らせるでしょう。

エディタ上でコードカバレッジの結果を確認する

コードカバレッジを有効にしておけば、エディタ上でカバレッジ結果が確認できます。表示されない場合は、Xcode メニュー > Editor > Show Code Coverage を選択します。

ここでは、次のリスト 3-57 のテストコードを実行した結果の画面を例に見ていきます。今回は見やすいように、右側のルーラにカーソルの当て、エディタ領域がハイライトされるようにしています（図 3-22）。

リスト 3-57 isPositive 関数を 0 と 1 の引数で呼び出し

```
func testIsPositive() {
    XCTAssertTrue(isPositive(0))
    XCTAssertTrue(isPositive(1))
}
```

図3-22 エディタ上のカバレッジ表示

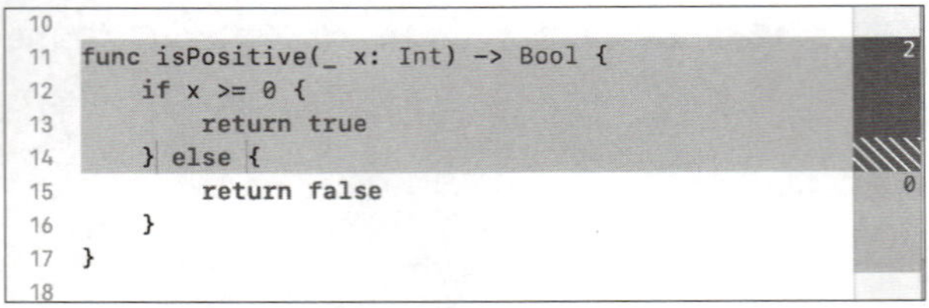

```
10
11 func isPositive(_ x: Int) -> Bool {            2
12     if x >= 0 {
13         return true
14     } else {
15         return false                             0
16     }
17 }
18
```

右側のルーラに表示されている数字は、「コードが実行された回数」を表しています。今回は、それぞれの範囲のコードの実行回数が「2回」と「0回」であり、テストコードの内容とも一致しているのがわかります。

前述しましたが、1回以上実行された範囲は「緑色」、1回も実行されていない範囲は「赤色」で表示されます。また、else文の行を見てみると、「赤色と白色のストライプ」で表示されています。これは、1行の中で「実行されているコード」と「実行されていないコード」が共存している、言い換えると「実行が網羅されていない」ことを意味しています。

else文だと直感的にわかりにくいですが、if文を「x >= 0 || true」などに変更すると、わかりやすい結果が得られます。「||」は短絡演算子なので、左辺がtrueだった場合には右辺は評価されません。そのため、今回のテストコードでは実行が網羅されないことになります。次の図3-23が、その実行結果です。

図3-23 if文の実行が網羅されていないカバレッジ結果

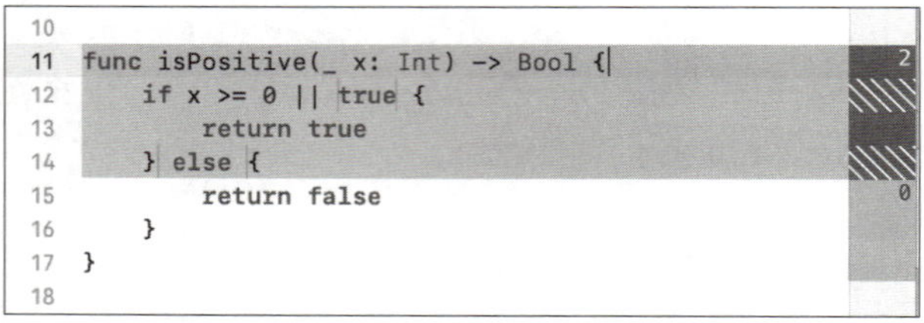

```
10
11 func isPositive(_ x: Int) -> Bool {            2
12     if x >= 0 || true {
13         return true
14     } else {
15         return false                             0
16     }
17 }
18
```

if文の位置にある右側のルーラの表示が、前述した「赤色と白色のストライプ」で表示されているのがわかります。また、少し見づらいですが、trueの箇所が「赤色」でハイライトされており、この箇所が実行されていないことがわかります。

このように、カバレッジは行単位ではなく、コード単位で計測されるというのも、覚えておくとよいでしょう。

Column

コード網羅率の測定方法

ひと言で「網羅率」といっても、実際に網羅率を計測する方法はいくつもあります。よくあるケースとしては、次のものが多いでしょう。

- 文網羅（C0）　：コードの各文が実行されているか
- 分岐網羅（C1）：制御構文において、それぞれの分岐方向が実行されたか
- 条件網羅（C2）：分岐条件の各項について「真」と「偽」の両方が実行されたか

例として、次の Swift コードを考えてみます。

▶リスト 3-58　引数が 0 以上の場合に「正の数です」と出力する関数

```
func foo(x: Int) {
    if x >= 0 {
        print("正の数です")
    }
}
```

この関数に対して「x = 1」で呼び出した場合、print 関数が実行されるので「文網羅（C0）」としては 100% になります。しかし、if 文が false となるケースは実行されていないため、「分岐網羅（C1）」としては 100% になりません。

このように、単に「網羅率」といっても、計測方法によって意味合いが違ってくるので、意思疎通をする際には留意しておくとよいでしょう。

コードカバレッジ率を確認する

コード単位ではなく、「ファイルあるいはプロジェクト単位でどれだけ実行が網羅されているのか」を確認したい場合もあります。カバレッジが有効になっている場合は、レポートナビゲータに「Coverage」という項目が表示され、これ

を選択すると、次のように、カバレッジ率を確認できる画面が表示されます（図3-24）。

図3-24　コードカバレッジ率を確認できる画面

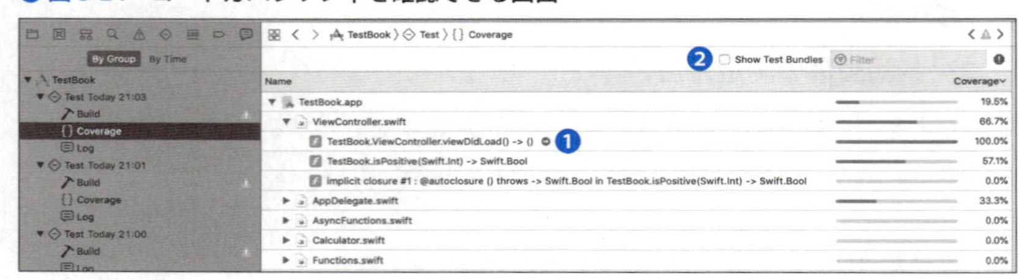

図3-24はツリーの一部を開いた状態ですが、「Coverage」という列にカバレッジ率が表示されており、以下のような単位で実行網羅率が確認できます。

・ターゲット
・ソース
・メソッド

この画面のほかの機能としては、「ソース」または「メソッド」にカーソルを当てると「矢印」（❶）が表示され、それをクリックすることで該当箇所にジャンプできます（行をダブルクリックすることでも同様の操作がおこなえます）。また、「Show Test Bundles」のチェック（❷）を有効にすることで、テスト用のターゲットについてもカバレッジ率が表示されるようになります。テストコードのカバレッジ率を知りたいケースは少ないと思いますが、必要なときに覚えておくとよいでしょう。

Column

網羅率は100%であるべき？

コードカバレッジは、どれだけ実行が網羅されているか、言い換えると「どれだけ漏れなく実行されているか」を表しているといえます。テストコードの文脈で考えると、「どれだけ漏れなくテストされているか」という意味も含まれていることがわかります。

その観点で考えると、網羅率は常に100%であるべきだと思うかもしれません。100%でないということは、テスト対象のコードで実行されていない箇所があるということだからです。

しかし、100%の網羅率を実現するのは、現実的に難しいコードなどもあります。また、網羅率が100%であっても、プロダクトコードの品質が十分とは限りません。処理が入り組んでいて、可読性や保守性が悪いコードに対して、網羅率が100%になるように大量のテストが書かれたとして、それが品質が高い状態とはいえないのではないでしょうか。

本書の範囲から外れるので、これ以上の深入りは避けますが、プログラマにとって、コードカバレッジ率を上げるという行為は「心地よい」と感じる側面があると、筆者の経験では感じます。たしかに、コードカバレッジを上げることは品質に寄与する面もあると思いますが、自分たちにとって必要なものが何かを見極め、道具としてコードカバレッジを利用するのがよいでしょう(コードカバレッジに限った話ではありませんが)。

Column

xccov コマンドでJSON形式などで出力する

通常のアプリの開発においては、前述したようなXcode上からカバレッジを確認する方法だけで十分でしょう。ですが、自分でコードカバレッジを可視化するツールを作ったり、他ツールに連携する目的で、カバレッジ結果をJSONなどに出力することも可能です。それを可能にするのが、xccovというコマンドラインツールです。

コードカバレッジ結果の実体は、拡張子「.xccovreport」ファイル※18に記録されており、このファイルをxccovコマンドで指定することで、JSON形式で出力したりすることが可能です。

たとえば、ターゲット単位のカバレッジ率のみをJSONで出力する場合には、次のようにします。

※18 Xcode上からビルドした場合はDerivedData配下に出力されます。出力先は変更になる可能性があるので紙面では記載していません。

リスト 3-59 xccov を使ってターゲット単位のカバレッジ率を JSON で出力する

```
$ xcrun xccov view --only-targets --json *.xccovreport # パスが通っていないた
め xcrun を介して実行する
```

本書では、xccov コマンドについてくわしく説明しませんが、man コマンドでマニュアルを見られるので、必要な場合は参照するとよいでしょう。

リスト 3-60 xccov コマンドのマニュアルを表示する

```
$ man xccov
```

第2部

第4章

単体テストに役立つ OSSを活用する

iOSアプリ開発において、OSSの利用は一般的となっています。その中にはテストに役立つOSSも含まれています。

本章では、それぞれアプローチの異なる次のOSSについて解説します。

・Quick/Nimble - BDD（振舞駆動開発）フレームワーク
・Mockingjay - HTTPモック
・Cuckoo - モックの自動生成
・SwiftCheck - Property-based Testing

OSSは流行り廃りもありますが、テクニックとして知っておくと、それ自体が強い武器になるでしょう。

4-1 Quick/Nimble - BDDフレームワーク

Quick/Nimbleは、XCTest上で動作する、OSSのBDD（Behavior Driven Development※1）フレームワークです。Quick/Nimbleは、BDDフレームワークとしての「Quick」と、マッチャーによるアサーションを実現する「Nimble」の2つから成り立っています※2。

最初に「Quick」と「Nimble」についてそれぞれの概要を説明し、そのあとで実際にテストコードがどのようになるのか解説していきます。バージョンは執筆時点の最新であるQuick 2.1.0、Nimble 8.0.1をそれぞれ利用します。

Quickとは

Quickは、BDDスタイルでテストコードを記述できるテストフレームワークです。テスト対象に入力値を与えてその結果が期待値と一致するか検証するという点ではXCTestと変わりませんが、「より要求仕様に近い形でテストコードを表現しよう」という考え方が特徴です。

例として、Swift標準の`String`の`isEmpty`プロパティに対するテストを考えてみます。XCTestで記述する場合はリスト4-1のようになるでしょう。

リスト4-1　isEmptyに対するテストをXCTestで記述

```
import XCTest

class StringTests: XCTestCase {
    func testIsEmpty() {
        XCTAssertTrue("".isEmpty, "0文字の場合はtrueを返すこと")
        XCTAssertFalse("a".isEmpty, "1文字の場合はfalseを返すこと")
    }
```

※1　日本語では「振舞駆動開発」と訳されることが多いです。

※2　GitHubリポジトリもそれぞれQuickとNimbleに分かれており、単独でも利用できるようになっています。

```
}
```

これを Quick を利用して記述すると次のようになります。

リスト 4-2 isEmpty に対するテストを Quick で記述

```
import Quick

class StringSpec: QuickSpec {
    override func spec() {
        describe("isEmpty") {
            context("0文字") {
                it("trueを返すこと") {
                    XCTAssertTrue("".isEmpty)
                }
            }
            context("1文字以上") {
                it("falseを返すこと") {
                    XCTAssertFalse("a".isEmpty)
                }
            }
        }
    }
}
```


詳細は後ほど説明しますが、describe や context、it などのキーワードにより、テスト対象や条件、期待結果が明確に表現されています。これを箇条書きにすると次のようになります。isEmpty プロパティが外部から見て、どのように振る舞うべきか、そのままテストコードに表現されているのがわかります。

- isEmpty は
    - 0 文字のとき
        - true を返すこと
    - 1 文字以上のとき
        - false を返すこと

このように、Quick などの BBD フレームワークでは、テスト対象の「振る舞い」

が何であるかに注目し、より要求仕様に近い形でテストコードを記述します。

Nimbleとは

Nimbleは、マッチャーAPIによるアサーションを提供します。内部的にはXCTAssertによるアサーションがおこなわれますが、マッチャーAPIを利用すると次のような利点があります。

・複雑なアサーションをかんたんに書ける
・人間の目で見たときに意図がわかりやすくなる
・テスト失敗時のエラーメッセージがわかりやすくなる

例として、実行結果として得られた配列に対して「特定の要素が含まれていること」をテストしたいケースを考えます。XCTestで記述した例はリスト4-3のとおりです。

リスト4-3　配列に特定の要素が含まれているか検証する（XCTest）

```
let array = ["one", "two", "three"]

// XCTest によるアサーション ❶
XCTAssertTrue(array.contains("four"))

// テスト失敗時のメッセージ ❷
// => XCTAssertTrue failed -
```

一見するとテストコードはシンプルでわかりやすく感じます。しかし、テストに失敗した際のエラーメッセージは「`XCTAssertTrue failed`」と表示されるだけで、「`XCTAssertTrue()`が失敗した」という以上の情報は得られません。

これに対して、Nimbleで記述した例はリスト4-4のとおりです。

リスト4-4　配列に特定の要素が含まれているか検証する（Nimble）

```
let array = ["one", "two", "three"]

// Nimble によるアサーション ❶
expect(array).to(contain("four"))
```

```
// テスト失敗時のメッセージ ❷
// => expected to contain <four>, got <[one, two, three]>
```

テストコードはXCTestの例と似ていますが、Nimbleから提供されている組み込みのマッチャーAPIである`contain`関数を利用しています。アサーションコードを読むと、「`array`について`"four"`が含まれていることを期待する」という自然な英文として読めます。

また、テスト失敗時のエラーメッセージには、「`four`が含まれていることを期待したが、実際には`[one, two, three]`が得られた」という内容が書かれており、XCTestのアサーションに比べると多くの情報を含んでいるのがわかります。

このように、Nimbleでは、組み込みの便利なアサーションを使って自然な英文のようにテストコードを記述できて、かつテストが失敗したときのエラーメッセージもわかりやすくなります。

1 2 3 4 5 6 7 8 9 10 11 12 A

Quick/Nimbleを導入する

Quick/Nimbleの導入方法は、リポジトリ内のドキュメント※3に記載されています。また、英語版より内容が古いことがありますが、日本語でのインストール方法もドキュメント※4として用意されています。

CocoaPodsでのインストール

CocoaPodsを利用してインストールする場合には、次のように、「Quick」と「Nimble」を`Podfile`のテスト用のターゲットに追加します。

```
target 'TestBookAppTests' do
  inherit! :search_paths
  pod 'Quick'
  pod 'Nimble'
end
```

※3 https://github.com/Quick/Quick/blob/master/Documentation/en-us/InstallingQuick.md
※4 https://github.com/Quick/Quick/blob/master/Documentation/ja/InstallingQuick.md

ここでは、「TestBookAppTests」というテスト用のターゲットに「Quick」と「Nimble」を追加しています。本体側のターゲットに追加してしまうと、リリースするアプリのバイナリにも含まれてしまい、アプリサイズを無駄に肥大化してしまうので注意しましょう。

あとは、`pod install`を実行すれば導入は完了です。

```
$ pod install
```

Carthageでインストールする

まず、次のコードを`Cartfile.private`に追加します。

リスト4-5　Cartfile.privateに追加するコード

```
github "Quick/Quick"
github "Quick/Nimble"
```

次に、以下のコマンドを実行します※5。

```
$ carthage update
```

「Carthage/Build/{platform}/」フォルダ※6から、「Quick.framework」と「Nimble.framework」をテストターゲットの「Build Phaeses」の「Link Binary With Libraries」に、ドラッグ＆ドロップまたは「+」ボタンから追加します（図4-1）。

図4-1　2つのフレームワークを追加する

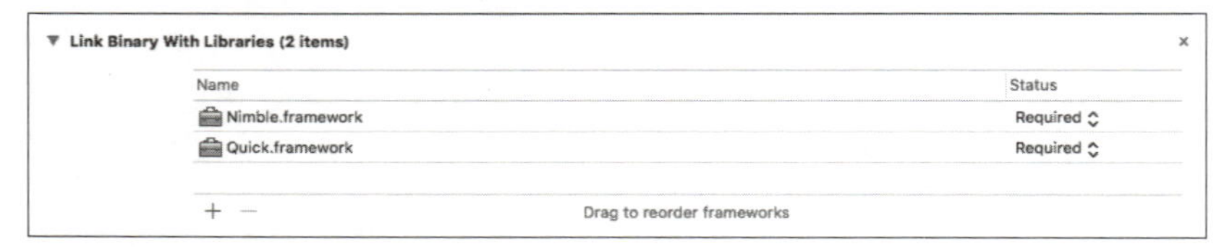

※5　対象プラットフォームがiOSだけであれば、`carthage update --platform iOS`コマンドを利用することで実行にかかる時間を短縮できます。

※6　対象プラットフォームがiOSだけであれば「Carthage/Build/iOS/」配下のファイルのみで十分です。

同じく Build Phases の左上の「+」ボタンから「New Copy Files Phase」を追加します（図 4-2）。

▶図 4-2 Build Phases の＋ボタンから追加

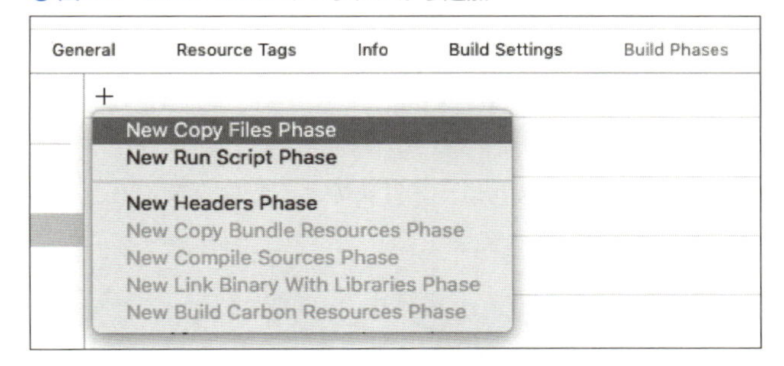

追加した「Copy Files」にて、Destination プルダウンから「Frameworks」を選択し、左下にある「+」ボタンから 2 つのフレームワークを追加します（図 4-3）。

▶図 4-3 Copy Files の設定

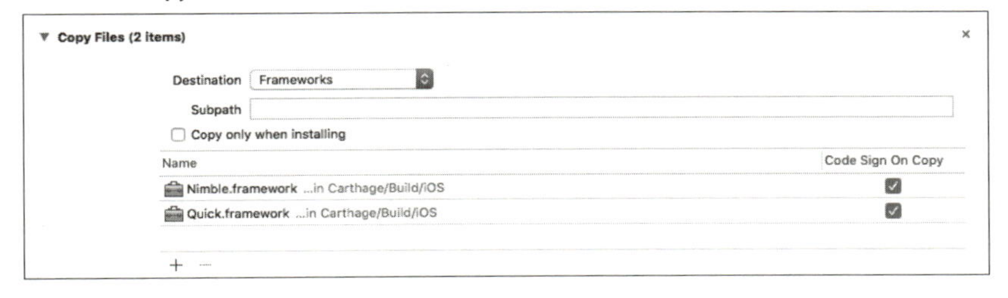

これで Carthage での導入は完了です。テスト実行時にエラーでいきなり落ちるという事象に遭遇する場合は、これらの手順のどこかでまちがえている可能性があるので、再確認しましょう。

最初のテストを実施してみる

それでは、Quick/Nimble を使ったテストコードを書いていきます。テスト対象は XCTest でも利用した 3-2 節のリスト 3-1 を例題として利用します。3-2 節と同様に次の順で説明していきます。

1 「足し算」に対してだけテストを書く
2 「ほかの四則演算」に対するテストを追加する

■足し算のテスト

Quick/Nimble を使った足し算のテストコードは次のようになります。

▶リスト 4-6

```
// Quick と Nimble を import ❶
import Quick
import Nimble

@testable import TestBookApp

// XCTestCase ではなく QuickSpec を継承する ❷
class QuickCalculatorTests: QuickSpec {

    // spec() メソッドをオーバーライド ❸
    override func spec() {

        // describe() で「テストの対象（メソッド）」を宣言 ❹
        describe("add()") {

            // it() で「どういう挙動になるべきか」を宣言 ❺
            it("1 + 2 = 3") {

                let calc = Calculator()

                // Nimble を利用してアサーションを記述 ❻
                expect(calc.add(1, 2)).to(equal(3))
            }
        }
    }
}
```

❶〜❸までは、Quick を使ったテストコードにおける共通の記述になります。❹と❺が Quick による「テストの構造化」、❻が Nimble による「アサーション」

となっています。

❹と❺では、describe 関数と it 関数という関数を呼び出しています。これらは、Quick に用意されたテストを構造化するための DSL※7 です。describe 関数の引数では「テストの概要」を文字列で指定し、同じく it 関数の引数では「こうあるべきだと」いう説明を指定しています。「テストの条件」を記述する context 関数も用意されていますが、それについては後述します。

❻では、Nimble に用意されたマッチャー API を利用して、アサーションを記述しています。expect() の引数に「検証する式（calc.add(1,2))」を与え、メソッドチェーンで続く to() に「期待結果（3 と等しい)」というマッチャーを指定しています。

❹〜❻のコードを通して読んでみると、次のように読めるでしょう

❹ add() について記述する（describe("add()"))
❺ 1 + 2 = 3 であるべき（it("1 + 2 = 3"))
❻ calc.add(1, 2) の期待する結果は「3 と等しく」なる（expect(calc.add(1, 2)).to(equal(3)))

日本語で記述するとやや不自然さは残りますが、このように、「プログラムコードでありながら自然な英文として読める」のが、Quick/Nimble の特徴の 1 つです。

■ほかの四則演算のテスト

ほかの四則演算のテストも追加してみます。最初は 3-2 節の流れと同様に、愚直に書いてみます。なお、割り算のケースについては リスト 3-29 で示した 0 除算となる場合には nil を返す仕様で考えています。

※7　Domain-Specific Languageの略で、日本語では「ドメイン特化言語」と訳されることが多いです。特定の問題領域に特化したAPIのことを指し、その多くは「定義」のような見た目になります。

▶リスト4-7　ほかの四則演算に対しても同様にテストを書いてみる

```
import Quick
import Nimble

class QuickCalculatorTests2: QuickSpec {

    override func spec() {

        // 新しく`describe`を追加して、全体を束ねた ❶
        describe("Calculator") {

            describe("add()") {
                it("1 + 2 = 3") {
                    let calc = Calculator()
                    expect(calc.add(1, 2)).to(equal(3))
                }
            }

            describe("subtract") {
                it("3 - 1 = 2") {
                    let calc = Calculator()
                    expect(calc.subtract(3, 1)).to(equal(2))
                }
            }

            describe("multiple") {
                it("2 * 3 = 6") {
                    let calc = Calculator()
                    expect(calc.multiple(2, 3)).to(equal(6))
                }
            }

            // 割り算は「通常」と「0除算」の2つのケースを`context()`を利用して分
岐 ❷
            describe("division") {

                // 通常の割り算のケース
                context("6 / 2") {
                    it("return 3") {
                        let calc = Calculator()
                        expect(calc.division(6, 2)).to(equal(3))
                    }
                }
```

```
                // 0除算となる割り算のケース
                context("6 / 0") {
                    it("return nil") {
                        let calc = Calculator()
                        expect(calc.division(6, 0)).to(beNil())
                    }
                }
            }

        }
    }
}
```

最初に「describe("Calculator")」を最上位に追加し、全体を束ねるように構造化しています（❶）。このように、describe() などの関数を入れ子にして利用することが可能です※8。

また、割り算のテストの箇所では、新しい関数 context() を利用しています（❷）。これは、describe() と同様にテストを構造化するための関数です。describe() が「概要」を表すのに対して、context() は「条件」を表すために使用します。ここでは「通常の割り算」と「0 除算の割り算」を「条件」とみなし、context() を利用しています。

テストケースごとに前処理をおこなう

テストコードを見てみると、Calculator インスタンスの生成コードが重複しているのがわかります。XCTest に setUp メソッドというテストケースごとに前処理をおこなうしくみがあったように、Quick でも独自のライフサイクルが用意されています。

Quick においてテストケースごとに前処理をおこなう beforeEach() を利用するようにリファクタリングした例は、次のとおりです。

※8 逆にいうと自由であるがゆえにテストコードの書き手によって構造化のレベルが異なる可能性があります。複数人で開発する際は事前に方針を決めておくとよいでしょう。

▶ リスト 4-8　beforeEach() を利用して前処理を共通化した例

```
import Quick
import Nimble

class QuickCalculatorTests: QuickSpec {

    override func spec() {
        describe("Calculator") {

            // 変数を宣言 ❶
            var calc: Calculator!

            // テスト（`it()`）ごとにインスタンスを生成する ❷
            beforeEach {
                calc = Calculator()
            }

            describe("add()") {
                it("1 + 2 = 3") {
                    expect(calc.add(1, 2)).to(equal(3))
                }
            }
            describe("subtract") {
                it("3 - 1 = 2") {
                    expect(calc.subtract(3, 1)).to(equal(2))
                }
            }
            describe("multiple") {
                it("2 * 3 = 6") {
                    expect(calc.multiple(2, 3)).to(equal(6))
                }
            }
            describe("division") {
                context("6 / 2") {
                    it("return 3") {
                        expect(calc.division(6, 2)).to(equal(3))
                    }
                }
                context("6 / 0") {
                    it("return nil") {
                        expect(calc.division(6, 0)).to(beNil())
                    }
                }
```

```
            }
        }
    }
}
```

❶で Calculator インスタンスを格納する変数を宣言し、❷の beforeEach() でテストごとの前処理として Calculator インスタンスを生成しています。

なお、beforeEach() は describe() や context() ごとではなく、it() ごとに呼び出される点に注意しましょう。

一時的に実行対象外にする／指定したものだけ実行する

Quick では一時的にテストを実行対象外にしたり、指定したテストのみを実行するしくみが用意されています。

ここまで Quick の DSL として describe ／ context ／ it を利用してきましたが、これらの先頭に x をつけると実行対象外となり、f をつけるとそれだけが実行対象となります。

一時的に実行対象外にする（x）

頭に「x」をつけて実行対象外にする例としてリスト 4-9 を見てみます。

リスト 4-9　頭に「x」をつけると実行対象外となる

```
class FXQuickTests: QuickSpec {
    override func spec() {
        describe("Foo") {
            it("A") {}          // ❶
            xit("B") {}         // ❷
            xcontext("Bar") { // ❸
                it("a") {}
                it("b") {}
            }
        }
    }
}
```

ここでは❷と❸の頭に「x」をつけているので、これらは実行から除外されます。結果として❶の it("A") のみが実行されるようになります。

■指定したテストだけを実行する（f）

頭に「f」をつけて指定したテストのみを実行する例としてリスト4-10を見てみます。

▶リスト4-10　頭に「f」をつけるとそれだけが実行対象になる

```
class FXQuickTests: QuickSpec {
    override func spec() {
        describe("Foo") {
            it("A") {}
            fit("B") {}        //  ❶
            fcontext("Bar") { //  ❷
                it("a") {}
                it("b") {}
            }
        }
    }
}
```

ここでは❶と❷の頭にfをつけているので、fit("B") と fcontext("Bar") の配下にある it("a") と it("b") の3つが実行されるようになります。

実装中のテストのみを実行したいケースにおいて便利ですが、fをつけたテストクラス内に限らず、テスト全体でfをつけたテストしか実行されなくなる点には注意が必要です[※9]。

ここまで、Quick/Nimbleの以下のような基本的な使い方を見てきました。

- BDDフレームワークとしての「Quick」は、要求仕様に近い形でテストコードを記述できる
- アサーションライブラリとしての「Nimble」は、マッチャーAPIによる便利アサーションを記述できる

※9　⌘+Uなどでテスト全体を実行しても一部のテストしか実行されないという事象に遭遇したときは、これを疑ってみるとよいでしょう。

本書では紙面の都合上これ以上の説明は割愛しますが、公式のドキュメントが充実しているので、よりくわしく学習したい場合は、Quick のドキュメント※10 や Nimble のドキュメント※11 を参照するとよいでしょう。

Column

Quick/Nimble でのランダム実行はどうなる？

3-11 節で解説した「Randomize execution order」を利用した場合、Quick でのテストの実行順はどうなるのでしょうか？　結論から言うと it の単位で実行順がランダムになります。

たとえば、リスト 4-11 の場合、手元のマシンでの実行結果は図 4-4 のようになり、たしかに it の単位でランダム順になっているのがわかります。

▶ リスト 4-11

```
import XCTest
import Quick
import Nimble

class RandomQuickTests: QuickSpec {
    override func spec() {
        describe("Foo") {
            it("A") {}
            it("B") {}
            it("C") {}
            context("Bar") {
                it("a") {}
                it("b") {}
                it("c") {}
            }
        }
    }
}
```

1
2
3
4
5
6
7
8
9
10
11
12
A

※10 いくつかの言語に翻訳されています。英語版より古い場合もありますが日本語にも翻訳されています。https://github.com/Quick/Quick/tree/master/Documentation

※11 https://github.com/Quick/Nimble/blob/master/README.md（英語ドキュメント）

図 4-4 it の単位でランダムに実行されている

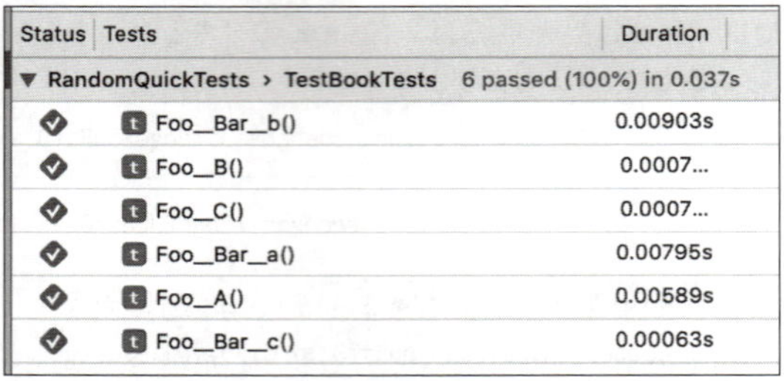

Status	Tests	Duration
▼ RandomQuickTests › TestBookTests		6 passed (100%) in 0.037s
✓	Foo__Bar__b()	0.00903s
✓	Foo__B()	0.0007...
✓	Foo__C()	0.0007...
✓	Foo__Bar__a()	0.00795s
✓	Foo__A()	0.00589s
✓	Foo__Bar__c()	0.00063s

本書では詳細を割愛しますが、これは、Quick の it が内部的にはテストメソッドの呼び出しに対応する構造になっているためです。

4-2 Mockingjay - HTTP 通信のモック

Mockingjay[※12]はHTTPモック[※13]を実現するOSSです。ここではHTTPモックの概要と、Mockingjayの使い方について説明していきます。バージョンは執筆時点の最新である2.0.1を利用します。

HTTPモックとは

HTTPモックとは、HTTPリクエストに対してモックをおこなう手法です。HTTPモックを利用することで、外部のサーバと通信せずに任意のレスポンスを返却できます。図にすると次のようなイメージです。

図 4-5　HTTPモックの動作イメージ

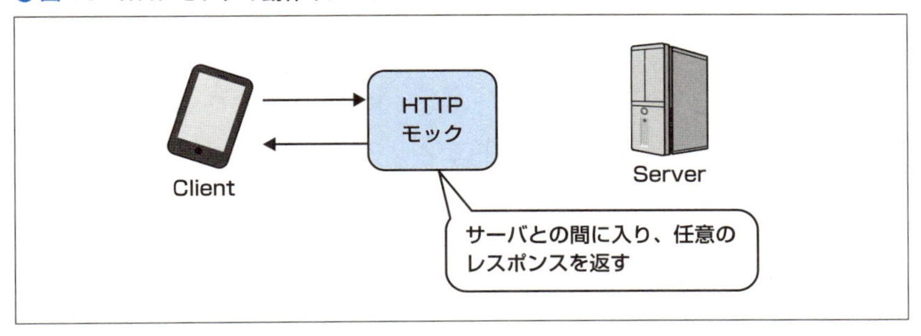

iOSアプリ開発においては外部サーバと通信するケースが多いですが、APIクライアントの単体テスト[※14]やUIテストにおいて、実際のサーバを利用してテス

※12 https://github.com/kylef/Mockingjay/
※13 「HTTPスタブ」という用語が使われることもありますが、本書では「HTTPモック」で統一します。
※14 単体テストで実際のサーバとHTTP通信すると実行時間が延びるので、一般的にはやらないほうがよいでしょう。

トをするのは難しかったり、コストに見合わないことがあります。そうした際に、HTTPモックを利用すると便利な場合があります。

Mockingjayを導入する

Mockingjayの導入方法は、リポジトリのREADME※15に記載されています。

■CocosPodsでのインストール

Podfileのテスト用のターゲットに「pod 'Mockingjay'」を追加し、「pod install」を実行すれば導入は完了です。

▶リスト4-12　Podfileの記述例

```
target 'TestBookApp' do
  use_frameworks!

  target 'TestBookAppTests' do
    inherit! :search_paths

    pod 'Mockingjay' # これを追記
  end
end
```

HTTP通信をするAPIをスタブ化する

Mockingjayの利用例として、3-8節で利用したGitHubAPIClientを使用します。

■テスト対象

テスト対象となるリスト3-45とリスト3-46のコードを一緒にして再掲します（リスト4-13）。

▶リスト4-13　テスト対象のコード

```
import Foundation

struct GitHubRepository: Codable, Equatable {
    let id: Int
```

※15　https://github.com/kylef/Mockingjay/blob/master/README.md

```
    let star: Int
    let name: String

    enum CodingKeys: String, CodingKey {
        case id
        case star = "stargazers_count"
        case name
    }
}

class GitHubAPIClient {

    // ユーザ名を受け取り、そのユーザのリポジトリ一覧を取得する。
    // - Parameters:
    //   - user: ユーザ名
    //   - handler: コールバック（引数にリポジトリ一覧が渡される）
    func fetchRepositories(user: String,
                           handler: @escaping ([GitHubRepository]?) -> Void) {

        let url = URL(string: "https://api.github.com/users/\(user)/repos")!
        let request = URLRequest(url: url)
        let task = URLSession.shared.dataTask(with: request) { data, _, error in
            guard let data = data, error == nil else {
                handler(nil)
                return
            }
            let repos = try! JSONDecoder().decode([GitHubRepository].self,
                                                  from: data)
            DispatchQueue.main.async {
                handler(repos)
            }
        }
        task.resume()
    }
}
```

HTTP 通信という観点で考えると、`GitHubAPIClient` クラスの `fetchRepositories` メソッドは、以下の 3 つの動きをしていることがわかります。

1 「`https://api.github.com/users/` ＜ユーザ名＞ `/repos`」という URL に対して、GET メソッドで HTTP リクエストを出す

2 レスポンスのBodyに含まれるJSONを`GitHubRepository`の配列にパースする
3 その結果をコールバックとして返す

なお、パースしている項目は`GitHubRepository`に定義された3つの項目のみで、次のようなJSONを最低限の構成として想定していることがわかります。

▶リスト4-14 レスポンスとして想定しているJSONの最小構成

```
[
    {
        "id": 44838949,
        "name": "apple/swift",
        "stargazers_count": 7431
    },
    {
        "id": 45497910,
        "name": "apple/swift-evolution",
        "stargazers_count": 9692
    }
    ...
]
```

Mockingjayを使ってテストする

Mockingjayで任意のJSONレスポンスを返し、期待したリポジトリ一覧が取得されるかテストするコード例は、リスト4-15です。

▶リスト4-15 リポジトリの一覧が正しく取得できるかテスト

```
import XCTest
import Mockingjay
@testable import TestBookApp

class MockingjayTests: XCTestCase {

    func testFetchGitHubRepositoryFullName() {

        let client = GitHubAPIClient()

        // 返却するJSONのデータ ❶
```

```
        let body: [[String: Any]] = [
            [
                "id": 1,
                "name": "swift",
                "stargazers_count": 10,
            ],
            [
                "id": 2,
                "name": "swift-evolution",
                "stargazers_count": 20,
            ],
        ]

        // HTTPスタブの定義 ❷
        stub(uri("/users/apple/repos"), json(body))

        let exp = expectation(description: "wait for complete api")

        // 関数を実行 ❸
        client.fetchRepositories(user: "apple") { (repos) in

            // 結果の検証 ❹
            XCTAssertEqual(repos?.count, 2)
            XCTAssertEqual(repos?[0], GitHubRepository(id: 1,
                                                       name: "swift",
                                                       star: 10))
            XCTAssertEqual(repos?[1], GitHubRepository(id: 2,
                                                       name: "swift-evolution",
                                                       star: 20))
            exp.fulfill()
        }

        wait(for: [exp], timeout: 3)
    }
}
```


❶では、テスト用のレスポンスとして返却するJSONデータをディクショナリの配列で定義しています。

次に❷で、/users/apple/reposにマッチするURLに対してリクエストされた際に、用意したJSONデータを返却するようにしています。ここまでが、Mockingjayを使ったHTTPスタブの準備です。

最後に、テスト対象のメソッドに引数「"apple"」を渡して呼び出し（❸）、指定したクロージャ内の❹で期待したリポジトリ一覧が取得できているか検証しています。

このように、「あるHTTPリクエストにマッチした時に特定のレスポンスを返すように設定する」のがMockingjayの基本的な利用方法です。

Matcher と Builder

stub関数では第1引数にMatcher、第2引数にBuilderという2つの引数を渡すしくみになっています。Matcherで「どのリクエストにマッチさせるか」を定義し、Builderで「返却するレスポンスを生成する」という位置づけです。

それぞれ表4-1のようにエイリアスとして定義されています[※16]。

表4-1

項目（typealias）	型
Matcher	(URLRequest) -> (Bool)
Builder	(URLRequest) -> (Response)

後述しますが、それぞれの引数の型に準拠していれば、自分で用意したMatcher/Builderを設定することも可能です。

■組み込みのMatcher一覧

組み込みのMatcherは表4-2のとおりです。前述したように、いずれの関数も戻り値は「(URLRequest) -> (Bool)」なので、そのまま第1引数に与えられます。

表4-2　組み込みのMatcher

関数	説明
everything	すべてのリクエストにマッチ
uri(template)	指定されたURLテンプレート[※17]でマッチ
http(method, template)	指定されたHTTPメソッドとURLテンプレートでマッチ

※16　MatcherとBuilderは両方ともtypealiasとして定義されています。

※17　URLテンプレートには/apple/{owner}といったように、プレースホルダを利用することも可能です。くわしくは公式リポジトリのREADMEを参照してください。

組み込みの Builder 一覧

組み込みの Builder は、表 4-3 のとおりです。前述したように、いずれの関数も戻り値は「(URLRequest) -> Response」なので、そのまま第 2 引数に与えられます。

表 4-3 組み込みの Builder

関数	説明
failure(error)	通信エラー
http(status, headers, download)	指定したステータス、ヘッダー、コンテンツの HTTP レスポンス
json(body, status, headers)	指定した JSON（Dictionary で指定)、ステータス、ヘッダーの HTTP レスポンス
jsonData(data, status, headers)	指定した JSON（Data で指定)、ステータス、ヘッダーの HTTP レスポンス

Matcher と Builder を自分で定義する

Matcher と Builder は、インターフェースを満たしていれば自作することもできます。

Matcher を自分で定義する

HTTP メソッドが「GET」であるリクエストに必ずマッチさせる Matcher は、次のように定義できます。

リスト 4-16 GET メソッドであった場合に必ずマッチする Matcher

```
// URLRequest を受け取って Bool を返す Matcher を定義 ❶
let matcher = { (request: URLRequest) -> Bool in
    return request.httpMethod == "GET"
}

// 作成した Mathcer を第1引数に与える ❷
stub(matcher, http(20 0))
```

もちろん、次のように直接指定することもできます。

▶リスト4-17 クロージャでMatcherを指定する

```
stub({ $0.httpMethod == "GET" }, http(200))
```

■ Builderを自分で定義する

Builderを自分で定義する場合は、次のようになります。

▶リスト4-18 任意のレスポンスを返すBuilderの例

```
// URLRequest を受け取って Response を返す Builder を定義 ❶
let builder = { (request: URLRequest) -> Response in

    let response = HTTPURLResponse(url: request.url!,
                                   statusCode: 200,
                                   httpVersion: nil,
                                   headerFields: nil)!

    let content = """
                  { "id": 1, "full_name": "orange/swift" }
                  """.data(using: .utf8)!

    // 成功のレスポンスを返す ❷
    return .success(response, .content(content))
}

// 作成した Builder を第2引数に与える ❸
stub(everything, builder)
```

`Builder`の戻り値である`Response`は、Mockingjayでリスト4-19のようにenumで定義されています。

▶リスト4-19 Mockingjayで定義されたResponse

```
public enum Response : Equatable {
    case success(URLResponse, Download) // 成功
    case failure(NSError)               // 失敗
}
```

また、success の関連値として定義された Download も、同様に enum で定義されています（リスト 4-20）。

▶ リスト 4-20 Mockingjay で定義された Response

```
public enum Download: ExpressibleByNilLiteral, Equatable {

    // レスポンスBody
    case content(Data)

    // レスポンスBody（チャンクあり）
    case streamContent(data:Data, inChunksOf:Int)

    // レスポンスBody（なし）
    case noContent
}
```

これらを利用すれば、任意のレスポンスを表現できるでしょう。

Column

スタンドアロン型のモックサーバ

本章で紹介したMockingjayは、ライブラリとして組み込むことでHTTPモックサーバを実現するものでした。プログラムコードとの親和性が高いというメリットがある一方で、iOS ／ Android 両方のプラットフォームから利用するといった使い方はできません。

この方式とは異なり、スタンドアロン型で独立して動作する HTTP モックサーバとして、Wiremock※18 といったものも存在します。Wiremock は、単独の Java アプリ（.jar）として HTTP サーバを起動できます。事前にリクエスト／レスポンスのマッピング定義となる JSON ファイルを配置して HTTP モックサーバとして動かす、といった使い方も可能です。

本書ではくわしく解説しませんが、複数のプラットフォームで同様の HTTP モックサーバを実現したいときなどは、選択肢として考慮するとよいでしょう。

※18 http://wiremock.org/

4-3 Cuckoo - モック用のコードの自動生成

3-9節の「モックを使って外部依存を避ける」ではSwiftのプロトコルを利用し、テスト用の偽物のオブジェクトであるモックを作成しました。しかし、モックとして必要な機能が増えてくると、「自分でモックを作成するコストが高くなる」という課題があります。Swiftで利用可能なモックライブラリはいくつか存在しますが、本書では、Androidアプリ開発においてデファクトスタンダードなモックライブラリ「Mockito[※19]」と似たAPIを提供している「Cuckoo」について紹介します。バージョンは執筆時点の最新である0.12.1[※20]を利用します。

Cuckooとは

Cuckoo[※21]はプロトコルの定義などからモックのコードを自動で生成できるツール・ライブラリです。

モックライブラリを大別すると次のようなものがあります。

1. リフレクション機能[※22]を使用して実現するもの
2. モック用のソースコードを生成するもの
3. モックの作成をサポートするもの

Cuckooでは、2のアプローチが取られています。ビルド時にモック用のソースコードを自動生成し、生成されたコードを利用してテストする、という使い方

※19 https://site.mockito.org/

※20 執筆を終えたタイミングで1.0.5が最新バージョンとなりました。かんたんな動作確認はおこなっていますが、本書では0.12.1を前提として記載しています。

※21 https://github.com/Brightify/Cuckoo

※22 プログラム実行時にプログラム自身の構造（プロパティなど）を読み書きする機能です。Swiftでは Mirror構造体[※23]を利用して読み取り専用のリフレクションが可能です。

※23 https://developer.apple.com/documentation/swift/mirror

です。

Cuckooを導入する

Cuckooの導入方法は、リポジトリのREADME※24に記載されています。

CocoaPodsでのインストール

Podfileのテスト用のターゲットに「pod 'Cuckoo'」を追加し、「pod install」を実行します。

リスト4-21 Podfileの記述例

```
target 'TestBookApp' do
  use_frameworks!

  target 'TestBookAppTests' do
    inherit! :search_paths

    pod 'Cuckoo' # これを追記
  end
end
```

Build Phasesの設定

ビルド時にモック用のコードが生成されるように、テスト用ターゲットの「Build Phases」に「Run Script」を追加する必要があります※25。

シェルスクリプトの記述例は、次のようになります。

リスト4-22 Run Scriptの設定

```
OUTPUT_FILE="$PROJECT_DIR/${PROJECT_NAME}Tests/GeneratedMocks.swift"

# `--output`で自動生成したソースを出力するファイルパスを指定する
"${PODS_ROOT}/Cuckoo/run" generate --testable "$PROJECT_NAME" --output "${OUTPUT_
FILE}"
```

※24 https://github.com/Brightify/Cuckoo/blob/master/README.md

※25 追加すべき位置はプロダクトによって異なりますが、「Compile Sources」の直前が適切な場合が多いでしょう。

あとは、「Input Files」にモックを自動生成する対象のソースを指定[※26]すれば完了です（図4-6）。

図4-6　Cuckooの設定例

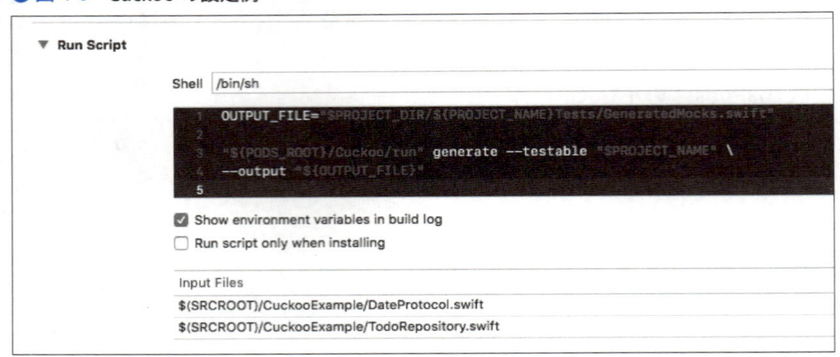

ここまで設定してテスト用ターゲットをビルドすると、指定した出力先（ここでは「`GeneratedMocks.swift`」）にソースコードが生成されています。あとはXcodeプロジェクトに生成されたソースコードを追加すれば設定は完了です。

任意の値を返す（スタブ）

最初に、イメージをつかむため、3-9節のリスト3-42で登場させた`DateProtocol`に対してスタブを設定する例を見ていきます。

リスト4-23　Cuckooのスタブを試す対象

```
import Foundation

protocol DateProtocol {
    func now() -> Date
}

class DateDefault: DateProtocol {
    func now() -> Date {
```

※26　本書ではわかりやすさを優先して「Input Files」に指定する手順を記載していますが、公式のREADMEではシェルスクリプト内で設定する例が記載されています。なお「Input File Lists」は執筆時点のCuckooではサポートされていません。

```
        return Date()
    }
}

class CalendarUtil {

    let dateProtocol: DateProtocol

    init(dateProtocol: DateProtocol = DateDefault()) {
        self.dateProtocol = dateProtocol
    }

    func isHoliday() -> Bool {

        let now = dateProtocol.now()

        let calendar = Calendar.current
        let weekday = calendar.component(.weekday, from: now)

        return weekday == 1 || weekday == 7
    }
}
```


then メソッドを利用したスタブ

あるメソッドが呼び出されたときに任意の挙動をさせるスタブの作成方法を見ていきます。DateProtocol#now() について、任意の値を返すスタブのコードは、次のようになります。

リスト 4-24　DateProtocol#now() に対してスタブを設定

```
import Foundation
import XCTest
import Cuckoo

func testCuckoo() {

    let formatter = DateFormatter()
    formatter.dateFormat = "yyyy/MM/dd"
    formatter.locale = Locale(identifier: "ja_JP")

    // 自動生成されたモックを生成 ❶
```

```
    let mock = MockDateProtocol()

    // スタブを設定 ❷
    stub(mock) { stub in
        when(stub.now()).then {
            print("stub is called!") // 任意の処理を実行できる
            return formatter.date(from: "2019/01/06")!
        }
    }

    // モックのメソッドを呼び出す ❸
    formatter.string(from: mock.now()) // => 2019/01/06
}
```

❶ Cuckoo により「Mock < Protocol 名>」という名前でモックが生成されているので、それを生成します。
❷ 生成したモックに対して、now メソッドが呼び出された際に返却される値（ここでは「2019/01/06」の日付）を設定しています。
❸ 実際に now メソッドを呼び出し、スタブとして設定した値が返却されることを確認しています。

このように自動生成されたモックのコードを利用し、それに対してスタブなどの設定をおこなうのが Cuckoo の基本的な利用方法です。

■ thenReturn メソッドを利用したスタブ

先ほどの then メソッドは任意の処理を実行可能でしたが、thenReturn メソッドを利用すると返却値の設定のみが可能です。これを利用すると、3-9 節のリスト 3-44 でモックを自作していたコードは、次のように書き換えられます。

▶リスト 4-25 Cuckoo で生成されたモックを利用した CalendarUtil のテスト

```
import Foundation
import XCTest
import Cuckoo

func testIsHoliday() {
```

```
    let formatter = DateFormatter()
    formatter.dateFormat = "yyyy/MM/dd"
    formatter.locale = Locale(identifier: "ja_JP")

    let mock = MockDateProtocol()

    stub(mock) { stub in
        // 指定した値を順に返すスタブ ❶
        when(stub.now()).thenReturn(
            formatter.date(from: "2019/01/06")!, // 日曜日
            formatter.date(from: "2019/01/07")!, // 月曜日
            formatter.date(from: "2019/01/11")!, // 金曜日
            formatter.date(from: "2019/01/11")!  // 土曜日
        )
    }

    XCTAssertTrue(CalendarUtil(dateProtocol: mock).isHoliday())
    XCTAssertFalse(CalendarUtil(dateProtocol: mock).isHoliday())
    XCTAssertFalse(CalendarUtil(dateProtocol: mock).isHoliday())
    XCTAssertTrue(CalendarUtil(dateProtocol: mock).isHoliday())
}
```


thenReturn メソッドは、可変長引数で複数の返却値を設定可能となっていて、指定した引数はメソッドが呼び出されるたびに順に返却されます(❶)。ここでは、最初は「**2019/01/06**」、次は「**2019/01/07**」といった感じになります。この例のように、戻り値を変更したいだけで、ほかに処理が不要なのであれば、**thenReturn** メソッドを使用するとシンプルに記述できます。

モックを自作する必要がなくなっているのに加え、「stub」「when」「thenReturn」などの英文に似たDSLにより意図がわかりやすくなっています。

呼び出しを検証する（Verify）

前述のスタブでは、あるメソッドが呼び出された際に任意の挙動をさせるものでしたが、単体テストにおいて、あるメソッドが呼び出されたことを検証したい場合もあります。

■基本的な使い方

例として、次のプロトコルに対するメソッド呼び出しを検証してみます。

▶リスト4-26

```
protocol TodoRepository {
    func add(_ title: String)
}
```

Cuckooを利用したメソッド呼び出しの検証は、verify関数を使用して、次のようになります。

▶リスト4-27　Cuckooを利用したメソッド呼び出しの検証

```
func testAdd() {

    let mock = MockTodoRepository()

    stub(mock) { stub in
        // スタブの設定 ❶
        when(stub.add("hello")).thenDoNothing()
    }

    // メソッドの呼び出し ❷
    mock.add("hello")

    // メソッドが呼ばれたことを検証 ❸
    verify(mock).add("hello")
}
```

❶ スタブを設定していないメソッドを呼び出すとエラーになってしまうため、設定しています。ただし、今回はスタブでおこないたい処理はないので、「なにも処理しない」という意味を持つthenDoNothing()を利用しています。

❷ 実際にモックのaddメソッドを、引数「hello」で呼び出しています。

❸ verify関数を使用して、addメソッドが引数「hello」で呼び出されていることを検証しています。

呼び出し回数や引数の種類を検証する

先ほどの例は、単純な verify 関数の利用方法でした。Cuckoo では次のようなこともおこなえます。

1 「呼び出し回数」の検証
2 「呼び出し時の引数」の指定

リスト 4-25 では特に明示していませんでしたが、「引数の値は "hello" に完全一致し、呼び出し回数は 1 回だけ」という検証がおこなわれていました。逆にいうと、引数の値が指定したものと違ったり、2 回以上の呼び出しがされていた場合、テストとしては失敗となります。

例として、add メソッドが「任意の引数で、2 回だけ呼ばれる」ことを検証するコードは、次のようになります。

▶リスト 4-28 呼び出し回数と引数の種類を指定

```
func testAdd2() {

    let mock = MockTodoRepository()

    stub(mock) { stub in
        // 任意の文字列で呼び出された場合のスタブを設定
        when(stub.add(anyString())).thenDoNothing()
    }

    // 2回呼び出し
    mock.add("hello")
    mock.add("goodbye")

    // 任意の文字列で、ちょうど2回だけ呼び出されたことを検証  ❶
    verify(mock, times(2)).add(anyString())
}
```

❶の verify 関数では、第 2 引数に times(2) を与え「ちょうど 2 回だけ呼び出される」ことを検証しています。このような呼び出しをマッチさせるしくみは「Call matcher」と呼ばれています。

　また、それに続くaddメソッドでは、anyString()を与え、「任意の文字列で呼び出されたとき」という条件を指定しています。このように引数をマッチさせるしくみは「Parameter matcher」と呼ばれています。

Matcherの種類

　Cuckooが組み込みで提供している「Parameter macher」と「Call macher」で代表的なものを紹介していきます。

Parameter matcher

　引数がマッチするかの判定に利用されるものです。具体的にはMatchableプロトコルに準拠した型を受け取るようになっています。

　Swift標準の基本的な型については、Cuckoo側で自動的にMatchableプロトコルに準拠しているため、そのまま引数として渡せます※27。

Bool ／ String ／ Float ／ Double ／ Character ／ Int ／ Int8 ／ Int16 ／ Int32 ／ Int64 ／ UInt ／ UInt8 ／ UInt16 ／ UInt32 ／ UInt64

　ただし、Optional型の引数についてはそのまま渡せないため、「equal(to: "hello")」といったようにequal(to:)関数を利用して指定します。

　組み込みで提供されている代表的なMatcher※28について、使用例のコードとその説明をコメントで示します。

リスト4-29　Cuckooに用意されたMatcher

```
// 文字列"hello"に完全一致
when(stub.value(string: equal(to: "hello"))).thenDoNothing()

// 指定したクロージャが`true`を返す場合に一致（ここでは、文字列"hello"から開始されていれば一致）
when(stub.value(string: equal(to: "hello", equalWhen: { (expectStarts, actual) -> Bool in
```

※27　リスト4-27など、ここまで見てきたコードで"hello"といった具体的な値を渡すことができたのはそのためです。

※28　すべてのMatcherについては、ソースを参照してください。https://github.com/Brightify/Cuckoo/blob/master/Source/Matching/ParameterMatcherFunctions.swift

```
    return actual.starts(with: expectStarts)
}))).thenDoNothing()

// 任意のInt型に一致
when(stub.value(int: anyInt())).thenDoNothing()

// 任意のString型に一致
when(stub.value(string: anyString())).thenDoNothing()

// 任意のDog型に一致
when(stub.value(dog: any(Dog.self))).thenDoNothing()

// 任意のクロージャに一致
when(stub.value(closure: anyClosure())).thenDoNothing()

// `nil`でない値に一致
when(stub.value(optional: notNil())).thenDoNothing()

// 文字列"hello"または文字列"goodbye"の場合に一致
when(stub.value(string: "hello".or("goodbye"))).thenDoNothing()
```

なお、本書では割愛しますが、ParameterMatcherを使用することでMatcherを自作することも可能です。公式リポジトリのREADMEに記載されているので、そちらを参照してください。

Call matcher

メソッド呼び出しの判定に利用されるもので、「Verify」の指定で利用できます。具体的にはCallMatcher構造体を受け取るようになっています。

組み込みで提供されているCall matcherについて、使用例のコードとその説明をコメントで示します。

リスト 4-30 Cuckooに組み込みで用意されたCall matcher

```
// add() が「ぴったり2回だけ」呼び出されたことを検証
verify(mock, times(2)).add(any())

// add() が呼び出されないことを検証
verify(mock, never()).add(any())
```

```
// add() の呼び出しが「1回以上」であることを検証
verify(mock, atLeastOnce()).add(any())

// add() の呼び出しが「2回以上」であることを検証
verify(mock, atLeast(2)).add(any())

// add() の呼び出しが「2回以下」であることを検証
verify(mock, atMost(2)).add(any())
```

自作モックと自動生成モックのどちらがよいか

ここまで、Cuckooを利用したモックの利用方法を見てきました。今回の例ではそれほど複雑なことはおこなっていませんが、モックする対象が多くなってくると、自動生成するメリットは大きくなります。

モックを自作するのは難しい作業ではありませんが、手作業で作成する以上、モック自体にバグが混入する可能性もあります。その場合、「期待どおりにテストが動作しているように見えて、実際にはモックの不具合で正しくテストできていなかった」という事態も考えられます。モックを自動生成するアプローチは、それらの問題の解決する1つの方法と言えます。

一方で、モックライブラリを利用すると、覚えるべきAPIが増え、学習コストがかかるといったデメリットもあります。また、自動生成するためにビルド時間が延びたり、モックライブラリの制限などもあったりします。

自作と自動生成のどちらがよいか、一概にはいえません。モックライブラリに限ったことではありませんが、メリット／デメリットを押さえ、慎重に利用判断をするのがよいでしょう。

Column

Cuckooの制限事項とその他の選択肢

Cuckoo以外のコード自動生成型ツールの選択肢として、Xcodeのextensionとして機能する「Swift Mock Generator Xcode Source Editor Extension」※29というものも存在します。

また、モックの自作をサポートする形式のOSSとしては、次のようなものも存在します。

- Dobby：https://github.com/trivago/Dobby
- MockFive：https://github.com/DeliciousRaspberryPi/MockFive
- SwiftMock：https://github.com/mflint/SwiftMock

前述したように、Androidアプリ開発において「Mockito」がモックライブラリのデファクトスタンダードとなっているのに比べ、Swiftを用いたiOSアプリ開発においては、デファクトスタンダードと呼べるほど十分に利用されているモックライブラリは存在しないというが実情です。ツールやライブラリの機能を調べ、自身のプロジェクトに適したやりかたを選択するとよいでしょう。

※29 https://github.com/seanhenry/SwiftMockGeneratorForXcode

4-4 SwiftCheck - Property-based Testing

SwiftCheckは、SwiftにおいてProperty-based Testingができるライブラリです。プログラミング言語HaskellにおけるQuickCheck※30というライブラリをインスパイアして開発されました。本節では、Property-based Testingの考え方から、実際にSwiftCheckを使ってどのようにテストを書いていくのかを説明します。

大量のテストで漏れがないか洗い出す

Property-based Testingとは、ライブラリ側でテスト用のランダムな値を生成し、ある「性質（Property）」が保たれるか検証するテスト手法です。

通常の単体テストでは、テスト用の「入力値」とそれに対応する「期待値」は自分で定義しますが、Property-based Testingでは期待する「性質」のみを定義し、テスト用の「入力値」はライブラリがランダム値を大量に生成します。この特徴により、プログラマの考慮が漏れたテストケースがないか、自動的に洗い出せます。

この説明だけではイメージするのが難しいと思うので、足し算をおこなう演算子「+」を例にとって、単体テストとProperty-based Testingでどのような違いがあるか見ていきます。

■単体テストによる足し算のテスト

3-2節でも取り上げましたが、XCTestによる足し算の単体テストはとてもシンプルです。

リスト4-31　XCTestを利用した足し算の単体テスト

```
XCTAssertEqual(1 + 1, 2)
```

※30　http://hackage.haskell.org/package/QuickCheck-2.12.6.1/docs/Test-QuickCheck.html

```
XCTAssertEqual(1 + 2, 3)
```

ここではテストのパターンとして、以下の2種類を選んでいることになります。

表 4-4 XCTest を利用した足し算の単体テストの「入力値」と「期待値」

入力値（左辺）	入力値（右辺）	期待値
1	1	2
1	2	3

しかし、テストのパターンは、あくまでプログラマの経験則※31 で選んだものです。ここで考慮漏れのパターンがあった場合、それは最終的にバグとして検出されることになります。

Property-based Testing による足し算のテスト

これに対し、Property-based Testing では、足し算における「性質 (Property)」を考えるところから始めます。足し算には表 4-5 のような性質があると考えられます。

表 4-5 足し算の性質

性質	数式での表現
交換法則※32 が成り立つ	x + y == y + x
ある値について、2を足したものと、1を2回足したものは等しい	x + 2 == x + 1 + 1

これは、足し算が取りうるすべての「値」について、必ず成り立つ性質（法則）といえます。

Property-based Testing では、この「値」をライブラリに自動生成させ、この「性質（法則）」が破られるパターンがないか検証します。

SwiftCheck では、次のように記述します。

※31 境界値分割・同値分割などのテストパターンの抽出テクニックもありますが、最終的にはプログラマの経験則に依存します。

※32 「左辺」と「右辺」を入れ替えても同じ結果になること

▶リスト4-32　SwiftCheckを利用したProperty-based Testing

```
func testAdd() {

    // ❶
    property("交換法則が成り立つこと") <- forAll { (x: Int, y: Int) in
        return x + y == y + x
    }

    // ❷
    property("ある値について、2を足したものと、1を2回足したものは等しい")
<- forAll { (x: Int) in
        return x + 2 == x + 1 + 1
    }
}
```

ここでは、forAllの引数にクロージャを与えています。このクロージャの引数「x: Int」や「y: Int」についてSwiftCheckがランダムな値を生成し、クロージャ内に記述した性質が常に満たされるか検証するしくみです。

❶のコードを図で表現すると、次のようなイメージになります。

▶図4-7　SwiftCheckによる交換法則の動作イメージ

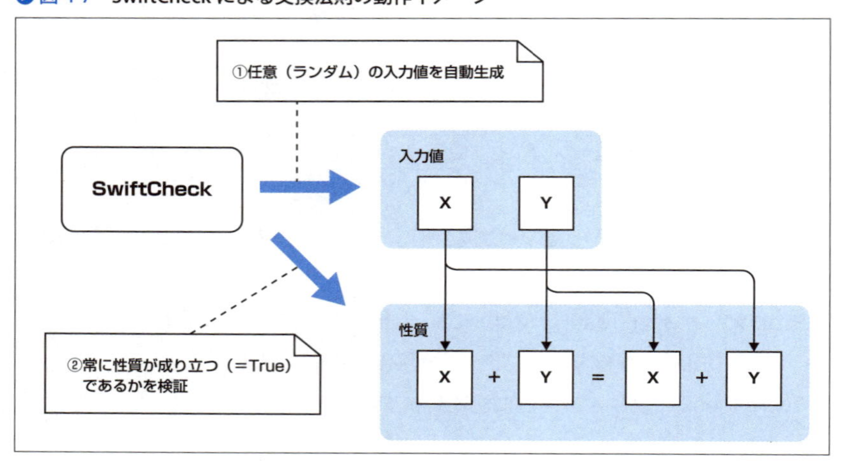

リスト4-32を読み直すと、「ある性質（property("xxx")）について、すべての値（forAll）を満たすか」といったように読めるでしょう。実際にどのような

値でテストされているか、print 関数を利用して出力してみると、次のように大量のランダムな値でテストされているのがわかります。

```
Test Case '-[QuickCheckExampleTests.PropertyBasedTests testAdd]' started.
x: 0 y: 0
x: 1 y: 1
x: -1 y: 1
x: -2 y: 2
x: 1 y: 1
x: 4 y: -2
...
x: -57 y: -27
x: -84 y: -84
x: -54 y: -93
x: 60 y: 22
x: 56 y: 86
x: -54 y: -14
*** Passed 100 tests
```

テストが成功した場合は、「*** Passed 100 tests」というようにパスしたテストケースの数が表示されます。

逆に失敗したケースとして、交換法則を満たさない「引き算」に変更して同様のテストを記述してみます。

リスト 4-33 交換法則が成り立たない引き算に変更したコード

```
property("交換法則が成り立つこと") <- forAll { (x: Int, y: Int) in
    return x - y == y - x
}
```

すると、次のようなログがコンソールに出力されます。

```
*** Failed! Proposition: 交換法則が成り立つこと
Falsifiable (after 3 tests and 2 shrinks):
1
0
*** Passed 2 tests
```

これは、引数が「1」と「0」の組み合わせの場合に、テストが失敗したことを意味しています※33。失敗した値の組み合わせで計算してみると、たしかに交換法則を満たしていないことがわかります。

```
x - y == y - x
1 - 0 == 0 - 1
1 == -1
```

このように、ライブラリによって生成された大量のランダムな入力値に対して、対象の関数が持つ「性質」が常に成り立つかを検証するのが、Property-based Testingというテスト手法です。

SwiftCheckを導入する

SwiftCheckの導入方法は、リポジトリのREADME※34に記載されています。

CocoaPodsでのインストール

Podfileのテスト用のターゲットに「pod 'SwiftCheck'」を追加し、「pod install」を実行すれば導入は完了です。

リスト4-34　Podfileの記述例

```
target 'TestBookApp' do
  use_frameworks!

  target 'TestBookAppTests' do
    inherit! :search_paths

    pod 'SwiftCheck' # これを追記
  end
end
```

最初のProperty-based Testing

Property-based Testingの書き方を学ぶため、例題として、Swiftの標準

※33　ランダムな値でテストされるため実行結果は毎回異なります。
※34　https://github.com/typelift/SwiftCheck/blob/master/README.md

APIとして用意されたArray#reversed()に対してテストを書いてみます。

Array#reversed()の動作を確認すると、次のように反転された配列が得られることが確認できます[※35]。

```
let array = [1, 2, 3, 4, 5]
array.reversed() // => [5, 4, 3, 2, 1]
```

1 2 3 4 5 6 7 8 9 10 11 12 A

性質を考える

まずは、Array#reversed()の性質を考えるところから始めます。「入力値」と「出力値」の間で、なにかしらの性質（関係性）を見出すことはできないでしょうか。

- 元の配列：[1, 2, 3, 4, 5]
- 反転後の配列：[5, 4, 3, 2, 1]

両者をじっくり比較してみると、まず「配列のサイズ自体は変化していない」ことがわかります。また、少し発想を飛躍してみると「反転を2回おこなうと元の配列に戻る」ことがわかります（図4-8）。

図4-8　配列を2回反転させると元の配列に戻る

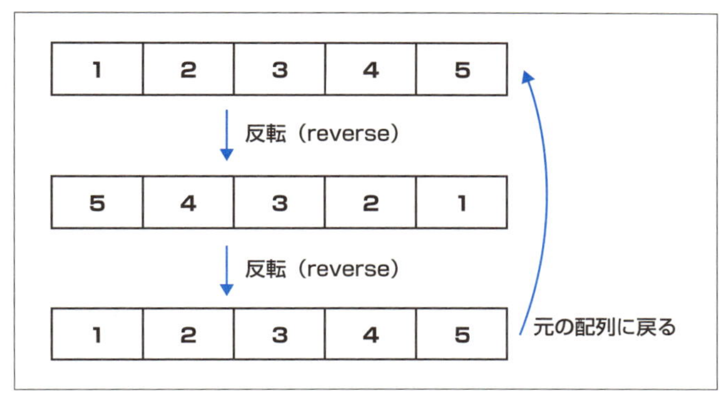

※35　厳密には元の型と同じArray<Int>ではなくReversedCollection<Array<Int>>が返却されますが、説明をシンプルにするためにここでは差異を意識しないことにします。

これを擬似的なコードで表現すると、次のようになります。

```
// 配列のサイズは変化しない
array.count == array.reversed().count

// 配列を2回反転させると元の配列と同じになる
array.reversed().reversed() == array
```

今回はこの2つの性質※36について、SwiftCheckでテストを書いていきます。

SwiftCheckでテストを記述する

SwiftCheckは、XCTestのテストメソッド内に記述して動かすことが可能です。また、XCTAssertなどの通常の単体テストと混在させることもできます。

前述の2つの性質をテストとして記述すると、次のようになります。

▶リスト4-35 Array#reversed()に対してSwiftCheckでテストを記述する

```
import XCTest
import SwiftCheck // SwiftCheck をインポートする ❶

class ArrayTests: XCTestCase {

    func testReversed() {

        // 通常の単体テスト ❷
        XCTAssertEqual([1, 2, 3, 4, 5].reversed(), [5, 4, 3, 2, 1])

        // SwiftCheckによるProperty-based Testing ❸
        property("反転しても配列の件数は変化しないこと") <- forAll { (array:
[Int]) in
            return array.count == array.reversed().count
        }

        property("配列を2回反転させると元に戻ること") <- forAll { (array: [Int]) in
            return array.reversed().reversed() == array
        }
    }
```

※36 ほかにも、末尾に追加した要素が反転したあとは先頭に位置していること、といった性質も考えられます。

```
}
```

❶ SwiftCheck を利用するために import します。
❷ 通常の単体テストを混在させることもできます。
❸ 今回の 2 つの性質のテストを SwiftCheck を利用して記述しています。

あとは、通常の XCTest と同じように実行できます。

事前条件を定義する

SwiftCheck では、ランダムな値がテスト用の入力値として生成されますが、場合によっては特定の入力値は除外したいというケースもあります。このような場合、SwiftCheck では「事前条件」として定義できます。

例として「配列が空でない」という事前条件において「`Array#first` は `nil` でないこと」というテストをしてみます。==> 演算子を利用して、次のように記述できます。

▶リスト 4-36　事前条件を利用する

```
property("配列が空でない場合に、firstの値はnilでないこと") <- forAll { (array:
[Int]) in
    return (!array.isEmpty) ==> { //  ❶
        return array.first != nil //  ❷
    }
}
```

❶ ==> 演算子の左辺に、事前条件（配列が空でないこと）を定義します。
❷ ==> 演算子の右辺に、成り立つべき性質を定義します。

このように、特定の入力値に限定あるいは除外したい場合には、==> 演算子を利用して、事前条件を定義できます。

任意の型の自動生成に対応する

ここまで見てきたように、Swift標準の型については、SwiftCheckによってランダム値の生成が実装されています。しかし、自分で定義した型（構造体やクラス）については、Arbitraryプロトコルに準拠させる必要があります。

Arbitraryというのは「任意」といった意味があり、プロトコルの定義は次のようになっています。

リスト4-37 Arbitraryプロトコルの定義※37

```
protocol Arbitrary {

    // 任意の値を生成 ❶
    static var arbitrary : Gen<Self> { get }

    // 値を小さくする ❷
    static func shrink(_ : Self) -> [Self]
}
```

❶ 任意の値を生成するプロパティで、実装が必須です。

❷ 値を小さくするもので、実装は任意です※38。

ここでは実装が必須なarbitraryプロパティについて見ていきます。

String型とInt型のプロパティを持ったDog構造体に対してArbitraryプロトコルを準拠させる例は、次のようになります。

リスト4-38 事前条件を利用する

```
import XCTest
import SwiftCheck

// Dog構造体の宣言 ❶
struct Dog {
    var name: String
    var age: Int
}
```

※37 https://github.com/typelift/SwiftCheck/blob/master/Sources/SwiftCheck/Arbitrary.swift

※38 本書では説明を割愛しますが、失敗する入力値の中で最小の値を報告するしくみが備わっています。

```
// Arbitraryプロトコルに準拠させる ❷
extension Dog : Arbitrary {
    static var arbitrary: Gen<Dog> {
        return Gen<(String, Int)>
            .zip(String.arbitrary, Int.arbitrary)
            .map(Dog.init)
    }
}
```


このように、SwiftCheckに用意されたAPIを利用して、ランダム値の生成を実装できます。

試しにリスト4-39のようにSwiftCheckに値を生成させてみると、ランダムな値が実際に生成されることを確認できます。

▶リスト4-39 SwiftCheckにより生成されたDogをprintしてみる

```
property("") <- forAll { (dog: Dog) in
    print(dog)
    return true
}
```

```
Test Case '-[QuickCheckExampleTests.DogTests testDog]' started.
Dog(name: "", age: 0)
Dog(name: "Ö", age: 0)
Dog(name: "ý²", age: -2)
...
```

このように、自分で定義した型を入力値として利用したい場合は、`Arbitrary`プロトコルに準拠させることで実現できます。

同じ条件でテストを再実行する

SwiftCheckは毎回ランダムに実行されますが、失敗時に出力される乱数シード[※39]を利用することで、同条件でテストを再実行（リプレイ）できます。

※39 疑似乱数を生成する際のキーとなる値で、これが一緒であれば必ず同じ乱数列が生成されます。この挙動からシード（seed）、すなわち「種子」という言葉が使われています。

リスト4-40は、数字が42よりも大きい数字が生成された場合に失敗するコードです。

リスト4-40　42より大きい数字が生成されると失敗するコード

```
property("42より大きい数字だと失敗する") <- forAll { (n : UInt) in
    if (n > 42) {
        return false
    }
    return true
}
```

ランダム性があるため確実ではありませんが、このテストを実行するとほとんどの場合は失敗し、図4-9のような実行結果が得られます。

図4-9　SwiftCheckでのテストが失敗した様子

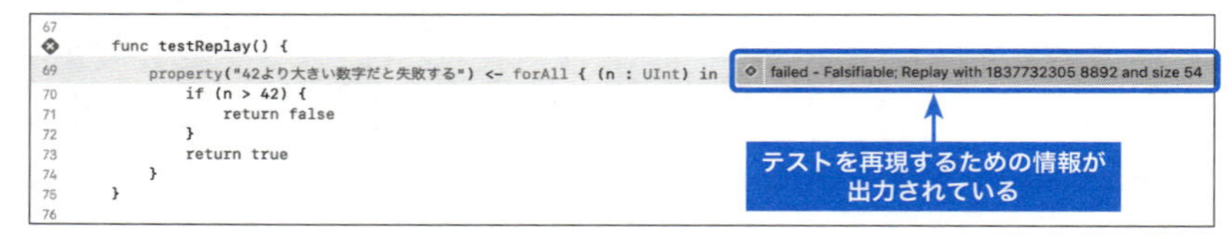

アサーションエラーとして「failed - Falsifiable; Replay with 1837732305 8892 and size 54」と出力されていますが、ここに記載されている3つの数字がリプレイに必要となります。

リプレイするためのコードは、リスト4-41のみが実行されるようになります。

リスト4-41　乱数シードを与えてテストをリプレイする

```
// 乱数シードとサイズを与える ❶
let replayArgs = CheckerArguments(replay: (StdGen(1837732305, 8892), 54))

// 引数に生成したCheckerArgumentsを渡す ❷
reportProperty("Replay", arguments: replayArgs) <- forAll { (n : UInt) in
    if (n > 42) {
        return false
    }
    return true
}.verbose // 冗長なログ出力にする ❸
```

❶で CheckerArguments を生成していますが、ここでアサーションエラーに出力された数字（乱数シード＋サイズ）を与えています。

❷では reportProperty 関数を、引数に生成した CheckerArguments を渡して呼び出しています。reportProperty 関数は property 関数とほぼ同様ですが、失敗する値が見つかっても XCTest としては失敗扱いにならない挙動となっており、その名のとおりレポート用の関数となっています。

最後に❸では verbose を呼び出し、コンソールに詳細な出力がされるようにしています。この指定は必須ではないので、必要であれば指定しましょう。

この状態でテストを実行すると以下のようにリプレイされた結果がコンソールに出力されます。

```
Failed: (.)
Pass the seed values 1837732305 8892 to replay the test.

48
*** Failed!
```

このようにリプレイ実行もできるので必要に応じて利用するとよいでしょう。

性質を見抜くことに慣れよう

ここまで、SwiftCheck を利用した Property-based Testing について見てきましたが、おそらく多くの方が「難しい」と感じたのではないでしょうか。Property-based Testing では、「性質を見抜く」という、単体テストとは異なる思考法が求められるため慣れるまでは難しく感じると思います。

しかし、単体テストに慣れてくるとそれが安心感をもたらすようになってくるのと同様、Property-based Testing に慣れてくると、それがもたらす安心感に気づいてきます。

ここから先に進むために、参考になりそうな情報を記載したいと思います。

■性質の見つけ方

比較的見つけやすい性質として、次のようなものが挙げられます。

1　対称性のあるアルゴリズム
2　ランダム性のあるアルゴリズム
3　高速で複雑なアルゴリズム vs 低速で明白なアルゴリズム

1は配列の反転（`Array#reversed()`）で示したような例です。そのほかに代表的なものとして、エンコード・デコード処理が挙げられます。「エンコードしてデコードしたものは、元の値と等しい」といった性質です。

2の例としては、迷路生成アルゴリズムのようなものが考えられます。どんな迷路であっても、入口から出口にたどり着けないと、迷路としては成立しません。そうした「ランダムであっても、かならず満たされなければならない」という性質をProperty-based Testingで表現するのは、良い方法です。そのほかにも、ランダムなパスワード生成といった例も考えられるでしょう。

3は、ある処理について、よりパフォーマンスが良い実装をする場合に役立ちます。一般的に、パフォーマンスチューニングを施したコードは、そうでないコードに比べて複雑度が増すため、バグが混入しやすくなります。最初に「低速であるが明白なアルゴリズム」で実装しておき、その後でパフォーマンスを改善したバージョンを作成し、両者についてどんな入力値でも同じ結果が得られることをProperty-based Testingで確認するのは、良い使い方の1つといえるでしょう。

■学習リソース

SwiftCheckについては、公式のREADMEに加え、チュートリアル用のPlayground※40も用意されています。SwiftCheckについてよりくわしく学びたい場合は、このあたりのリソースを参考にするとよいでしょう。

『Functional Swift※41』という書籍では、SwiftCheckの元となっているHaskellのQuickCheckの簡易版をSwiftで実装する章（6章）があります。「Swiftで関数プログラミングを学ぶ」という題材の本ですが、日本語版も発売されているので興味があればこちらも参照してみるとよいでしょう。

なお、少し敷居が高くなってしまいますが、情報量としてはHaskellのQuickCheckが圧倒的に多いので、インターネット上で学習する際には、そち

※40　https://github.com/typelift/SwiftCheck/tree/master/Tutorial.playground
※41　https://www.objc.io/books/functional-swift/

らを参考にしてみるのもよいでしょう。

Column

Property-based Testing は単体テストを置き換えるもの？

冒頭では、単体テストと Property-based Testing を比較して、「単体テストでは一部の値しかテストできない」と述べました。しかし、両者は互いに補完しあうような関係だと私は考えています。

値をサンプリングする単体テストは依然として有用で、ほとんどのテストに適用できます。また、TDD の文脈で語られることが多いですが、「API 仕様のドキュメンテーション」という役割も果たします。

一方で、Property-based Testing は、適用範囲がかなり限定されています。また、列挙した性質がすべて正しいとしても、ある入力値に対して正しい出力値が得られることは保証されません。

それでも、Property-based Testing は、強力なテスティングツールであると筆者は感じます。必要な場合に切れるカードとして持っておくと、エンジニアとして強力な武器になるでしょう。

第3部

第5章

XCTestを利用した UIテストの基本

XCTestは単体テストに加えてUIテストもサポートしています。
本章では、サンプルアプリをもとに、APIの基本的な使い方や、レコーディング機能、どのように実装を進めていくかについて解説していきます。

5-1 XCUITestとはなにか

XCTestを用いたUIテストは、Xcode 7（2015年）から利用できるようになりました。このUIテストは、XCTestとは別に新しいフレームワークができたわけではなく、XCTestに含まれています。そのため、Appleのドキュメント[※1]にはXCTestの箇所に「UI Tests」という項目で情報が載っています。本書では、第3章の単体テストと区別しやすいように、「XCUITest」と表記します。

このUIテストを実装するためのサポートとなる機能があります。たとえば、UIテストの実装時のサポートとしてXcodeにレコーディング機能があります。UIテストの実装にまだ慣れていないときは、レコーディング機能を触ってみるというのは1つの良い方法です。このレコーディング機能の詳細は、5-3節で説明します。

また、テスト結果として、テストが失敗したときのスクリーンショットが取得できます。図5-1は、テストが失敗したときのレポートナビゲーターです。スクリーンショットが保存されていることがわかります。

これらの機能などにより、UIテストの実装をサポートしてくれるようになっています。

※1　https://developer.apple.com/documentation/xctest

図 5-1　テスト失敗時には自動的にスクリーンショットが記録される

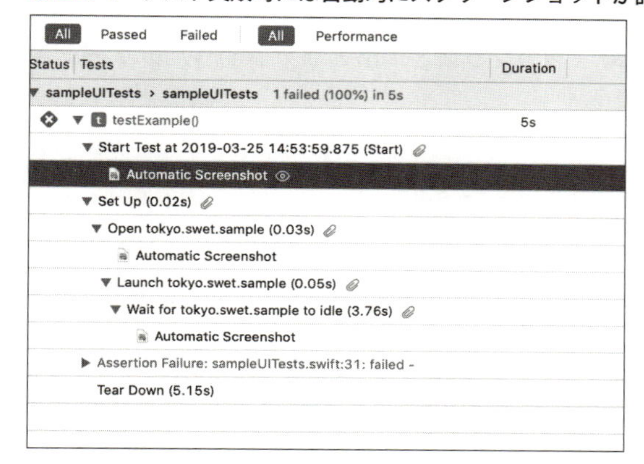

iOS で UI テストをおこなうためのテスティングフレームワーク

本書で紹介する XCUITest も含め、iOS では UI テストをおこなえるテスティングフレームワークが複数あります（表 5-1）。

表 5-1　UI テストのためのツール

名前	特徴
XCUITest	Apple 公式
EarlGrey ※2	UI 要素の同期を待ってくれたりと、簡潔にテストコードが書ける
Appium ※3	クライアント / サーバモデルであり、Selenium WebDriver 互換 API でテストコードが書ける

これらのテスティングフレームワークのどれを利用すると良いかについては、誰がテストコードを実装するのかなどによっても変わります。

本書では、この中から XCUITest のみを紹介しますが、EarlGrey や Appium も内部的には XCTest や XCUITest を利用しています。そのため、XCUITest 以外のツールを利用するうえでも、XCTest や XCUITest に関する情報は役立つでしょう。

※2　https://github.com/google/EarlGrey
※3　http://appium.io/

XCUITestで実装する流れ

XCUITestでは、おもに次の3つのクラスと、第3章で説明したアサーションを用いてUIテストを実装します。

- XCUIApplication
- XCUIElementQuery
- XCUIElement

これらのクラスを用いたUIテストを実装する流れは、次のとおりです。

1. XCUIApplicationを用いてアプリを起動させる
2. 起動した対象アプリ（XCUIApplication）に対してXCUIElementQueryを使用してUI要素（XCUIElement）を見つける
3. 見つけたUI要素（XCUIElement）に対しておこないたい操作（tapメソッドなど）をおこなう
4. 操作した結果に対してXCTestアサーションを使用し、UI要素などの状態を期待値と実際の値で比較する

初期のテストコード

XCUITestを追加したときにつくられる最初のコードは、リスト5-1のようになります[※4]。この中身について見ていきましょう。

▶リスト5-1　初期テストコード（コメントを削除したもの）

```
import XCTest

class SampleUITests: XCTestCase {
    override func setUp() {
        // falseをセットした場合、テストコードが失敗した時点で止まります ❶
        continueAfterFailure = false
        // 対象となるアプリの起動をおこないます ❷
        XCUIApplication().launch()
    }
```

※4　XCUITestの導入方法は、Appendixを参照してください。

```
    override func tearDown() {
    }

    // サンプルのテストケース  ❸
    func testExample() {
    }
}
```

❶の continueAfterFailure は、テストコードが失敗した時点で処理を止めるのか、それとも続けるかの設定です。値を true にすると、テストコードが失敗しても最後まで実行します。値を false にすると、テストコードが失敗した時点で実行が終了します。値を設定しない場合のデフォルト値は true になっています。

❷では、対象となるアプリの起動をおこないます。なにも指定しない場合は、Xcode で設定している対象のアプリが起動します。設定している対象となるアプリ以外でも、起動や操作の対象とすることができます。この XCUIApplication の詳細については第 6 章の 6-5 節で解説します。

❸が UI テストコードを記述する場所です。第 3 章でも触れましたが、メソッド名の先頭が test になっているとテストケースとして認識されます。

5-2 UI テストを実装するための最初のステップ

UI テストは基本的に、UI 要素に対してなにかしらの操作をおこない、その操作による変化の確認を UI 要素に対しておこないます。そのため、UI テストを実装するには次の方法を知る必要があります。

・UI 要素の特定方法
・UI 要素の操作方法
・UI 要素の属性や状態の確認方法

まず、本章で利用するサンプルアプリについて紹介し、その後に上述した方法について説明していきます。

テストで利用するサンプルアプリ

XCUITest を解説するうえで利用するサンプルアプリについて見ていきます。このサンプルアプリは、「アカウントの登録」「ログイン」「ログアウト」の機能を持っています。アカウント登録で外部サービスにアカウントを保存し、ログインでは外部サービスに該当のアカウントがあるかチェックします。また、アカウントの登録の際には、同一のメールアドレスで登録できないようにしています。

画面としては、「ログインページ」「アカウント登録ページ」とログイン後の「ユーザページ」の 3 つがあります（図 5-2）。

図 5-2 サンプルアプリの画面

ログインページ

アカウント登録ページ

ユーザページ

■ログインページ

最初に表示されるページはログインページです。アカウントがすでにあれば、メールアドレスとパスワードを入力しログインボタンをタップします。新たにアカウントを登録する場合は、アカウント登録ボタンをタップします。

この画面に用意されている UI 要素は次のとおりです。ログイン時のパスワード入力欄は入力した文字列をマスクするようにします。

表 5-2 ログインページの UI 要素

内容	種類	Accessibility Identifier
メールアドレス入力欄	UITextField	login_email_textfield
パスワード入力欄	UITextField (Secure Text Entry)	login_password_textfield
ログインボタン	UIButton	login_login_button
アカウント登録ページに移動するボタン	UIButton	login_toregistration_button

■アカウント登録ページ

アカウント登録ページでは、次の 4 項目を入力しアカウントを登録できます。

・ニックネーム
・メールアドレス
・パスワード
・パスワード（再入力）

この画面に用意されているUI要素は次のとおりです。

表5-3 アカウント登録ページのUI要素

内容	種類	Accessibility Identifier
ニックネーム入力欄	UITextField	registration_nickname_textfield
メールアドレス入力欄	UITextField	registration_email_textfield
パスワード入力欄	UITextField	registration_password_textfield
パスワード（再入力）入力欄	UITextField	registration_repassword_textfield
登録ボタン	UIButton	registration_register_button
ログインページに移動するボタン	UIButton	registration_tologin_button

■ユーザページ

ログインが成功すると、ユーザページが表示されます。このページには、アカウント登録時に設定した次の2つの項目が表示されます。

・ニックネーム
・メールアドレス

この画面に用意されているUI要素は次のとおりです。全ユーザ共通で表示されるラベルである「あなたのニックネーム」「あなたのメールアドレス」については除外しています。

表5-4 ユーザページのUI要素

内容	種類	Accessibility Identifier
ニックネームの表示	UILabel	user_nickname_label
メールアドレスの表示	UILabel	user_email_label
ログアウトボタン	UIButton	user_logout_button

UI要素を特定する

XCUITestでは、`XCUIElementQuery`というクラスが提供するメソッドを用いて、対象となるアプリのUI要素（`XCUIElement`）を検索します。その中から`descendants`メソッドと`matching`メソッドを使ってアプリにあるボタンを検索した例は次のとおりです（リスト5-2）。

リスト5-2 XCUIElementQueryを使ったUI要素の検索

```
let app = XCUIApplication()

// 表示されている画面にあるすべてのボタン ❶
let buttons = app.descendants(matching .button)

// sample_buttonというアクセシビリティ識別子が設定されているボタン ❷
let button = buttons.matching(identifier: "sample_button").element
```

❶の`descendants`を使用すると、引数で指定したUI要素の種類（ここでは`.button`）にマッチしたUI要素すべてが返ってきます。そこから、特定の1つのUI要素になるように、❷で絞り込んでいます。

❷では、対象のUI要素に設定されているアクセシビリティ識別子（LabelやIdentifier）を用いて、UI要素を特定しています。ただし、Labelはローカライズによって環境で値が変わる可能性があります。UIテストではIdentifierを利用するのがよいでしょう。

UI要素を特定するために利用できるものとしては、リスト5-2で利用したアクセシビリティ識別子も含めると次のようなものがあります。

1 UI要素に設定したAccessibility Identifier※5を利用する
2 UI要素に表示されている文字列やUI要素の表示場所を利用する

この2種類それぞれを用いたサンプルコードを見てみましょう。リスト5-3は、次のように値が設定されている`UITextField`を特定する場合のサンプルコードです。

※5 本書では、Accessibility Identifierについてはスネークケースに統一しています。このルールについては、プロジェクトで統一しておくのが良いです。ルールの例については、第7章の7-1節を参考にしてください。

1　Accessibility Identifier：login_email_textfield
2　表示文字列（placeholder）：email

▶リスト5-3　UI要素を特定するサンプルコード

```
func testSample() {
    // 対象となるアプリ
    let app = XCUIApplication()

    // Accessibility Identifierを利用するケース ❶
    let useIdentifierButton = app.textFields["login_email_textfield"]

    // 表示されている文字列（placeholder）を利用するケース ❷
    let useValueButton = app.textFields["email"]
}
```

リスト5-3の❶や❷にあるように、表示されている画面にあるUITextFieldを検索するには「textFields」を利用します。リスト5-2ではdescendantsを利用しましたが、今回はtextFieldsを利用しています。これは、XCUIElementTypeQueryProviderというプロトコルにより、より短く「textFields」と書くことが可能になっているためです。つまり、次の2つは同じ結果になります。前述したdescendantsメソッドとmatchingメソッドより短く指定でき、なにを検索したいかがわかりやすいため、本書では理由がない限りこちらを利用します。

```
app.descendants(matching: .textField)
app.textFields
```

このtextFieldsに、❶ではAccessibility Identifierを指定し、❷ではplaceholderの値を指定し、UI要素を特定しています。

❶の場合は、UI要素に対してユニークなAccessibility Identifierを設定しておく必要があります。Accessibility Identifierの設定は、プロダクトコードか、Interface Builderを通しておこなえます。そのため、アプリ側の実装コストが多少かかりますが、値を一意にできるためUI要素の指定がかんたんになります。その結果、UIの変更があったとしてもUIテストは比較的壊れにくくなります。

❷の場合は、UIテストのために特別な値を設定する必要はありません。その

ため、アプリ側の実装コストは特にかかりませんが、UI の変更に伴い UI 要素を特定できなくなる可能性が高くなります。その結果、UI テストは比較的壊れやすくなります。

UI テストの運用コストを考えると、❶を利用することをおすすめします。本章のサンプルコードでは基本的に Accessibility Identifier を利用して説明します。

また、今回の特定方法以外にも、「特定の場所にあるものを特定する」といった方法もあります。それらについては第 6 章の 6-1 節で解説します。

Accessibility Identifier の設定方法

Accessibility Identifier の設定方法としては、次の 2 つがあります。

- Interface Builder から設定
- プロダクトコードから設定

Interface Builder から設定をするには、対象の UI 要素を指定し、ユーティリティエリアから Identity Inspector（図 5-3）を選びます。

▶図 5-3　Identity Inspector

そして、表示されているサイドメニューの Accessibility 欄の Identifier に、値を設定します。本サンプルアプリでは図 5-4 のように値を設定をしています。

▶図 5-4　Accessibility Identifier の設定

Accessibility　Hide
Accessibility ☑ Enabled
Label　Label
Hint　Hint
Identifier　login_email_textfield

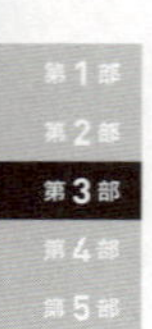

　また、`UITableView` など一部の UI 要素については、上記の設定箇所は存在しません。そのため、「User Defined Runtime Attributes」（図 5-5）から次のように設定します。

- Key Path：accessibilityIdentifier
- Type：String
- Value：任意の値

図 5-5　User Defined Runtime Attributes の設定

User Defined Runtime Attributes

Key Path	Type	Value
accessibilityIdentifier	String	sample_tebleview

＋ －

　プロダクトコードからは、リスト 5-4 のように設定できます。

リスト 5-4　Accessibility Identity の設定

```
emailButton.accessibilityIdentifier = "login_email_textfield"
```

Column

XCUIElementTypeQueryProvider の例

　リスト 5-3 で紹介した `XCUIElementTypeQueryProvider` ですが、今回利用した `textFields` 以外にもいろいろと提供されています。よく利用するものについては表 5-5 のとおりです。

表 5-5　XCUIElementTypeQueryProvider の例

UI 要素	対応するプロパティ
UIBUtton	buttons
UILabel	staticTexts
UISlider	sliders

UIImageView	image
UITextField	textFields
UITextField	secureTextFields

secureTextFields は UITextField で「Secure Text Entry」にチェックを入れている場合に利用します。

今回紹介できなかったものも含めた一覧については公式ドキュメント※6 を参考にしてください。

UI 要素を操作する

UI 要素を特定したら、次はその UI 要素に対してなにかしらの操作をおこないます。XCUITest では、**XCUIElement** で定義されているメソッドを使います。

たとえば、**UITextField** に文字列を入力するサンプルコードは、リスト 5-5 のとおりです。

▶リスト 5-5　UI 要素を操作するサンプルコード

```
func testTap() {
    // 対象となるアプリ
    let app = XCUIApplication()

    // UI要素を特定する ❶
    let loginEmailTextField = app.textFields["login_email_textfield"]

    // タップをする ❷
    loginEmailTextField.tap()

    // 文字列を入力する ❸
    loginEmailTextField.typeText("sample@example.com")
}
```

❶「login_email_textfield」という Accessibility Identifier が設定されている UITextField を特定しています。

❷ 特定した UI 要素に対してタップをおこないフォーカスをあてています。

※6　https://developer.apple.com/documentation/xctest/xcuielementtypequeryprovider

❸「sample@example.com」という文字列を入力しています。フォーカスがあたっていない場合に typeText を呼び出すと失敗するので注意が必要です。

このサンプルコードでは、あくまでもUI要素を特定し操作をしているだけです。そのため、この操作が問題無くおこなわれればテストはパスすることになります。そこで、次にUI要素の状態を確認し、期待されている値になっているかを確認する方法について説明します。

ここで、紹介した操作は一部のみです。すべての操作内容については、公式ドキュメント※7を参考にしてください。また、ほかの操作については第6章の6-2節も参考にしてみてください。

UI要素の属性を確認する

UI要素を操作したら、対象のアプリケーションが求めている属性になっているかを確認します。そして、その属性がどうなっていることを期待しているのか（期待値）、実際はどうなっているのか（実際の値）をアサーションを用いて確認します。

サンプルアプリでログインページから適切なアカウントでログインし、ユーザページに遷移したとします。そのときに、ユーザページで表示されるラベルが期待どおりになっているかを確認するサンプルコードは、リスト5-6のとおりです。

▶リスト5-6　UI要素の状態を確認するサンプルコード

```
// 対象となるアプリ
let app = XCUIApplication()

// UI要素を特定する
let loginEmailTextField = app.textFields["login_email_textfield"]
let loginPasswordTextField = app.textField["login_password_textfield"]
let loginButton = app.textFields["login_login_button"]

// 操作：メールアドレスを入力する
loginEmailTextField.tap()
loginEmailTextField.typeText("sample@example.com")
```

※7　https://developer.apple.com/documentation/xctest/xcuielement

```
// 操作：パスワードを入力する
loginPasswordTextField.tap()
loginPasswordTextField.typeText("sample")

// 操作：ログインボタンをタップする
loginButton.tap()

// 属性を確認する
let userEmailLabel = app.staticTexts["user_email_label"].label // ❶
XCTAssertEqual(userEmailLabel, "sample@example.com") // ❷
```

❶より前のコードは、今まで説明したとおりです。

今回注目するべきなのは❶と❷です。この❶と❷では、表示されたユーザページでログインしたアカウントと同じメールアドレスになっているかを確認しています。

まず、❶で表示されているラベルを取得するために特定のUI要素（user_email_label）に対して、XCUIElementAttributesプロトコルを用いて、UI要素の属性を取得しています。

このXCUIElementAttributesプロトコルを用いることによりUI要素の属性を取得できます。これは、❶にあるようにXCUIElementのインスタンスに対してアクセスして利用します。

これにより対象のUI要素のAccessibility Identifierやplaceholderの値やlabelなどを取得できます。ほかにどのような情報が取得できるかは公式ドキュメント※8を参考にしてください。

そして、❷でアサーションを用いて、期待値と実測値を比較しています。

また、UI要素の属性以外の情報としてUI要素が「存在するか」「タップすることができるか」などのUI要素の状態を確認する方法もあります。この方法については6-3節で紹介しています。

※8 https://developer.apple.com/documentation/xctest/xcuielementattributes

5-3 Xcodeのレコーディング機能を利用する

レコーディング機能を使う流れ

Xcodeには、テスト対象となるアプリを操作した内容を記録し、それをテストコードとして出力する「レコーディング機能」があります。レコーディング機能の使い方は、次のとおりです。

1. UIテストのテストメソッド内にフォーカスをあてておく
2. Xcodeのデバッグエリアの上部に配置されたレコーディングボタンをクリックする（図5-6）
3. 起動している対象アプリに対して操作をおこなう
4. レコーディングを終えるときはレコーディングボタンを再度クリックする（図5-7）

図5-6　レコーディング開始前の状態

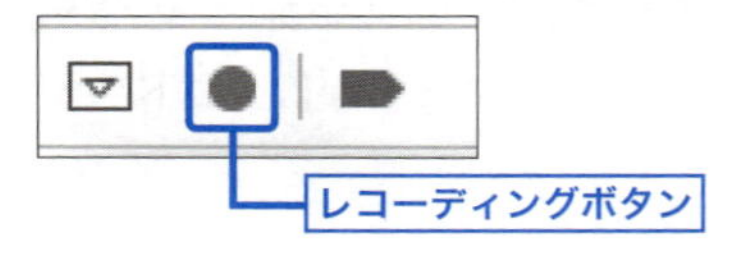

図5-7　レコーディング中の状態

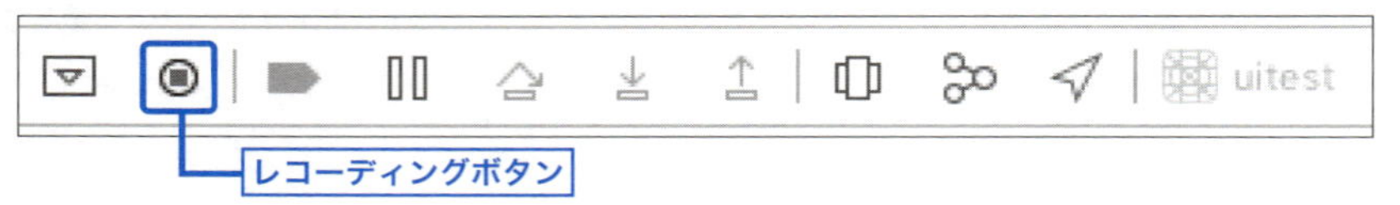

レコーディング中に対象アプリを操作すると、操作内容がXcodeのエディタ上でフォーカスしていた位置に出力されます。

また、レコーディングをおこなう際の注意事項として、iOS シミュレーターのソフトウェアキーボードが表示されていないと、キータイプ操作はレコーディングすることはできません。表示されていない場合は、iOS シミュレーターの Keyboard 設定（図 5-8）で「Connect Hardware Keyboard」を選択する必要があります。

図 5-8　iOS シミュレーターの Keyboard 設定

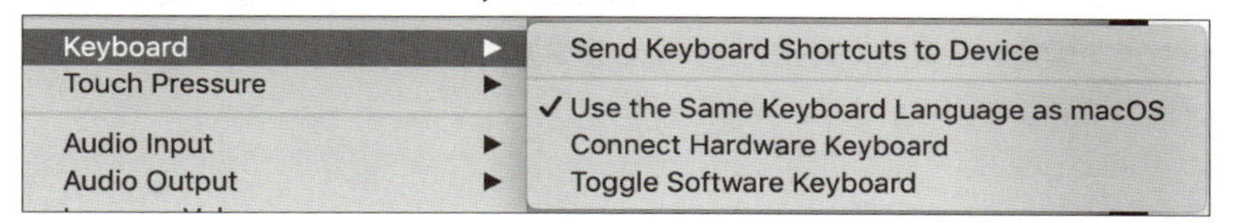

ただし、キータイプのレコーディングは 1 文字 1 文字の入力をコードとして出力するため、継続的にメンテナンスするテストコードとしては適切ではないケースもあります。そのため、あえてチェックをつけてレコーディングし、キー入力の部分は自分でコードを記述するというのも 1 つの方法です。

サンプル操作でレコーディング機能を使う

この機能を使って、サンプルアプリの「ログイン画面」に対して、次の操作をおこないました。

- メールアドレス欄をクリック
- メールアドレス欄に英字（s）をシミュレーターのキーボードからクリック

レコーディング機能で出力されたサンプルのコードはリスト 5-7 です。

リスト 5-7　レコーディングされたサンプルコード

```
func testExample() {
    let app = XCUIApplication()
    // ❶
    app/*@START_MENU_TOKEN@*/.textFields["login_email_textfield"]/*[[".textFields
["\"email\"]",".textFields[\"login_email_textfield\"]"],[[[-1,1],[-1,0]]],[0]]@
```

```
END_MENU_TOKEN@*/.tap()

    //  ❷
    app/*@START_MENU_TOKEN@*/.keys["s"]/*[[".keyboards.keys[\"s\"]",".keys[\"s\"]"],
[[[-1,1],[-1,0]]],[0]]@END_MENU_TOKEN@*/.tap()
}
```

❶や❷を見ると見慣れない文字列があるかと思います。これは、Xcode 上で複数ある候補から選択できるようにする書き方です。実際の Xcode での画面だと図 5-9 のようになります。

▶図 5-9　Xcode での画面例

```
func testExample() {
    let app = XCUIApplication()
  ❶ app.textFields["login_email_textfield"]⌄.tap()
  ❷ app.keys["s"]⌄.tap()
}
```

図 5-9 のハイライトの箇所は、図 5-10 のようにどちらかを選択できるように表示されます。どちらかを選択をして、その文字列に対してダブルクリックをすると、候補はなくなり選択していたコードのみになります。

▶図 5-10　❶の実際の表示例

```
app ✓ .textFields["login_email_textfield"]  )
      .textFields["email"]
```

このように、レコーディング時に生成するコードの候補が複数ある場合にはこのような結果が出力されます。この❶の場合は、placeholder に設定されている「email」という値と Accessibility Identifier に設定されている「login_email_textfield」が取得されています。

❷は、キータイプの操作をおこなった内容がレコーディングされています。こちらは、複数の操作ができるため 2 種類とも出力されています。

Xcodeのレコーディング機能を利用すると、対象となるUI要素を特定する方法がわかります。しかし、レコーディングして出力したコードは、テストコードとして使い勝手の良いものになるとは限りません。おこなった操作についてのコードは出力されますが、アサーションを使ったチェックまでを出力してくれるわけではありません。また、レコーディングがうまくいかない場合もあります[※9]。あくまでも、参考情報として利用するにとどめておくのがよいでしょう。

※9 筆者が試していたときは、タップしたのが1度なのに2度も記録されるという挙動がありました。

5-4 UI要素に設定されている情報を調べる

UIテストを実装するとき、対象となるアプリのUI要素の情報を調べたいことがあります。UI要素の情報は、次の方法で調べられます。

- Debug View Hierarchyを利用する
- Accessibility Inspectorを利用する
- Xcodeのレコーディング機能を利用する

これらの違いについては表5-6のとおりです。Xcodeのレコーディング機能については、5-3節を参考にしてください。本節では、「Debug View Hierarchy」と「Accessibility Inspector」についての利用方法を説明します。

表5-6 UI要素の情報の調査方法の違い

名前	実行条件	対象範囲
Debug View Hierarchy	Xcodeを利用してアプリを実行中	実行中のアプリ
Accessibility Inspector	対象端末にアプリがインストール済	端末内のすべてのアプリ
Xcodeのレコーディング機能	Xcodeのレコーディング機能を実行中	実行中のアプリ

Debug View Hierarchyを利用する

Xcodeから UI要素を知りたいアプリを実行します。アプリを実行し知りたいUI要素が表示された状態で、次のどちらかをおこないます。

- デバッグエリア上部の「Debug View Hierarchy」を選択（図5-11）
- Xcodeのメニューの Debugから「View Debugging」>「Capture View Hierarchy」を選択

図 5-11 Debug View Hierarchy の選択

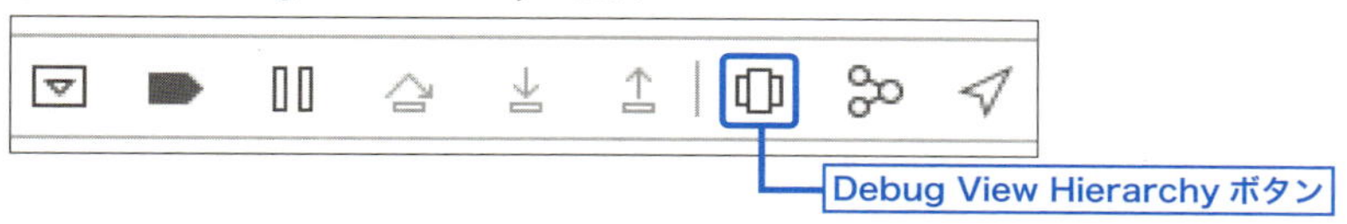

どちらかをおこなうと、現在表示している画面の情報が、図 5-12 のように表示されます。この状態で、情報を知りたい UI 要素をタップして、ユーティリティエリアの Inspectors から「Object Inspector」をクリックします（図 5-13）。

図 5-12 Debug View Hierarchy での画面表示

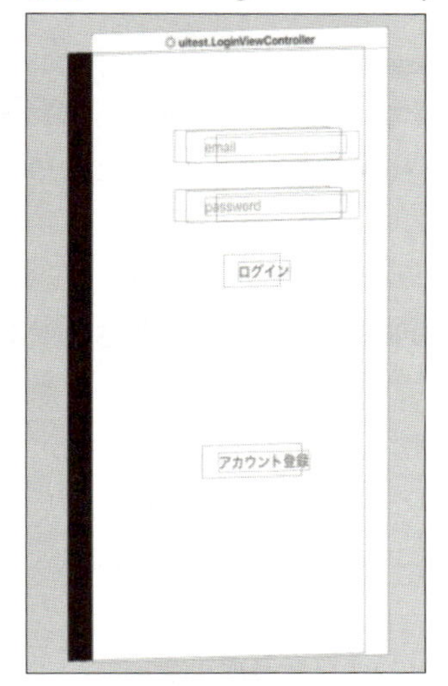

図 5-13 Inspectors

「Object Inspector」を選択すると、対象の UI 要素の各種情報が表示されます。その中に Accessibility の項目があるので、Accessibility Identifier などを確認できます。

▶図5-14 UI要素のAccessibilityの項目

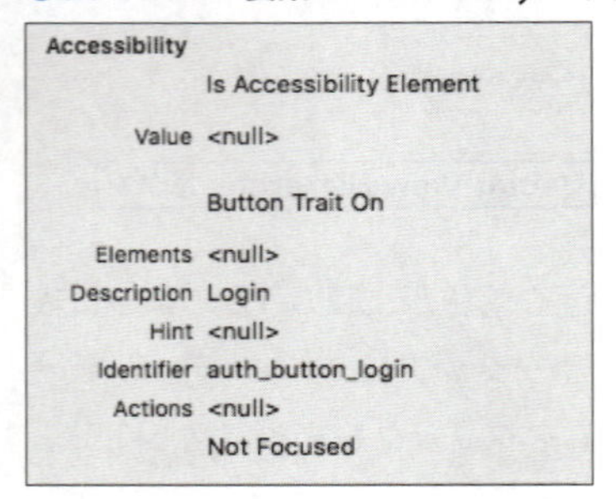

Accessibility Inspectorを利用する

このツールは、アプリが端末にインストールされていればUI要素を調べられます。そのため、自身が管理するアプリ以外の情報も得られます。使い方は次のとおりです。

1 UI要素を知りたいアプリをインストール済みのiOS端末（またはiOSシミュレーター）を用意する
2 iOS端末を「Accessibility Inspector」を起動するPCとつないでおくか、そのPC上でiOSシミュレータを起動しておく
3 「Xcodeメニュー」の「Open Developer Tool」メニューにある「Accessibility Inspector」を起動する
4 図5-15の❶から用意した端末またはiOSシミュレータを選択する
5 選択した端末側でアプリを起動し、UI要素を知りたい画面を表示する
6 図5-15の❷をクリックした後、対象となるUI要素をタップする

▶図5-15 Accessibility Inspectorで調べる対象を決める

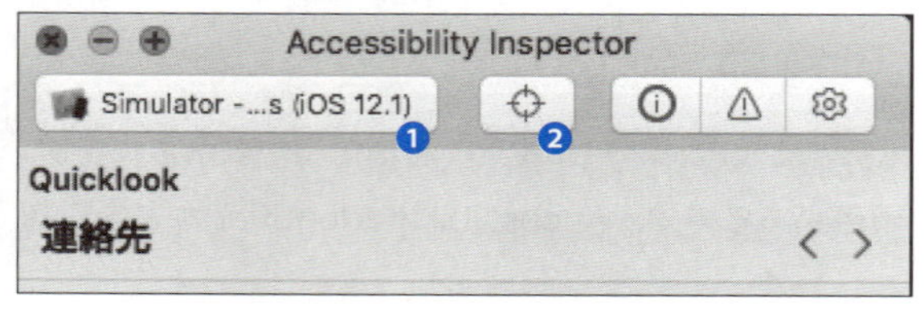

タップをすると、図 5-16 にあるように各情報が表示されます。ここには、Accessibility Identifier や画面の階層構造（Hierarchy）の情報まで表示されます。Xcode10.2 でビルドしたアプリの場合、Accessibility Identifier の情報は表示されますが、要素や画面の階層構造が正しく表示されなくなっています。次のバージョンで改善されるかはわかりませんが、ここでは本来どのように表示されるかをわかりやすくするため、Xcode10.1 でビルドしたアプリに対して Accessibility Inspector を利用しています。

図 5-16　Accessibility Inspector の画面

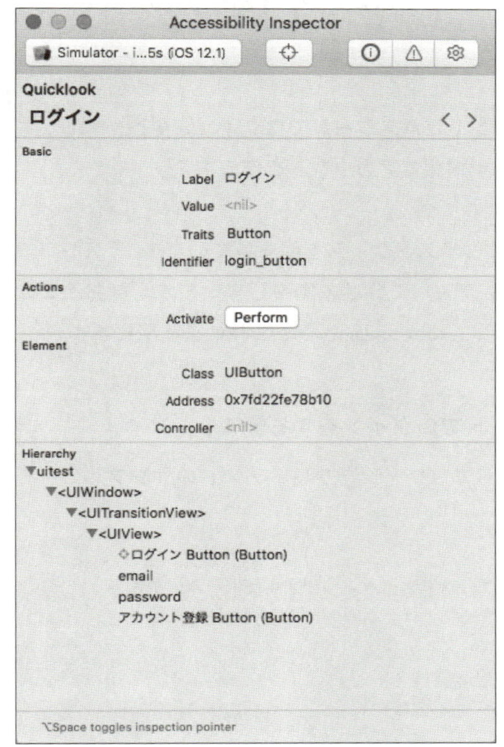

5-5　テストコードを実装する

ここから、今まで説明した情報をもとに、サンプルアプリに対してUIテストコードを実装していきます。

今回実装するテストケースは「ログインページ」と「アカウントの登録ページ」を対象にした次の2つです。

・ログインページ：正しいアカウントとパスワードでログインをする
・アカウントの登録ページ：正しい情報でアカウントを作成する

それぞれの機能に対して、1つずつテストケースを用意しています。テストコードは、それぞれ1ファイル（1クラス）に分けて実装しています。なお、このテストコードでは、UI要素の特定にAccessibility Identifierを利用します。

正しいアカウントとパスワードでログインをするテスト

「正しいアカウントとパスワードでログインをする」テストのサンプルコードはリスト5-8のとおりです。

リスト5-8　正しいアカウントとパスワードでログインするテストコードの例

```
import XCTest

class LoginTests: XCTestCase {
    let app = XCUIApplication()

    override func setUp() {
        continueAfterFailure = false
        app.launch()
    }
```

```
    // テストケース
    func testLogin() {
        // ❶、❷、❸はログインをするという操作
        // メールアドレスの入力 ❶
        let loginEmailTextField = app.textFields["login_email_textfield"]
        loginEmailTextField.tap()
        loginEmailTextField.typeText("sample@example.com")

        // パスワードの入力 ❷
        let loginPasswordTextField = app.secureTextFields["login_password_textfield"]
        loginPasswordTextField.tap()
        loginPasswordTextField.typeText("password")

        // ログインボタンをタップ ❸
        let loginButton = app.buttons["login_login_button"]
        loginButton.tap()

        // アサーション
        // メールアドレスを確認する ❹
        let emailLabel = app.staticTexts["user_email_label"].label
        let expectEmailAddress = "sample@example.com"
        XCTAssertEqual(emailLabel, emailAddress, "表示されているメールアドレスが
登録時と同じである")

        // ニックネームを確認する ❺
        let nicknameLabel = app.staticTexts["user_nickname_label"].label
        let expectNickname = "餃子さん"
        XCTAssertEqual(nicknameLabel, expectNickname, "表示されているニックネーム
が登録時と同じである")
    }
}
```

❶、❷、❸はログインをするための操作でUI要素を特定し、そのUI要素に対して操作をおこなっています。

❶と❷では、文字列の入力をおこなっています。文字列を入力する場合は、次の2つの操作をおこなう必要があります。

```
loginEmailTextField.tap()
loginEmailTextField.typeText("sample@example.com")
```

文字列を入力したいUI要素に対して、フォーカスをあてるためにtapメソッドを呼び出し、typeTextを用いて文字列を入力しています。仮にtypeTextのみにしてしまうと、前述したようにそのUI要素にフォーカスがあたっていない場合は、文字列を入力できずに失敗してしまいます。

ログインが成功すると、ユーザページに遷移し自身のニックネームとメールアドレスが表示されます。❹と❺では表示されているニックネームとメールアドレスが正しいかを確認しています。

今回サンプルコードでは、ログインするためのメールアドレスとパスワード、そして期待するメールアドレスとニックネームは、コードに直接書いています。しかし、これではどのようなアカウントなのかわかりづらいです。また、ほかのテストケースでも利用したいときに直接コードに書いてしまうのは、メンテナンスを考えると良くないです。そこで、このようなテストに利用するアカウントについてはYAMLファイルなどに記載しておき、そのファイルを読み込むようにしておくほうがよいです。

❹と❺で利用しているアサーションでは、第3引数に値を与えています。ここで指定した文字列は、テストが失敗したときにレポートの一部として表示されます。これによりテストが失敗した時に原因をわかりやすくしています。

この失敗時のメッセージの指定については、第3章の3-4節も参考にしてください。

正しい情報でアカウントを作成するテスト

「正しい情報でアカウントを作成する」テストのサンプルコードはリスト5-9のとおりです。

▶リスト5-9 正しい情報でアカウントを作成するテストコードの例

```
import XCTest

class AccountTests: XCTestCase {
    let app = XCUIApplication()

    override func setUp() {
        continueAfterFailure = false
        app.launch()
```

```
        // アカウント作成ページに遷移をする ❶
        app.staticTexts["login_toregistration_button"].tap()
    }

    func testRegisterAccount() {
        // ❷から❻はアカウント情報の登録をおこなう操作
        // ニックネームを入力する ❷
        // 独自メソッドuniquenickname(prefix:)を利用
        let nickname = uniquenickname(prefix: "焼餃子")
        let nicknameTextField = app.textFields["registration_nickname_textfield"]
        nicknameTextField.tap()
        nicknameTextField.typeText(nickname)

        // メールアドレスを入力する ❸
        // 独自メソッドuniqueEmailAddressを利用
        let email = uniqueEmailAddress()
        let emailTextField = app.textFields["registration_email_textfield"]
        emailTextField.tap()
        emailTextField.typeText(email)

        // パスワードを入力する ❹
        let password = "password"
        let passwordTextField = app.textFields["registration_password_textfield"]
        passwordTextField.tap()
        passwordTextField.typeText(password)

        // 再パスワードを入力する ❺
        let retypePasswordTextField = app.textFields["registration_repassword_textfield"]
        retypePasswordTextField.tap()
        retypePasswordTextField.typeText(password)

        // 登録ボタンをタップする ❻
        let registerButton = app.buttons["registration_register_button"]
        registerButton.tap()

        // アサーション
        // メールアドレスを確認する ❼
        let emailLabel = app.staticTexts["user_email_label"].label
        XCTAssertEqual(emailLabel, email, "表示されているメールアドレスが登録時と
同じである")

        // ニックネームを確認する ❽
```

```
        let nicknameLabel = app.staticTexts["user_nickname_label"].label
        XCTAssertEqual(nicknameLabel, nickname, "表示されているニックネームが登録
時と同じである")
    }
}
```

今回のサンプルアプリでは、初期のページは「ログインページ」です。そのため、アカウントを登録する場合は、「アカウントの登録ページ」に遷移をする必要があります。

このテストクラスでは、アカウントの登録画面でおこなうテストケースを担当しています。

今は 1 つのテストケースしかありませんが、今後テストケースが増えることが考えられます。そのため、テストケース内で「アカウントの登録ページ」に遷移するのではなく、前処理である setUp メソッドの❶、でアカウントの登録画面に遷移しています。

❷から❻は、アカウント情報の登録をおこなう操作です。そして❼と❽では、登録した情報が正しくユーザページで表示されているかを確認しています。前述したように、文字列の入力のために tap メソッドを事前におこなっています。

本テストケースにおける特徴は、❷と❸で利用している独自メソッドです（リスト 5-10）。これらは、それぞれユニークな文字列を返すメソッドになっています。

▶リスト 5-10　独自メソッドの実装例

```
// ユニークなメールアドレスを返す
// - Returns: メールアドレス
func uniqueEmailAddress() -> String {
    return "your_email_localpart+\(Date().timeIntervalSince1970)@example.com"
}

// ユニークなニックネームを返す
// - Parameter prefix: ニックネームの頭文字
// - Returns: ニックネーム
func uniqueNickname(prefix: String) -> String {
    return "\(prefix)\(Date().timeIntervalSince1970)"
}
```

このようなメソッドを用意するのは、どうしてでしょうか？

メールアドレスをユニークにするのは、今回用意したサンプルアプリでは、同じメールアドレスでのアカウント作成が許容されていないからです。

また、ニックネームをユニークにするのは、アカウントを登録したときのユーザだとわかりやすくするためです。同じ名前のニックネームにしてしまうと、ほかのユーザのニックネームが表示されていても気づかない可能性があります。

また、パスワードについてユニークにしていないのは、テストコードが失敗したときなどの調査で該当アカウントでログインを試みる必要があったときのためです。一般的にパスワードは平文で保存されておらず暗号化されているためどのような値かはわかりません。そのため、あえてユニークでなく同一のパスワードにしています。ただし、同一文字列のパスワードだけでアカウント作成をしてしまうと、パスワード周りでバグがあったときに、その問題を見つけられない可能性があります。そのため、別のテストケースでそのバグを見つけられるようにしておく必要があります。

実装したサンプルコードを改善する

今回、紹介した 2 つのテストコードは、改善したほうが良いと思える箇所があります。ここでは、以下の 3 つに注目してみます。

- Accessibility Identifier の文字列指定
- typeText をおこなう前の tap メソッド
- ユニークなメールアドレスを返すメソッド

Accessibility Identifier の文字列指定

今回のサンプルコードでは、Accessibility Identifier を使って、次のように UI 要素を特定しています。

```
let loginEmailTextField = app.textFields["login_email_textfield"]
```

上記のように、すべて文字列を使って UI 要素を特定しています。この方法だと、Xcode での補完が効かないため、文字列の入力ミスにつながります。また、常に設定されているAccessibility Identifierの値を確認する必要もあります。

そこで、Accessibility Identifierに設定する値については、ルールを決めて一元管理するという考え方があります。詳細については第7章の7-1節を参考にしてください。

typeTextをおこなう前のtap

このサンプルコードでは、次のように文字列を入力する`typeText`の前に必ず`tap()`をおこなっています。

```
loginEmailTextField.tap()
loginEmailTextField.typeText("sample@example.com")
```

ユーザの操作としては正しいのですが、毎回決まりきったコードを書くのは面倒で、場合によっては書き忘れてしまう可能性もあります。そこで、「この操作をまとめて1つの操作にしてしまう」という方法があります。詳細については第7章の7-2節を参考にしてください。

ユニークなメールアドレスを返すメソッド

今回のサンプルコードでは、ユニークな値を返すために「`Date().timeIntervalSince1970`」を利用しています。

しかし、このやり方では、「テストの並列実行※10」をおこなった場合に同一の値になり得るという問題があります。テストの並列実行においては、同じテストケースを複数端末で並列して実行するケースもあります。その際に、完全に同時刻で実行された場合は、ユニークではないメールアドレスで登録処理がされてしまいます。

このようなことが起きて問題になるケースは少ないかもしれませんが、可能性としては考慮しておくことが望ましいです。解決方法の1つとしては、テストを実行している端末の情報（UDIDなど）を利用するといった方法などがあります。

※10　並列実行については、第7章の7-4節で解説しています。

Column

UI テストでなにを確認するべきか

UI テストで難しいのが、「なにを確認し、テストに成功したとするか」だと思います。今回、アカウントを作成するテストにおいては、遷移後のユーザ画面にある「ニックネーム」と「メールアドレス」を確認しました。しかし、ユーザ画面にはほかにも表示されているラベルがあります。

このラベルまで確認をするべきでしょうか？ また UI 要素の位置まで確認をするべきでしょうか？

実装した最初のうちは、細かく UI 要素の情報を確認してもテストは問題なく通るでしょう。しかし、対象となるアプリに対して少しでも変化を加えると、テストが落ちるようになり、その対応が必要になります。本当に、その確認しているべき箇所は自動テストで確認したほうが良かったのでしょうか？

UI テストは対象アプリの UI に対して密な結合になればなるほど脆くなります。どこまでなにを確認するべきかは考えて決める必要があります。

第3部

第6章

XCUITestのAPIを理解する

第5章では、XCUITestを利用したUIテストの基本的な実装方法を見てきました。

本章では、XCUITestが提供している各種APIについて、順番に解説していきます。これらのAPIを知っておくことで、UIテストでおこなえることが増えるでしょう。

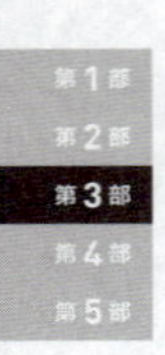

6-1　UI 要素を特定する

第 5 章では、おもに Accessibility Identifier が設定されている UI 要素に対する特定方法について紹介しました。いつも Accessibility Identifier などが設定されていて、一意に UI 要素を決められればよいですが、必ずしもそうとは限りません。そのような場合だと、UI 要素の種類や場所などをもとに UI 要素を特定していく必要があります。本節では、そのような方法を用いて特定するために利用するいくつかの API を説明します。

子要素を特定する - children / descendants

ある UI 要素以下に配置されている UI 要素を特定したい場合には、次を利用します。

表 6-1　子要素の特定

宣言	用途
func children(matching type: XCUIElement.ElementType) -> XCUIElementQuery	マッチする子要素を探す
func descendants(matching type: XCUIElement.ElementType) -> XCUIElementQuery	マッチする子孫を探す

引数の `XCUIElement.ElementType` は、検索できる UI 要素の種類が定義された enum です。どのような種類があるかは、公式ドキュメント※1 を参考にしてください。

この 2 つの違いについて、図 6-1 をもとに説明をします。

この画像では、ルートの ScrollView に対して、Label が 2 つ（A、B）と ScrollView が子要素としてあります。さらに、この子要素の ScrollView に対して、Label が 1 つ（C）子要素としてあります。

※1　https://developer.apple.com/documentation/xctest/xcuielement/elementtype

▶図6-1 子要素の例

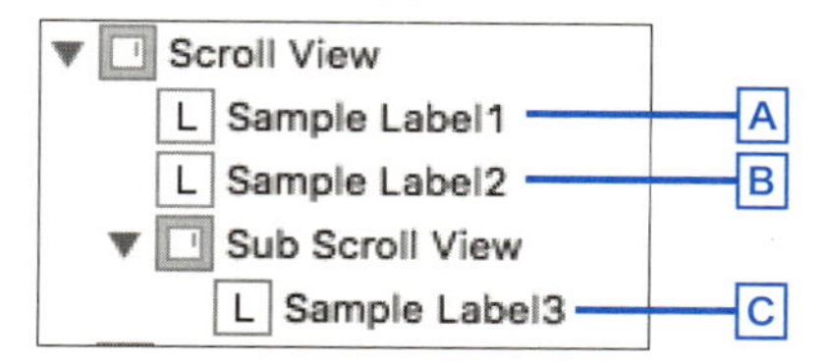

このUI階層に対して、children と descendants を使った例がリスト6-1です。

▶リスト6-1 children と descentants の使用例

```
// ScollView上にのみあるすべてのLabel ❶
// Sample Label1、Sample Label2が対象になります
app.scrollViews["user_image_scroll"].children(matching: .staticText)

// ScrollView上にある子孫まで含めたすべてのLabel ❷
// Sample label1、Sample Label2、Sample Label3が対象になります
app.scrollViews["user_image_scroll"].descendants(matching: .staticText)
```

❶ 子要素のみであるため、ScrollView(user_image_scroll)にある2つのLable（A、B）のみが対象となる
❷ 子要素ScrollViewの子要素であるLabel（C）も含めた3つのLabelが対象となる

リスト6-1では、複数のUI要素が返ってきます。XCUITestでは複数のUI要素に対して操作をおこなえないため、UI要素が1つになるように絞り込む必要があります。仮にUI要素が確実に1つであれば、次の❶のように、element を利用すると XCUIElement として扱われ、操作ができます。

```
// ❶
let sampleTextField = app.scrollViews["user_image_scroll"].children(matching:
.staticText).element
sampleTextField.tap()
```

ただし、element を呼び出した段階でUI要素が複数だった場合、操作をしよ

うとした段階で、次のエラーが出力されます。

```
Assertion Failure: <unknown>:0: Multiple matches found for TextField.
```

複数特定されたUI要素に対してなにかをおこなう - allElementsBoundByIndex

複数のUI要素が見つかるケースで、すべての要素に順番にアクセスする際は以下のプロパティを利用します。

▶表6-2　複数要素へのアクセス

宣言	用途
var allElementsBoundByIndex: [XCUIElement] { get }	各UI要素にアクセスできる

これを用いると各UI要素に順番にアクセスできるので、特定のUI要素を絞り込むことや、複数のUI要素に対して操作をおこなえます。

▶リスト6-2　複数要素に対するアクセス例

```
// ScollView上にのみあるすべてのボタン
let buttons = app.buttons

for button in buttons.allElementsBoundByIndex {
  if button.label == "Login" {
    button.tap()
  }
}
```

リスト6-2では、すべてのボタンを取得しています。その複数のボタンに対して、ボタンのラベルがLoginであるものがあれば、tap()をおこなっています。

何番目に UI 要素があるかを特定する - element(boundBy:) / firstMatch

子要素を特定する children や descendants を利用すると、同じ UI 要素（例：ボタン）が複数見つかる場合があります。この複数の UI 要素に対して「何番目に UI 要素があるか」を特定するためには、次を利用します。

表 6-3 要素番号からの特定

宣言	用途
func element(boundBy index: Int) -> XCUIElement	指定した index の箇所にある UI 要素
var firstMatch: XCUIElement { get }	1番最初に見つかった UI 要素

「element(boundBy index: Int)」を利用する場合、引数に何番目の UI 要素を取得するか設定します。指定する引数は 0 から始まる点に注意が必要です。

1番目にあることがわかっている場合は「firstMatch」を利用できます。firstMatch を利用すると、一致する UI 要素が見つかった段階でアプリの UI 要素への検索をやめます。そのため、早めに処理を終えられます。

リスト 6-3 特定の位置にある要素を取得する

```
// 4番目にあるボタンを指定しています
app.buttons.element(boundBy: 3)

// 1番目にあるテーブルのセル（cell）を指定しています
app.tables.cells.element(boundBy: 0)

// 1番目にあるボタンを指定しています
app.buttons.firstMatch
```

6-2　UI 要素を操作する

UI 要素に対してはいろいろな操作ができるようになっています。本節で挙げる操作を活用することにより、さらに UI テストでやれることを増やせます。

タップ／長押し - tap ／ press

UI 要素に対するタップや長押しの操作には表 6-4 のような種類があります。

表 6-4　タップ／長押し操作

宣言	用途
func doubleTap()	ダブルタップ
func twoFingerTap()	2本指でのタップ
func tap(withNumberOfTaps numberOfTaps: Int, numberOfTouches: Int)	タップ回数とタッチする数を指定できる
func press(forDuration duration: TimeInterval)	指定した秒数だけ長押し
func press(forDuration duration: TimeInterval, thenDragTo otherElement: XCUIElement)	特定の UI 要素までドラッグ

たとえば、ダブルタップの例は次のとおりです。

リスト 6-4　操作の例

```
let button = app.buttons["sample_button"]

// ボタンに対してダブルタップをおこなう
button.doubletap()
```

`twoFingerTap()` は、UI 要素に対して 2 本指でのタップを 1 回おこないます。2 本指以上や、タップする回数を 1 回以上おこないたい場合は、「`tap(withNumberOfTaps numberOfTaps: Int, numberOfTouches: Int)`」を利用します。タップする回数とタッチする数を指定できます。

また、長押しの例は次のとおりです。

リスト6-5 操作の例

```
let button = app.buttons["sample_button"]

// 5秒間の間長押しをする
button.press(forDuration: 5)
```

pressは2種類ありますが、どちらも引数で指定した秒数だけ長押しを続けることになります。長押しをしようとしてる対象のUI要素がスクロールしないと見えない箇所にある場合は、事前にスクロールしてから長押しをしてくれます。なお、特定のUI要素までドラッグできるpressでは、テーブルのセルの並べ替えなどの操作に利用できます。

ジェスチャー（スワイプ/拡大・縮小/回転）- swipe / pinch / rotate

スマートフォンへの操作として一般的におこなわれているジェスチャーの操作には表6-5のような種類があります。スワイプに関しては4方向それぞれの操作ができます。

表6-5 ジェスチャー操作

宣言	用途
func swipeLeft()	左にスワイプをする
func swipeRight()	右にスワイプをする
func swipeUp()	下から上にスワイプをする
func swipeDown()	上から下にスワイプをする
func pinch(withScale scale: CGFloat, velocity: CGFloat)	2本指を使っての操作
func rotate(_ rotation: CGFloat, withVelocity velocity: CGFloat)	対象のUI要素の回転

スワイプ操作では、特定方向へのスワイプを1回おこなうのみで、速度や距離は指定できません。そのため、常に求めている位置までスクロールなどができるとは限らない点に注意が必要です。

リスト 6-6　スワイプの操作例

```
let textview = app.textViews["sample_textview"]

// 下から上をスワイプをする
textview.swipeUp()

// 上から下にスワイプをする
textview.swipeDown()
```

2本指を使って操作をおこなうピンチイン・ピンチアウトは pinch により操作できます。また、回転は rotate を用いて操作できます。

リスト 6-7　ピンチアウト・回転の操作例

```
let imageView = app.images["sample_imageView"]

// ピンチアウト
imageView.pinch(withScale: 0.2, velocity: 0.5)

// 90度回転
radian = (M_PI / 180 * Double(90))
imageView.rotate(radian, withVelocity: 0.5)
```

両方のメソッドにある velocity は、このジェスチャーにおける速度です。

pinch では、withScale に指定する値は 0 から 1 の値の場合はピンチアウトし、1 より大きい場合はピンチインします。

rotate では、第 1 引数にラジアン（角度）の値を指定します。リスト 6-7 では、90 度回転させています。

これらのメソッドはベストエフォートとなっており、指定した値が必ずしも動作保証されない点に注意が必要です。

Slider ／ Picker を操作する - adjust

UI 要素である Slider や Picker の操作については表 6-6 のとおりです。ともに adjust を利用します。

▶表6-6 Slider／Pickerの操作

宣言	用途
func adjust(toNormalizedSliderPosition normalizedSliderPosition: CGFloat)	Sliderを操作
func adjust(toPickerWheelValue pickerWheelValue: String)	Pickerを操作

Sliderでは、`adjust(toNormalizedSliderPosition normalizedSliderPosition: CGFloat)`を利用します。この引数に指定した値だけ、Sliderの値を変更します。この引数の値は0から1の間を指定します。Sliderの値が、指定した引数の値になるかはベストエフォートであり、値が保証されているわけではありません。

▶リスト6-8 Sliderの操作の例

```
// 対象のSliderを指定
let slider = app.sliders["sample_slider"]

// このSliderに設定されているmaximumの値の90%のところまで値を変更する
// (90%になる保証はありません)
slider.adjust(toNormalizedSliderPosition: 0.9)
```

Pickerでは`adjust(toPickerWheelValue pickerWheelValue: String)`を利用します。指定した文字列がPickerの値として存在していれば、選択してくれます。

▶リスト6-9 Pickerの操作の例

```
// 対象のPickerを指定
let picker = app.pickers["sample_picker"].pickerWheels.element(boundBy: 0)

// 指定した文字列を選択する
picker.adjust(toPickerWheelValue: "sample2")
```

6-3　UI要素の状態を確認する

UI要素が存在しているのかどうかなど、UI要素の状態を確認したいこともあります。`XCUIElement`の状態の確認については、次を利用します。

▶表6-7　UI要素の状態を確認する

宣言	用途
var exists: Bool { get }	対象のUI要素が存在しているかどうか
var isHittable: Bool { get }	対象のUI要素をタップできるかどうか
func waitForExistence(timeout: TimeInterval) -> Bool	対象のUI要素が存在するまで確認をする

表6-7にあるプロパティの利用例は次のとおりです。

▶リスト6-10　UI要素の状態の確認例

```
// ニックネームのラベルが存在しているかどうかの確認
app.staticTexts["user_nickname_label"].exists

// ログインボタンがタップできるかどうかの確認
app.buttons["login_login_button"].isHittable
```

`exists`は、UI要素が存在しているかどうかです。たとえば、そのUI要素があるUI要素の下にあって、実際にタップできる場所にいなかったりしていても、存在していれば`true`を返します。`isHittable`は、実際にタップできるかどうかなので、上記のようにタップできなければ`false`を返します。

また、`waitForExistence(timeout: TimeInterval)`というメソッドは、対象のUI要素に対して、`timeout`で指定された秒数が経過するまで存在するかどうかをチェックし続けてくれます。指定した`timeout`の秒数を過ぎても存在しない場合のみ、`false`を返します。

▶リスト 6-11 WaitForExistence の使用例

```
// 待たずに存在するかをチェックする ❶
let labelExists = app.staticTexts["user_nickname_label"].exists
XCTAssertTrue(labelExists)

// 指定した秒数まで定期的に存在するかをチェックする ❷
let labelExists = app.staticTexts["user_nickname_label"].waitForExistence(timeout: 5)
XCTAssertTrue(labelExists)
```

❶の場合は、ラベルが存在するかをチェックしています。この評価の段階で対象の UI 要素が存在していなかった場合は、false を返し次のアサーションで失敗します。

しかし、UI 要素が存在するまでにある程度の時間を必要とするケースもあります。その場合は、❷のように `waitForExistence` を利用します。これを利用した場合、Xcode のログ上には次のように表示されます。このログを見てわかるように、指定した秒数までの間、定期的に対象の UI 要素の存在を確認し続けています。

```
t =     5.59s Waiting 5.0s for "user_nickname_label" StaticText to exist
t =     6.62s     Checking `Expect predicate `exists == 1` for object "user_
nickname_label" StaticText`
t =     7.68s     Checking `Expect predicate `exists == 1` for object "user_
nickname_label" StaticText`
t =     8.72s     Checking `Expect predicate `exists == 1` for object "user_
nickname_label" StaticText`
t =     9.75s     Checking `Expect predicate `exists == 1` for object "user_
nickname_label" StaticText`
```

また、ほかにも第 3 章の 3-8 節で解説した `XCTestExpectation` および `wait(for:timeout:)` を利用して、特定条件を満たすまで待つ方法もよくおこないます。

Column

UI 要素が存在しなかったときの挙動

UI 要素を操作しようとしたものの、その UI 要素がまだなかった場合にどのような挙動をするのでしょうか。たとえば、リスト 6-12 のようなコードがあっ

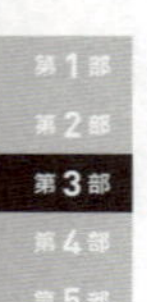

たとします。

リスト6-12 コード例

```
// 存在しないボタン ❶
let button = app.buttons["gyoza_button"]
// タップする ❷
button.tap()
```

❶で指定しているボタンが存在しなかったとしても、エラーにはならず、テストコードはこの箇所で落ちることはありません。❷のタップをする箇所で、次のようにXcode上にはログが出力されます。

```
Test Case '-[sampleUITests.firstStepUITests testSample]' started.
    t =     0.00s Start Test at 2019-03-23 06:40:10.504
    t =     0.14s Set Up
    t =     0.14s     Open tokyo.swet.uitest
    t =     0.18s         Launch tokyo.swet.uitest
    t =     4.81s             Wait for accessibility to load
    t =     6.82s             Wait for tokyo.swet.uitest to idle
    t =     8.86s Tap "gyouza_button" Button
    t =     8.86s     Wait for tokyo.swet.uitest to idle
    t =     8.90s     Find the "gyouza_button" Button
    t =     9.97s         Find the "gyouza_button" Button (retry 1)
    t =    10.99s         Find the "gyouza_button" Button (retry 2)
    t =    11.45s     Assertion Failure: <unknown>:0: No matches found for
Find: Elements matching predicate '"gyouza_button" IN identifiers' from input
{(
    Button, identifier: 'sample_button', label: 'Button'
```

このログを見てわかるように、1秒間隔で何度かリトライしてボタンを探しています。リトライしても見つからなかった場合は、最終的にテストコードが失敗となります。

このようにリトライをしてくれるため、UI要素が表示されるまでの時間が少し程度であれば、なにかしらのUI要素を待つような処理を入れることなく、テストコードが動いてくれます。

6-4 UI 要素の情報を取得する - debugDescription

UI テストを実装していると、特定の UI 要素がどういった情報を持っているのかを確認したいことがあります。第 5 章の 5-4 節で紹介した情報でも取得できますが、実装中には **debugDescription** を利用する方法もあります。

▶リスト 6-13 debugDescription の使用例

```
app.textFields["login_email_textfield"].debugDescription
```

この値はコードに書いて出力させるだけでなく、LLDB を使ったデバッグも活用するのがよいでしょう。くわしくは、第 12 章の 12-4 節を参考にしてください。

ここで実際に得られた文字列を print した結果は次のとおりです。

```
// ❶
Attributes: TextField, {{76.0, 73.0}, {168.0, 30.0}}, identifier: 'login_email_
textfield', placeholderValue: 'email'
// ❷
Element subtree:
 →TextField, 0x600003194d00, {{76.0, 73.0}, {168.0, 30.0}}, identifier: 'login_
email_textfield', placeholderValue: 'email'
Path to element:
 →Application, pid: 85629, label: 'uitest'
  ↳Window (Main), {{0.0, 0.0}, {320.0, 568.0}}
   ↳Other, {{0.0, 0.0}, {320.0, 568.0}}
    ↳Other, {{0.0, 0.0}, {320.0, 568.0}}
     ↳TextField, {{76.0, 73.0}, {168.0, 30.0}}, identifier: 'login_email_
textfield', placeholderValue: 'email'
// ❸
Query chain:
 →Find: Target Application 'tokyo.swet.uitest'
  Output: {
    Application, pid: 85629, label: 'uitest'
  }
```

```
  ↪Find: Descendants matching type TextField
    Output: {
      TextField, {{76.0, 73.0}, {168.0, 30.0}}, identifier: 'login_email_
textfield', placeholderValue: 'email'
      TextField, {{76.0, 129.0}, {168.0, 30.0}}, identifier: 'login_password_
textfield', placeholderValue: 'password'
    }
    ↪Find: Elements matching predicate '"login_email_textfield" IN identifiers'
      Output: {
        TextField, {{76.0, 73.0}, {168.0, 30.0}}, identifier: 'login_email_
textfield', placeholderValue: 'email'
      }
```

❶ UI要素の属性が出力されています
❷ 対象としたUI要素をrootとして、そのUI要素が持つ子孫要素の情報が出力されています
❸ UI要素を調べたときの流れが出力されています

なお、このdebugDescriptionを利用した段階でのUI要素の状況により、得られるデータは異なります。また、あくまでもこのdebugDescriptionは、デバッギングのときのために使用するもので、テストで利用することは想定されていません。

6-5 対象のアプリを決める - XCUIApplication

XCUIApplicationは、対象アプリのプロキシです。これにより、対象となるアプリの起動・終了・状態を確認できます。ここでは、次のことについて説明します。

・複数アプリを操作する
・アプリを起動/終了する
・アプリの状態を確認する

複数アプリを操作する

XCUIApplicationは、次のようになにも指定せずに呼び出した場合は、Xcodeの「Target Application」(図6-2)で指定しているアプリが対象のアプリとなります。

図6-2 Xcodeで指定されたTarget Application

▼ Testing
Target Application　ui-cheatsheet

```
let app = XCUIApplication()
```

指定しているアプリ以外にも、次のようにしてBundle Identifierを指定して対象のアプリとすることができます。

```
let otherApp = XCUIApplication(bundleIdentifier: "tokyo.swet.uitest")
```

これにより、操作対象のアプリの変更や、複数のアプリを操作できます。

たとえば、テストしたいアプリに、「ほかのアプリと連携をすることによって使える機能」があったとします。次のように、複数のアプリにまたがってそれぞれのアプリを操作することにより、そのような機能もテストできます。

▶リスト 6-14 XCUIApplication の使用例

```
// Xcodeで指定した対象アプリ
let app = XCUIApplication()
// 起動する
app.launch()

// 文字列で指定したBundleIdentfierのアプリ
let otherApp = XCUIApplication(bundleIdentifier: "tokyo.swet.uitest")
// 起動してボタンをタップする
otherApp.launch()
otherApp.buttons["sample_sync_button"].tap()

// アプリをフォアグラウンドにする
app.activate()
// ボタンをタップする
app.buttons["sample_sync_ok_button"].tap()
```

アプリを起動／終了する

XCUIApplication で指定したアプリに対して起動させたり、終了させることができます。これらについては、次のようなものが用意されています。

▶表 6-8 アプリの起動／終了

宣言	用途
func launch()	アプリを起動する
var launchArguments: [String]	指定した値をアプリに渡す
var launchEnvironment: [String : String]	指定した環境変数をアプリに渡す
func activate()	アプリを起動する
func terminate()	アプリを終了する

`launchArguments` や `launchEnvironment` は、アプリ側に UI テストのための処理を加えるのに利用できます。たとえば、リスト 6-15 の❶で、`launchArguments`

を使って UITEST という値を渡しています。そして launch メソッドでアプリを起動しています。

リスト 6-15 テストコード側で起動時に値を渡す

```
let app = XCUIApplication()

// SAMPLEという値をアプリに渡す    ❶
app.launchArguments.append("UITEST")
app.launch()
```

アプリ側では、事前にリスト 6-16 にあるようにコードを実装しておき、指定の値があったときに、なにかしらの処理をするようにします。これにより、自動テストのときだけの処理をおこなえます。

リスト 6-16 アプリ側でなにかしらの処理を追加する

```
if ProcessInfo.processInfo.arguments.contains("UITEST") {
  // なにかしらの処理
}
```

activate メソッドは、launch メソッドと同様にアプリの起動をおこなってくれます。この 2 つの違いはなんでしょうか。

launch メソッドは、すでにアプリが実行されている場合、既存のインスタンスを終了させて、新しく起動します。

activate メソッドは、launch メソッドと異なりすでにアプリが実行されている場合、このメソッドを呼び出しても既存のインスタンスは終了せず、対象のアプリがフォアグラウンドに表示されます。

アプリの状態を確認する

アプリが実行中で、フォアグラウンドにあるのかバックグラウンドにあるのかといった情報を取得することもできます。アプリの状態は、次のように state メソッドで取得できます。

```
let app = XCUIApplication()
```

1
2
3
4
5
6
7
8
9
10
11
12
A

```
app.state
```

また、利用できるアプリの状態の種類は次のとおりです。これらはXCUIApplication.Stateというenumで定義されています。

表6-9　アプリの状態

値	状態
unknown	不明
notRunning	実行されていない
runningBackgroundSuspended	バックグラウンドでサスペンド状態
runningBackground	バックグラウンドで実行中
runningForeground	フォアグラウンドで実行中

たとえば、テストコードの中でアプリの状態を確認する必要があるとき、次のように利用できます。

リスト6-17　アプリの状態の確認

```
let app = XCUIApplication()

// アプリの状態が「実行中で前面にあるかどうか」
XCTAssertEqual(app.state, XCUIApplication.State.runningForeground)
```

6-6 端末を操作する - XCUIDevice

UI要素を操作する以外に、端末を操作する必要があるかもしれません。XCUIDeviceを利用すると、端末のボタンや端末の向き、そしてSiriの操作などをおこなえます。操作例は次のとおりです。

▶リスト 6-18 端末の操作例

```
let device = XCUIDevice.shared

// ホームボタンを押す
device.press(XCUIDevice.Button.home)

// 端末の向きを横向きにする
device.orientation = UIDeviceOrientation.landscapeLeft

// Siriに対して指定した文字列で話しかける
device.siriService.activate(voiceRecognitionText: "餃子は好きですか")
```

これを活用すると、端末の物理的な操作を含めたテストが可能になります。たとえば、端末の向きを変えることにより、UI要素がタップできない位置になってないかなどを確認する、といったこともできます。

6-7 テスト実行時の成果物を保存する - XCTAttachment

Xcode 9から、テスト実行時の成果物を保存するしくみとして、XCTAttachmentが導入されました。これを用いると、文字列、画像、XCUITestでのスクリーンショットなど、サポートされたさまざまな形式を成果物として保存できます。

テストが失敗した際に、アサーションの成否（期待値、実際の値）だけではなく、テスト実行時の追加情報（APIレスポンスなど）があると、原因調査がはかどるケースはよくあります。

なお、XCTAttachmentはUIテストや結合テストで利用すると便利ですが、あくまでXCTestの機能であるため、単体テストでも利用できます。

基本的な利用方法を押さえる

XCTAttachmentの最も基本的な利用方法が次になります。

▶リスト6-19 XCTAttachmentの最も基本的な利用方法

```
func testAttachment() {

    // テスト成果物として「文字列」を保存
    let attachment = XCTAttachment(string: "こんにちは") //   ❶
    attachment.name = "実行時のログ" //   ❷
    add(attachment)

    // 意図的にテストを失敗させる
    XCTFail()
}
```

❶で保存する対象として"こんにちは"という文字列を指定し、❷でnameプロパティ（任意）に対して名称を設定しています。最後に、XCTFail()を用いて

テストを失敗させています。これは、デフォルト設定では XCTAttachment で保存した成果物は「失敗時のみ保持される」という挙動となっているためです。

このテストを実行し、レポートナビゲータで結果を確認すると、次のように成果物として保存されているのがわかります。

図 6-3 レポートナビゲータで実行結果を確認する

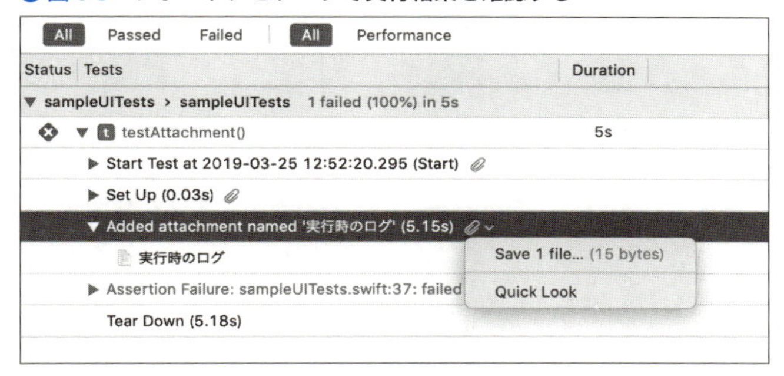

クリップアイコンをクリックすると、図6-3のようにメニューが表示され、ファイルとして保存したり、「Quick Look」を用いてその場で内容を確認できます（図6-4）。

図 6-4 Quick Look を用いて結果をその場で確認する

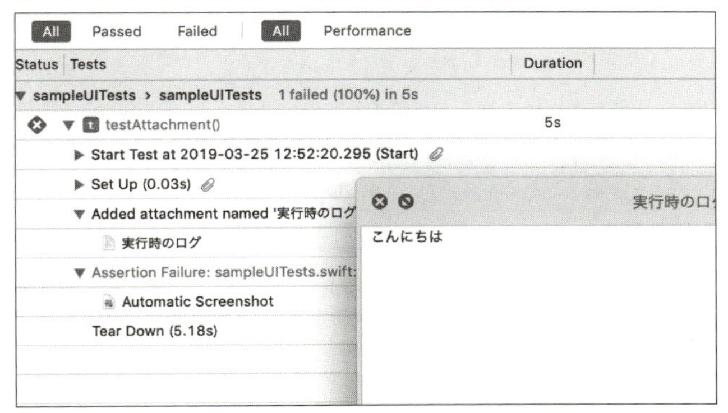

なお、前述したように name プロパティの設定は任意ですが、設定しなかった場合は、次のように自動的に名称（図 6-5 中では「public.plain-text」）が設定

されてしまいます。

図 6-5　name プロパティの設定を省略した場合、自動的に名称が設定される

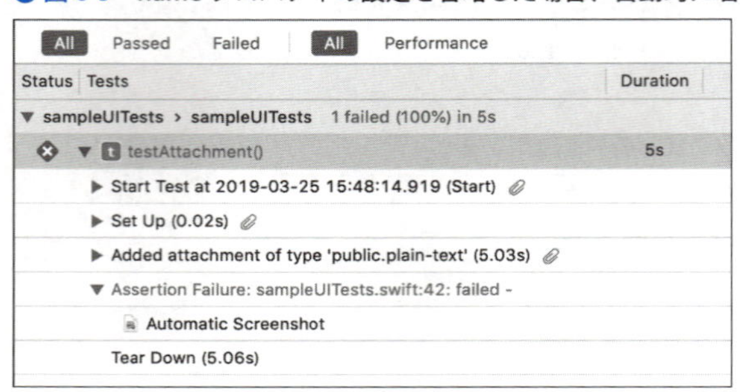

一時的な利用であれば省略してもよいかもしれませんが、テストコードの一部としてコミットする場合は、明示的に設定しておいたほうがよいでしょう。

テスト成功時も成果物が保持されるようにする

前述したように、`XCTAttachment` のデフォルトの挙動では、保存した成果物はテストが失敗した時のみ保持され、成功時には破棄されます。

テストが成功した場合も成果物が保持されるようにするには、次の 2 種類の方法があります。

表 6-10　テスト成功時に成果物が保持されるようにする方法

方法	設定範囲
XCTAttachment.Lifetime に .keepAlways を設定	個別に設定する
テストのスキーム設定で挙動を変更	全体的に設定を変更する

XCTAttachment.Lifetaime に .keepAlways を設定する

個別に挙動を制御したい場合、`XCTAttachment` には、`lifetime` プロパティが用意されています。値としては、`XCTAttachment.Lifetime` という enum に定義された次のいずれかを設定できます。

表 6-11　lifetime プロパティの設定値

値	意味
.deleteOnSuccess	テスト成功時には成果物を破棄する（デフォルト値）
.keepAlways	テストの成否にかかわらず成果物を保持する

デフォルト値は .deleteOnSuccess となっているため、テスト成功時には成果物が破棄される挙動になります。lifetime プロパティを利用したコードの例は、次のようになります。

リスト 6-20　lifetime プロパティを利用する

```
func testAttachmentLifetimeProperty() {
    let attachment = XCTAttachment(string: "こんにちは")
    attachment.name = "実行時のログ"
    attachment.lifetime = .keepAlways // テストの成否にかかわらず成果物を保持する
    add(attachment)
}
```

■テストのスキーム設定で挙動を変更する

全体的に挙動を変更したい場合には、テストのスキーム設定の「Options」タブから変更可能です。常に成果物を保持するように設定する手順は、次のようになります。

1. Xcode のメニュー > Product > Scheme > Edit Scheme...…を選択（「⌘ + >」でも可）
2. ポップアップの左側から「Test」を選択
3. Options タブを選択し、「Delete when each test succeeds」のチェックを OFF にする

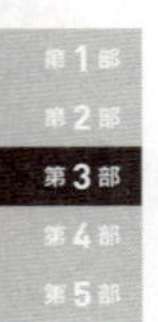

図6-6　スキーム設定からテスト成果物の保存ポリシーを変更する

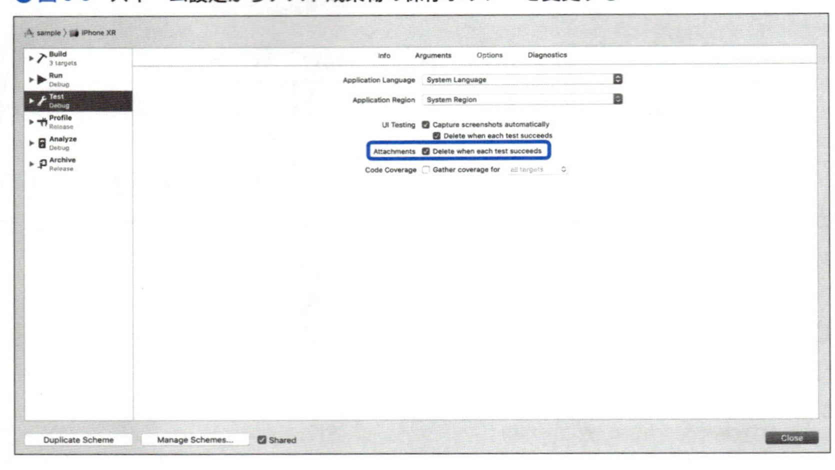

新規プロジェクト作成時には、「Delete when each test succeeds」のチェックが有効になっていて、テスト成功時に成果物が破棄される挙動となっています。このチェックをOFFにすると、挙動を変更できます。

なお、注意したいのは、この設定は「`lifetime`プロパティのデフォルト値を`.keepAlways`に変更するしくみである」ということです。言い換えると、次のように明示的に`.deleteOnSuccess`を設定した場合は、スキーム設定でチェックを外している場合でも成果物は破棄されるので、注意しましょう。

リスト6-21　.deleteOnSuccessを明示的に設定した場合、その設定が有効になる

```
func testAttachmentLifetimeDeleteOnSuccess() {
    let attachment = XCTAttachment(string: "こんにちは")
    attachment.name = "実行時のログ"
    attachment.lifetime = .deleteOnSuccess // 設定は上書きされる
    add(attachment)
}
```

保存できるコンテンツの種類

前述したとおり、`XCTAttachment`は画像を含むいくつかの形式をサポートしています。サポートされているおもな形式は、次のとおりです。

表 6-12　XCTAttachment で保存できるコンテンツの種類

コンテンツ	対応するクラス
文字列	String
画像	UIImage
XCUITest でのスクリーンショット	XCUIScreenshot
既存のファイルパス	URL
任意のデータ	Data
plist オブジェクト	Any

これらは、いずれも XCTAttachment のイニシャライザとして与えることができるようになっています。

また、UIImage や XCUIScreenshot などの画像形式については、保存する際の品質を XCTAttachment.ImageQuality で指定できます。

リスト 6-22　画像を保存する際に品質も指定

```
// 画像品質として「低」を指定
let attachment = XCTAttachment(image: image, quality: .low)
```

デフォルトでは、オリジナル品質（圧縮なし）である .original が利用されます。しかし、品質の高い順から次の値が利用可能なので、ディスクスペースを節約したい場合などは利用するとよいでしょう。

表 6-13　XCTAttachment.ImageQuality に用意された値

値	説明
.original	オリジナルの品質（圧縮なし）
.medium	中間の品質
.low	低品質

XCTContext.runActivity と組み合わせる

ここまで、XCTestCase に用意された add メソッドを呼び出して成果物を保存していました。しかし、成果物の保存は、第 3 章の 3-7 節で挙げた runActivity() と組み合わせて利用することも可能です。runActivity() に渡すクロージャの第 1 引数には XCTActivity が渡されるようになっており、それに対して add メソッドを呼び出すことで、そのアクティビティにひもづけて成果物を保存することが可能となります。

テストコードの例は、次のとおりです。

▶リスト 6-23　XCTAttachment を runActivity と併用する

```
func testAttachmentWithRunActiviry() {

    XCTContext.runActivity(named: "階層1") { (activity: XCTActivity) in

        let attachement = XCTAttachment(string: "Hello")
        attachement.name = "Hello"
        activity.add(attachement) //「階層1」のactivityに対して保存 ❶

        XCTContext.runActivity(named: "階層2") { (activity: XCTActivity) in

            let attachement = XCTAttachment(string: "World")
            attachement.name = "World"
            activity.add(attachement) //「階層2」のactivityに対して保存 ❷
        }
        XCTFail()
    }
}
```

ここでは「階層 1 ＞ 階層 2」という構造に対して、それぞれ「Hello」と「World」という名前（および値）で成果物を保存しています。次の図 6-7 は、このテストコードの実行結果をレポートナビゲータで確認した様子です。

図 6-7 runActivity と併用した場合の結果をレポートナビゲータで確認する

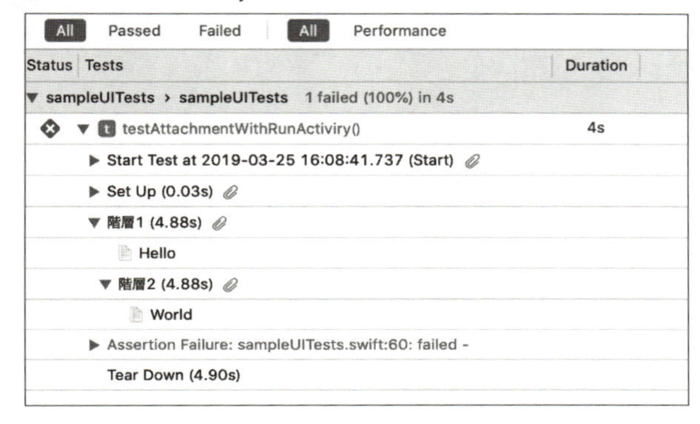

このようにきちんと階層ごとに成果物が保存されているのがわかります。`XCTActivity.runActivity()`を利用した際は、このように、引数の`XCTActivity`に対して`add`メソッドを呼び出し、成果物を保存するとわかりやすいでしょう。

第3部

第7章

UIテストの一歩進んだテクニック

本章では、UIテストにおけるより実践的なテクニックを紹介していきます。

メンテナンス性を高めるテクニックや「Page Object Pattern」といった実装パターンなどにくわえ、長期的に運用していくうえで課題となるテスト実行時間の短縮についても触れています。

7-1 ユニークなAccessibility Identifierを設定する

UI要素を特定するためには、ユニークなAccessibility Identifierが設定されている必要があります。また、次のようにAccessibility Identifierを文字列を指定していると、文字列の入力ミスを起こしてしまうこともあります。

```
let nicknameTextField = app.textFields["registration_nickname_textfield"]
let emailTextField    = app.textFields["login_email_textfield"]
```

そこで、これらの問題を解決するために、次のような方法があります。

・Accessibility Identifierの命名ルールを決める
・Accessibility Identifierを一元管理する

Accessibility Identifierの設定ルールを決める

Accessibility Identifierを設定する際のルールをプロジェクト内で事前に決めておくと、値を設定する際に悩むことが少なくなります。

どのようなルールにするかは、プロジェクトによっても異なるでしょう。命名規則だけとっても、キャメルケースなのか、スネークケースなのか、ケバブケースなのかなど、いろいろとあります。

第5章で紹介したサンプルアプリで利用した設定ルールは、次のような感じです。命名規則にはスネークケースを用いています。

```
該当ページ名_役割_UI要素の種類
```

まず､その UI 要素があるページを最初に指定します。次にそのUI要素の役割、そして最後にUI要素の種類を書きます。たとえば、次のような感じになります。

・login_email_textfield

これは、ログインページ（login）にある Email の値を入れる（email）テキストフィールド（textfields）となります。

このようなルールにより、テストコードを実装する対象のページによって、利用すべき Accessibility Identifier の最初の文字列がわかります。また、その後の文字列も対象とする UI 要素を決められます。

今回紹介したのはあくまで一例です。プロジェクト内において、わかりやすい名前をつけるのがよいでしょう。

Accessibility Identifier を一元管理する

今までおこなっていた次のような文字列指定で UI 要素を特定する場合は、Xcode の補完も効かないため、文字列の入力ミスが起こることがあります。

```
let emailTextField = app.textFields["login_email_textfield"]
```

そこで、Accessibility Identifier の値を一括管理をして、文字列指定ではなく変数として利用できるようにします。これにより、Xcode での補完も効くようになり、テストコードをよりスムーズに実装しやすくなります。

今回は、2 種類のやり方を紹介します。

Accessibility Identifier の文字列を別クラスで管理する

Accessibility Identifier を文字列で指定しなくても問題ない状態にした例が次のとおりです。

リスト 7-1　Accessibility Identifier を変数定義

```
// それぞれのページでクラス定義
class UserPage {
  static let nicknameLabel = "user_nickname_label"
}
class LoginPage {
  static let emailTextField = "login_email_textfield"
}
```

```
// 利用時
app.staticTexts[UserPage.nicknameLabel]
app.textFields[LoginPage.emailField]
```

これにより、利用する側で文字列を指定する必要がなくなり、Xcodeの補完で入力できるようになります。テストコードを実装しているページをわかっていれば、Xcodeの補完が効くためUI要素を特定しやすくなります。

これでAccessibility Identifierの文字列に関しては補完が効くようになりました。しかし、次のようにUI要素を特定するためには、`staticTexts`や`textFields`などの`XCUIElementTypeQueryProvider`を知っておく必要があります。

```
app.staticTexts[UserPage.nicknameLabel]
```

そのため、どうしてもテストコードを実装するための初期の学習コストがかかってしまいます。そこで、そこまで知らなくてもUI要素の特定をできるようにしたのが、次に紹介するやり方です。

テストコード側でのUI要素の特定をより楽にする

XCUIElement特有のメソッドを呼ばなくてもよいようにした例が次のとおりです。

リスト7-2　XCUIElementTypeQueryProviderまで含めた変数定義

```
// クラス定義
let app = XCUIApplication()

class UserPage {
   static let nicknameLabel = app.staticTexts["user_nickname_label"]
}
class LoginPage {
  static let emailTextField = app.textFields["login_email_textfield"]
}

// 利用時 ❶
UserPage.nicknameLabel
LoginPage.emailField
```

❶にあるように、テストコード側では対象となるページを入力し、Xcode の補完で対象の UI 要素を入力するだけになっています。

これにより、`XCUIElementTypeQueryProvider` について知らなくても、かんたんに UI 要素を特定できるようになりました。

当然ですが、このような作りにするということは、新しいページができた場合や既存のページを改修するために UI 要素を増やす時には、基盤となる箇所を修正する必要があります。そのときには、`XCUIElementTypeQueryProvider` を知らないと対応できません。しかし、特定の場所にまとめられていることにより、対応がしやすくなるとも言えます。

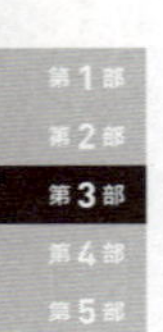

7-2 UI要素に対する複数の操作をまとめる

第5章の5-5節のサンプルコードの中から一部を抜粋して見てみましょう。次のように文字列の入力をおこなうにあたって、タップをしてから入力をおこなっています。

```
let nicknameTextField = app.textFields["registration_nickname_textfield"]
nicknameTextField.tap()
nicknameTextField.typeText("文字列")
```

「入力をおこなう前に、タップをしてフォーカスをあてる」というのは、ユーザの操作の流れとしては正しいです。しかし、テストコードの実装時にそのような流れを忘れることもあります[※1]。そこで、複数の操作をまとめるために、「より実装のしやすい新たなメソッドとして用意をする」という方法があります。

ここでは例として、このタップと文字列の入力を1つでおこなうメソッドを用意してみます（リスト7-3）。

リスト7-3 XCUIElementのextension

```
import XCTest

extension XCUIElement {
  // tap()とtypeText(text)を1度におこないます
  // - Parameter text: 文字列
  func inputText(_ text: String) {
    tap()
    typeText(text)
  }
}
```

※1 ほかのUIテストのためのテスティングフレームワークでは、このように2つに分かれていないものもあります。

XCUIElement の extension として、新たに inputText を用意しています。このメソッドにより、次のように操作をまとめられます。

```
let nicknameTextField = app.textFields["registration_nickname_textfield"]
nicknameTextField.inputText("文字列")
```

このように、複数の操作をまとめると、テストコード側の実装がより楽になります。ただし、このような新たなメソッドを作ることによって学習コストが発生しているという点には注意が必要です。

7-3 アプリのUI変更に対応する - Page Object Pattern

UIテストを運用していくうえでの課題の1つに、対象となるアプリのUIの変更に伴うUIテスト側の対応があります。UIの変更に伴って、必要なUIテスト側の対応コストが多いと、UIテストを運用していくのが難しくなってしまいます。そこで、この課題のためのUIテストの実装方法の1つに、Page Object Patternというデザインパターンがあります。

Page Object Patternの実装

サンプルの実装例は次のとおりです。今回は、説明しやすくするためにページを1つにしてシンプルにしています。複数のページがあることのほうが多いため、プロトコルの利用も検討するのがよいかもしれません。

リスト7-4 Page Object Patternの実装例

```
class LoginPage {
  //UI要素
  private let emailTextField = app.textFields["login_email_textfield"]
  private let passwordTextField = app.textFields["login_password_textfield"]
  private let loginButton = app.button["login_login_button"]

  // ログイン
  func login(email: String, password: String) {
    emailTextField.tap()
    emailTextField.typeText(email)

    passwordTextField.tap()
    passwordTextField.typeText(password)

    loginButton.tap()
  }
}
```

```
// 利用時
LoginPage().login(email: "sample@example.com", password: "password")
```

Page Object Pattern では、ページ単位でクラスを用意します。このクラスでは、そのページで利用する UI 要素と、そのページが提供する操作（ここではログイン）を定義します。この操作をおこなった戻り値として、遷移先のページに対応するオブジェクトを返すようにします。

また、UI 要素は private 定数として定義することにより、テストコード側からの直接呼び出しはできないようにします。テストコード側では、実際の画面上の UI 操作にあたるメソッドのみを利用してテストケースを実装します。

必ずしも、ページに存在するすべての UI 要素や操作を最初から実装しておく必要はありません。テストコード側で必要になったときに用意することにより、影響範囲を減らしてくのも大事です。

それでは、リスト 7-4 をもとにどのような実装になっているのか見ていきましょう。

まず、ログインページに該当をする `LoginPage` というクラスを用意しています。このページにある UI 要素は private 定数として宣言をしています。

そして、このページが提供する操作であるログインをテストコード側から呼び出せるよう定義しています。今回の実装例では、遷移先のページに対応するオブジェクトを返していません。遷移先を返すか、返さないかはいろいろな意見があります。遷移先を返すと、実装がしやすいかもしれません。遷移先を返さない場合は、テストコードを見た時に、どのような画面で遷移し操作がおこなわれているかがわかりやすいということもあるでしょう。どちらにするかはプロジェクト内で決めておくのがよいでしょう。

Page Object Pattern のメリット

この Page Object Pattern を活用すると、どのようなメリットがあるのでしょうか？

仮に、ログインページになにかしらの変更が加わったとします。たとえば、既存の UI 要素の Accessibility Identifier が変更になったり、新しい UI 要素が追加されたとします。その場合は、このLoginPageのクラスのみを対応すればよいことになります。提供している操作自体の中身が多少変更になっても、利用しているテストケース側には修正が必要ありません。

このように、ページ単位でクラスをまとめることにより、UI変更に対する影響をまとめられます。

7-4 UIテストの実行時間を短縮させる

UIテストは、ほかの自動テストと比べても実行時間が長くなりがちです。実行時間がかかりすぎてしまうと、テスト自体を利用するケースが減ってしまう原因にもなります。また、実行時間が長いとCI/CDでの実行待ちワークフローが増えていくため、CI/CDに組み込んで利用していくのも難しくなっていきます。

UIテストに限らずテストの実行時間を短くする方法については、第2章の2-4節でも触れましたが、ここでは次の2つの方法について紹介します。

- ビルドとテストの実行を分離する
- テストの実行を並列化する

ビルドとテストの実行を分離する

テストをおこなうためには、テスト用アプリのビルドと、そのビルドしたアプリを利用してテストを実行する必要があります。普段Xcodeからテストを実行する際は、この2つの行為は1つにまとめられておこなわれます。

しかし、`xcodebuild`コマンドでは、次の2つに分けて実行できます。これによりビルドとテストの実行を分離できます。

- build_for_testing
- test_without_building

`build_for_testing`でビルドをおこない、`test_without_building`でビルドしたものを使ってテストを実行します。この2つについては、fastlaneでは、次のような形でそれぞれを実行できます。

```
lane :build_for_testing do
```

```
  scan(
    derived_data_path: "my_folder",
    build_for_testing: true
  )
end
```

```
lane :test_without_buildling do
  scan(
    derived_data_path: "my_folder",
    test_without_building: true
  )
end
```

事前に**build_for_testing**レーンを実行しておき、そのビルドでつくられた成果物を保存しておきます。そして、その保存しておいた成果物を用いて、**test_without_building**レーンでテストを実行します。これにより、テスト用アプリのビルドをし直す必要がない場合は、**test_without_building**レーンでテストの実行のみをおこなえばよくなります。

また、同じテストケースをいろいろなiOS端末（複数OSなど）で動かしたいとします。その場合、**build_for_testing**レーンでビルドしておき、**test_without_building**レーンで各iOS端末でテストを実行するといったこともできます。

テストの実行を並列化する

同じテストコードを複数のiOS端末で実行する場合は、上述したやり方で可能です。ここでは、テストコードを分割して並列実行をするやり方について紹介します。

Xcode 10から、Xcodeからの実行でiOSシミュレーターを複数起動し、テストを並列実行できるようになりました。

Xcode > Edit Scheme > Test > Infoタブ > Options > Execute in parallel on Simulatorをチェック状態にします（図7-1）。

▶図 7-1　Options の設定画面

- [ ] Execute in parallel on Simulator
- [ ] Randomize execution order
- [x] Automatically include new tests

Application Data: None

　チェックがついている状態で、Xcode で iOS シミュレーターをターゲットにしてテストを実行すると、1 つの親からクローンのシミュレーターをつくり並列にテストを実行してくれます。この並列化は、テストコードのクラス単位で勝手に分割しておこなってくれます。したがって、テストコードが 1 つのクラスしか存在しない場合は、並列で実行はされません。

　1 つの実行時間が長いクラスが存在すると、その実行時間にひっぱられて、トータルのテストの実行時間が長くなってしまいます。たとえば、図 7-2 のように特定のクラス（クラス A）の実行時間が長いとします。そのときは、図にあるようにクラス A の実行時間にひっぱられてしまい、トータルのテストの実行時間が長くなってしまいます。

▶図 7-2　特定のクラスの実行時間が長い例

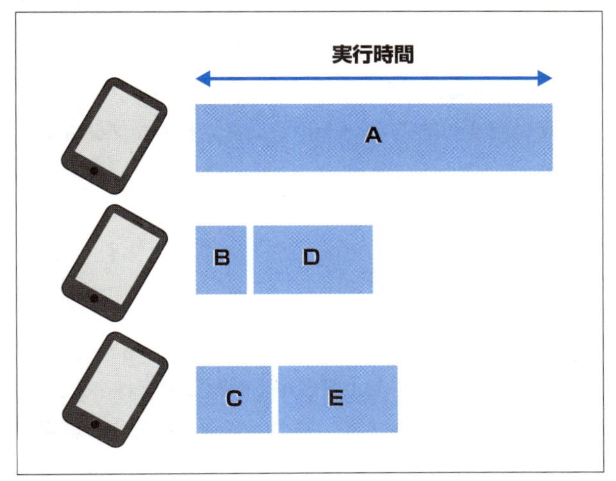

このような状況のときには、図7-3のように、クラスを分割してしまうのが良いです。クラスAをA1とA2というクラスに分割することにより、並列化をより活かせてトータルのテストの実行時間が短縮されます。

▶図7-3 クラスを分割化した後

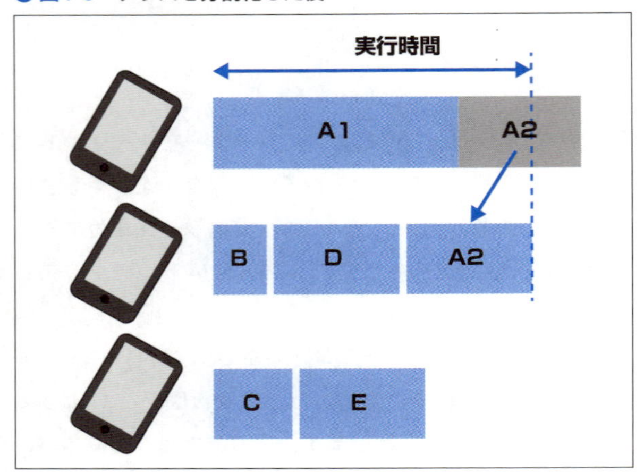

並列化を活かすためには、第2章でも説明したように「前処理」「実行箇所」「検証」「後処理」といったものを分けて実装しておくことが大事です。このように分けて実装をされていることにより、テストコードを分割しやすくなります。`XCUITest`では前処理として`setUp`メソッド、後処理として`tearDown`メソッドがあるので適切に利用していくことが重要です。

また、コマンドラインから利用する際の`xcodebuild`コマンドのオプションとして、次が用意されています。

・-parallel-testing-enabled YES|NO
・-parallel-testing-worker-count NUMBER

`-parallel-testing-enabled`は、並列実行をおこなうかどうかです。このオプションを設定することによりXcodeの設定を上書きして判断してくれます。

`-parallel-testing-worker-count`は並列数です。この並列数は実行する環境のスペックに応じて値を決めるのがよいでしょう。値が大きすぎると、起動に時間がかかってしまい結果として実行時間が長くなってしまう恐れもあります。

第4部

第8章

CI/CDの基本を押さえる

近年、iOSアプリ開発において欠かせない存在となっているのがCI/CDです。

本章では、CI（継続的インテグレーション）とCD（継続的デリバリ）がどういったものであるか解説します。CI/CDやそれに関連するサービスとしてどのような選択肢があるか紹介し、実際のアプリ開発・リリースにおいてどのようにCI/CDを活用できるのか具体的なCI/CDパイプラインを紹介します。

8-1 CI/CDとはなにか

CI（Continuous Integration＝継続的インテグレーション）/CD（Continuous Delivery＝継続的デリバリ）は、ソフトウェア開発手法の1つです。この手法は、開発速度と品質をサポートしてくれるでしょう。ここでは、このCI/CDについて説明します。

CIについて

CIとは、ビルドを継続的におこないフィードバックを早期に受け取れるようにしておくことです。ここでいうビルドは、アプリのビルドだけを指すのではなく、自動テストなど一連の行為を含んでいます。継続的とは、「変更が加わった時点でビルドをおこなう」ということです。

iOSアプリ開発でCIを利用している場合の流れの例は、図8-1のようなものです。開発者が、プロダクトのコード変更があった際にバージョン管理システム（GitHubなど）に、コードをプッシュします。すると、それをトリガーにして、自動的にアプリのビルドとテストが実行されます。そして、その結果がユーザにSlackやメールなどでフィードバックされます。

▶図8-1　iOSアプリ開発におけるCIの流れ

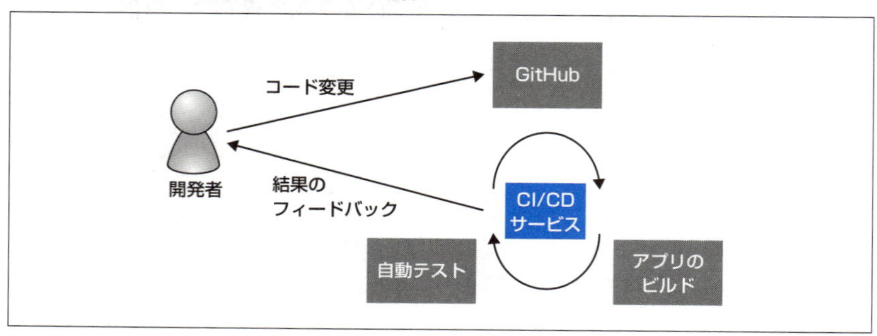

CIをおこなうことで、おもに以下の4つのメリットがあるでしょう。

■メリット1：リスクを軽減できる

CIを利用することにより、さまざまなリスクを軽減させてくれます。

CIでは、コードに変更が加わるたびに、継続的にビルドをおこないます。そのため、もしビルドが失敗するようなコード変更がプッシュされた場合は、すぐに気がつくことができ、問題の早期発見につながります。失敗の原因となった変更が判明するまでに時間がかかってしまうと、修正するためのコストが非常にかかります。

また、自分の環境以外でビルドすることで、開発環境についての思い込みを減らせます。CI環境で問題なく動いているということは、自分の環境だけでしか動かないといったケースがなくなります。

自分の環境で動いているために、対象のアプリをビルドする環境を用意するためになにが必要か明確になっていないというケースはあります。CI環境で動かすためには、なにが必要であるかを明確にする必要があります。そのため、新しいメンバーが入ってきた際に、環境を構築するための情報がある状態になっていると言えます。

■メリット2：開発者の生産性が向上する

CIにより、今まで手作業で自分の環境でおこなっていた作業が自動化されます。くり返しが多い手作業の削減により、労力を節約できます。開発者は、より思考力を必要とする仕事に時間をかけられます。

■メリット3：プロジェクトを見える化できる

自分の環境以外で、アプリのビルドがおこなわれ続けてその結果がフィードバックされるということは、「プロジェクトが見える化した」と言えます。常にプロダクトの状態が見えるため、なにか問題が起きていないかすぐにわかります。

■メリット4：プロダクトへの自信が持てる

常にCIが動いており、それが問題無い状態であれば、プロダクトに対する安心感が得られます。CIによって担保されていることが増えれば増えるほど、さらなる安心感につながるでしょう。このような安心感が、プロダクトにおける自信へとつながっていきます。

CD について

CD とは、リリースプロセス全体を自動化し、いつでもリリースできるようにしておくことです。これにより、プロダクトを早くリリースでき、ユーザからのフィードバックをもらうことで、プロダクトを改善しやすくします。

リリース作業が自動化されず、属人化されていたりすると、その人がいないとリリースできない状態になってしまいます。また、リリース作業の中で手動でやるべきことがあると、ヒューマンエラーにつながります。

では、iOS アプリ開発における CD とはどういったものでしょうか？

iOS アプリ開発では、Apple の審査やユーザ自身でアプリのバージョンアップをする必要があるため、ユーザに実際に利用してもらうところまでは自動化できません。そのため、Apple の審査依頼を出すところまでを自動化します。iOS アプリ開発におけるリリース時のプロセスの例は、図 8-2 のようなものになります。

▶図 8-2　iOS アプリ開発における CD の例

アプリをリリースするタイミングになったら、この一連のフローを自動で実行します。まず、自動テストを実行し、問題無ければ審査に出すアプリをビルドします。そして、App Store Connect の情報を更新し、ビルドしたアプリをアップロードし、審査に出します。

今回は、リリースするタイミングでアプリをビルドしています。しかし、リリース前にアプリを検証し、プロジェクト内でリリースが「OK」と判断されたあとで、そのアプリファイルを Apple 審査に出したいという開発フローの場合もあります。その場合は、また違ったフローを組み立てる必要があります。

CD では、CI により問題無いとされたコードに対してリリースできるようにしていきます。そのため、CD をおこなえるような状況をつくるには、まず「CI がきちんとおこなえている」という状況が必要です。

8-2 iOS アプリ開発で利用できる CI/CD サービスを選ぶ

iOS アプリ開発には macOS が必要です。そのため、CI/CD サービスにおいても、macOS をサポートしているものを選択する必要があります。

また、CI/CD サービスは運用方法によって、インフラを自分たちで管理・運用する「オンプレミス型」と、インフラの管理・運用を任せてサービスだけを利用する「クラウド型」の大きく 2 つに分けられます。

具体的に、iOS アプリ開発で利用できる CI/CD サービスの一例は、表 8-1 のとおりです[※1]。

表 8-1 iOS アプリ開発における主要な CI/CD サービス

サービス名	おもな利用方法
Jenkins[※2]	オンプレミス
Bitrise[※3]	クラウド
CircleCI[※4]	クラウド／オンプレミス
Travis CI[※5]	クラウド／オンプレミス
Visual Studio App Center[※6]	クラウド

それぞれのサービスによって、提供している機能や使い方には差があります。設定を WebUI からすべてできるサービスもあれば、YAML ファイルを用意する必要があるサービスもあります。また、クラウド型であれば利用するための料金に差があります。詳細についてはそれぞれの公式ページを参考にしてください。

第 11 章では、このサービスの中から「Bitrise」と「CircleCI」の利用方法に

※1 2018年にAppleはBuddybuildというCI/CDサービスを買収しています。Appleからなにかしらの発表がそのうちあるかもしれません。

※2 https://jenkins.io/

※3 https://www.bitrise.io/

※4 https://circleci.com/

※5 https://travis-ci.org/

※6 https://azure.microsoft.com/ja-jp/services/app-center/

ついて、具体的に説明します。

オンプレミス型／クラウド型のメリットとデメリット

オンプレミス型とクラウド型はどちらを使うのがよいのでしょうか？　これらのタイプにはそれぞれメリット・デメリットがあります。そのため、会社や導入するプロジェクトに応じて、次の 2 つを基準に判断するのがよいでしょう。

■運用・管理コストはどうか

オンプレミス型は自分たちで運用・管理をおこなう必要があるため、そのためのコストがかかります。社内に、この運用・管理を担う部門がない場合は、プロジェクトチームがそのコストをすべてを担うことになります。

一方、クラウド型の場合は、これらの運用・管理をサービス提供側がおこなってくれるため、そのコストはかかりません。

■拡張性があるかどうか

CI/CD をおこなっていると、ビルド時間の増加が問題になってくることがあります。それに伴い、ビルドマシンのスペックや台数を変えたいという要求も出てきます。

ビルドマシンのスペックは、クラウド型ではプラン次第でスペックをあげられますが、限度はあります。オンプレミス型では、自分たちで用意するためビルドマシンのスペックをあげることも台数も増やすことも可能です。

プロジェクトチームの中で小さく進めるのであれば、すぐに利用できるクラウド型のほうが、すばやく始められます。

8-3 CI/CD の結果をフィードバックする

CI/CD の結果を適切にフィードバックすることは重要です。フィードバックがないと、無事に終わったかどうか CI/CD サービスに定期的にチェックしにいく必要があります。また、そもそも CI/CD が動いていることに気づかないといったことも起こりえます。

フィードバックするための通知の手段はいろいろありますが、例を挙げると次のようなものがあります。

・チャットツールである Slack への通知
・メール通知

上記に挙げた通知の手段は、一般的な CI/CD サービスであれば提供していることが多いです。どのような通知が効果的なのかは、通知内容やプロジェクトに依存します。

注意するべき点は、「過度な通知は、無視されるようになり、その後のリスクにつながることもある」ということです。

たとえば、通知の手段として、Slack のある 1 つのチャンネルに通知をおこなうとします。すると、その 1 つのチャンネルに、Pull Request のときに動いた結果や、リリース時に動いた結果など、すべての通知が届くようになるでしょう。このように通知が頻繁に来ていると、そのうち CI/CD サービスからの通知が無視されてしまうという事態になりかねません。

重要な通知まで無視されてしまっては意味がありません。どのようなときに通知するべきなのかを考えたうえでおこなうのがよいです。どのタイミングで、誰宛に、なにを通知すべきなのかを考えたうえでおこなうのがよいでしょう。

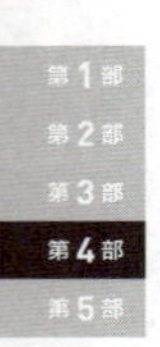

8-4 CI/CDサービスと連携するサービス

CI/CDサービスをプロジェクトのCI/CDの中心とし、CI/CDでおこなうことの一部を外部サービスと連携するというケースもあります。たとえば、アプリの配布には「アプリ配信サービス」を利用し、アプリの自動テストには「デバイスファーム」を利用する、といったケースです。

iOSアプリ開発で利用できるアプリ配信サービス

ビルドしたアプリを実際に触ってもらうためには、関係者にアプリを配信する必要があります。iOSアプリ開発では、証明書やProvisioning Profileが必要なこともあり、iOS端末にアプリをインストールするのが手軽ではありません。そのため、アプリを関係者に配布することが難しいです。

そこで、ビルドしたアプリを関係者にかんたんに配信できるサービスがあります。必要な自動テストやアプリのビルドが成功したら、配信サービスにアプリをアップロードします。それにより、検証担当者にアプリが配信され検証できる、といった流れをつくれます。

iOSアプリ開発で利用できるアプリ配信サービスの例は表8-2のとおりです。

表8-2　iOSアプリ開発における主要なアプリ配信サービス

サービス名	対応プラットフォーム
TestFlight※7	iOS
DeployGate※8	iOS／Android
Fabric Beta	iOS／Android

なおFabric Betaは、執筆時点ではFirebaseへの移管をおこなっている最中

※7　https://developer.apple.com/jp/testflight/
※8　https://deploygate.com/

となっています。「App Distribution」という名前で 2020 年中には利用できるようになるとアナウンスされています[※9]。

第 10 章では、この中から TestFlight と DeployGate の 2 つについて、くわしく扱います。

iOS アプリ開発で利用できるデバイスファーム

初めて世に iOS 端末が出てきた頃に比べて、iOS 端末の種類は増えました。以前はすべての種類の端末を保有することも容易でしたが、今ではかなり難しくなってきました。また、自動テストで利用するための端末を別途確保するのは、予算や管理コストなどの面で難しいことも多いと思います。

そこで、デバイスファームというサービスがあります。このサービスは、Web や API を通してリモートで接続して端末を借りられます。iOS アプリ開発で利用できるデバイスファームの例は表 8-3 のとおりです。

表 8-3 iOS アプリ開発で利用できるデバイスファーム

サービス名	対応プラットフォーム
AWS Device Farm[※10]	iOS ／ Android
Firebase Test Lab[※11]	iOS ／ Android
Visual Studio App Center[※12]	iOS ／ Android
Remote TestKit[※13]	iOS ／ Android

これらのサービスを利用することで、指定した端末／ OS バージョンに対して自動テストを実行できます。また、自動テストがなくても、アプリファイルがあればかんたんなテストを実施してくれる機能を持っている場合もあります。

第 10 章では、この中から Firebase Test Lab と AWS Device Farm の 2 つについて、くわしく扱います。

※9 詳細はロードマップが書かれたサイトを参照してください。https://get.fabric.io/roadmap
※10 https://aws.amazon.com/jp/device-farm/
※11 https://firebase.google.com/docs/test-lab/
※12 https://azure.microsoft.com/ja-jp/services/app-center/
※13 https://appkitbox.com/testkit/

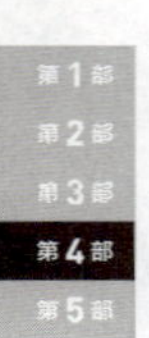

8-5 CI/CDパイプラインを決めて自動化する

CI/CDでは、「アプリのビルド」や「自動テスト」などをおこないます。これらを1つの処理として順番に実行していくようにすることを、CI/CDパイプラインと呼びます。

8-2節で紹介したCI/CDサービスでは、このようなCI/CDパイプラインを実現する機能が提供されています。また、第11章で説明するBitriseやCircleCIでは、ワークフローという機能名で提供しています。

iOSアプリ開発において、このCI/CDパイプラインでおこなう処理の例としては、次のようなものがあります。

・自動テストの実行
・アプリのビルド
・アプリの配布
・App Store Connectのリリースノートなどの更新
・App Store Connectへのアプリのアップロード
・App Store Connectで審査に出す

これらの処理をもとに、次のような2つのCI/CDパイプラインが考えられます。図にあるように、処理は左から右へと進んでいきます。

▶図8-3　開発時に利用するワークフロー

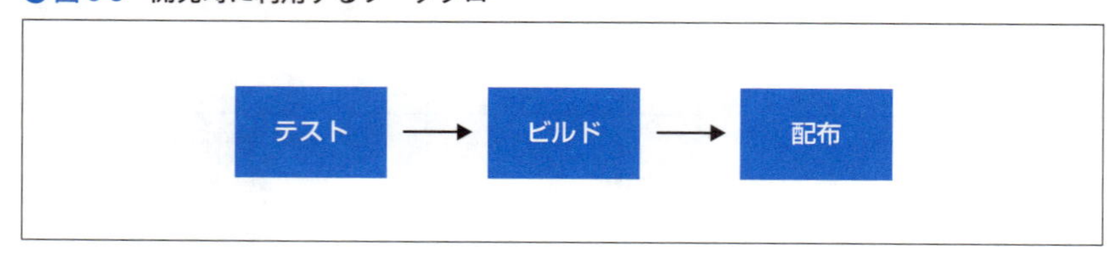

図8-4 リリース時に利用するワークフロー

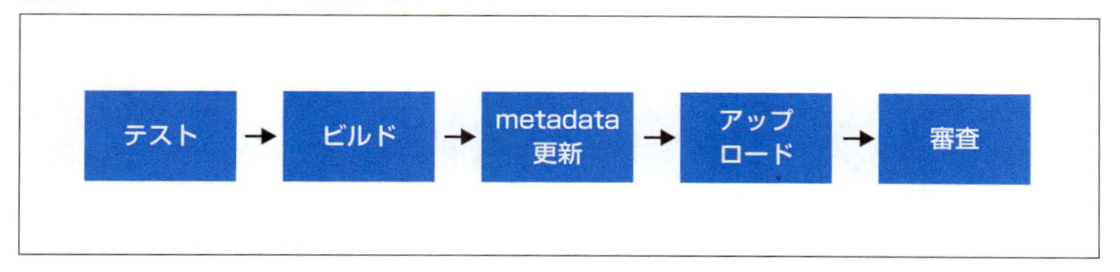

開発時に利用するCI/CDパイプラインでは、実装したコードをバージョン管理システムにコミット・プッシュすると動くようにします。これにより、自動テストとビルドが問題無かったコードのアプリが、関係者に配信される形になります。

リリース時に利用するCI/CDパイプラインでは、アプリをリリースができる状況になったら動くようにします※14。これにより、Appleへの審査依頼までができるようになります。

また、今回のCI/CDパイプラインがどのような条件で実行するかを明確にできるように、次のようなブランチ戦略をとることにします（図8-5）※15。

このようなブランチ戦略は、CI/CDパイプラインを決めてCI/CDサービスで実現する際には重要なので、事前に決めておくとよいでしょう。

- 開発がはじまったら、「master」ブランチから「feature/xxxx」というブランチを作って開発する
- そのブランチの検証が終わったら、「master」ブランチにmergeする
- すべての開発が終わったら、「master」ブランチを「release」ブランチにmergeする

第11章では、今回紹介したCI/CDパイプラインを実際のCI/CDサービスで実現する方法を見ていきます。11-1節では「Bitrise」、11-2節では「CircleCI」での方法を解説します。

なお、今回はこの2つのCI/CDパイプラインについて説明しますが、これら

※14 今回は特定ブランチ（release）にコードがプッシュされたら動くようにします。
※15 バージョン管理システムにおいて、どのようにブランチをきって開発・運用していくかといったルール。GitHub Flowやgit-flowなどが有名です。

はプロジェクトによって変えるのがよいでしょう。たとえば、「Pull Request時には、コードの静的チェックをおこなうLintやPRの体裁をチェックしてくれるDanger※16を必ず走らせるようにする」とか、「リリース時には、QAによる検証が終わっているビルド済みのアプリをアップロードする」という処理を追加したほうがよい場合もあるでしょう。

どういうCI/CDパイプラインを用意するのがよいかは、プロジェクトの状況や規模、そして開発スタイルやリリースに対する考え方にも依存してきます。どのようにするかは、プロジェクト内で決めておきましょう。

ただし、一度決めたものをずっと利用するのがよいというわけではありません。プロダクトが世にリリースされる前と後など、プロジェクトの状況次第で、途中で違った形にするほうがよいケースもあります。

▶図8-5　ブランチ戦略の例

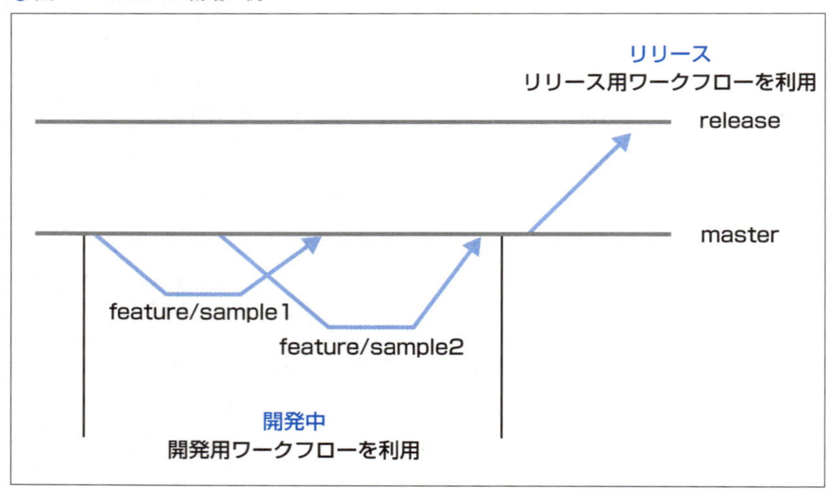

※16　https://github.com/danger/danger

第4部

第9章 fastlaneを利用したタスクの自動化

fastlaneは、iOSアプリ開発におけるさまざまなタスクを自動化できるツールです。CI/CDにおいて必須のツールではありませんが、利用することで特定のCI/CD環境へのロックインを減らすことができます。

本章では、fastlaneの導入方法から、Fastfileの記述方法、ビルドやテストといった一般的なタスクを自動化する例を見ていきます。

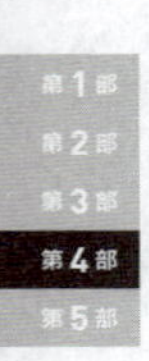

9-1　fastlaneとは

fastlane[※1]は、iOSおよびAndroidプラットフォーム向け[※2]のさまざまなタスクを自動化できるツールです。オープンソースプロジェクトとして、開発されています。

fastlaneに用意されたアクションを利用すると、ビルドやテストといった一般的なタスクはもちろん、スクリーンショットの撮影、TestFlightへのデータ登録、アプリのリリースなど、多岐にわたる作業を自動化できます。くり返し実行するタスクを自動化することで、作業の手間を減らせて、手順や操作ミスの防止にもつながります。

CI/CD環境でビルドやテストなどを実行する場合も、fastlane経由で実行するようにしておくことで特定のCI/CD環境への依存をなくし、別のCI/CD環境に移行しやすくできるというメリットもあります。

fastlaneの基本

fastlaneでは、自動化するタスクを「Fastfile」という専用のファイルに記述します。リスト9-1は、公式ドキュメントに記載された`Fastfile`を抜粋して、コメントを追加したものです。

▶リスト9-1　公式ドキュメントの冒頭に記載されたFastfile

```
# ベータ版リリース用のレーン（タスク） ❶
lane :beta do

  # ビルド番号のインクリメント
  increment_build_number

```

※1　https://github.com/fastlane/fastlane

※2　Androidは標準のビルドツールであるGradleを利用するケースが多く、fastlaneもiOS向けの開発のほうが活発的です。

```
  # アプリのビルド
  build_app

  # TestFlightへのアップロード
  upload_to_testflight
end
```

fastlane では、実行したい一連の作業を「レーン」として定義します。上記では、「beta」というベータ版リリースを実行するレーンが定義されています。レーンの内部では、fastlane に用意された「アクション（Action）」を順に呼び出しています。

fastlane には多数の便利なアクションが用意されていて、それを組み合わせてタスクを自動化できます。

定義したレーンは、ターミナルから以下のように実行できます。

```
$ fastlane beta
```

今回の定義では、TestFlight に最新のビルド結果のアプリがアップロードされます。これらを概念図で示すと、図 9-1 になります。

◉図9-1　fastlaneによるタスクの自動化

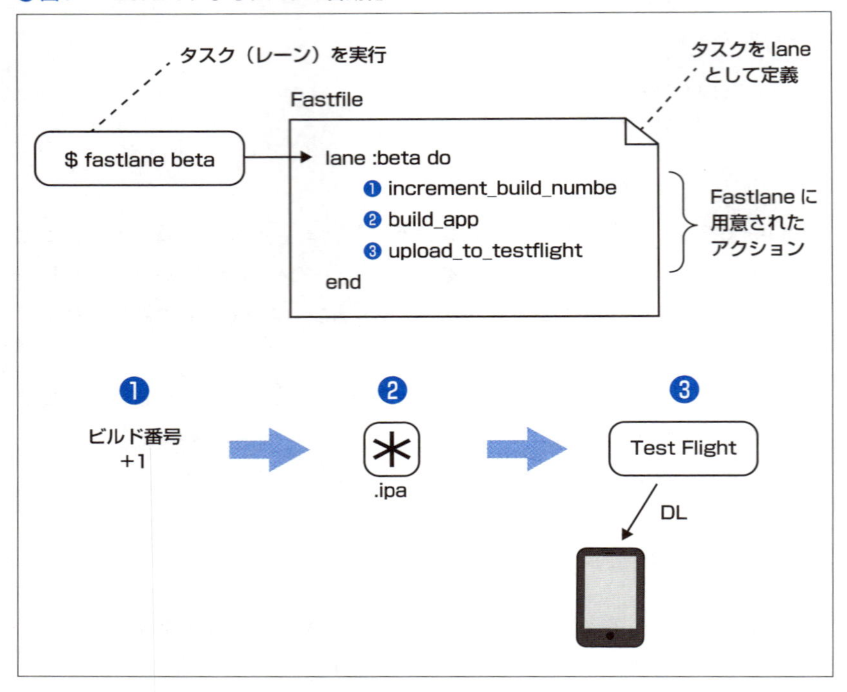

このように、標準で用意された「アクション」を利用しつつ、自動化したいタスクを`Fastfile`に「レーン」として定義し、あとから1コマンドで実行できるようにするのが、fastlaneの基本的な使い方です。

fastlaneを利用するメリット

fastlaneを利用するメリットとして、次の3つが考えられます。

■便利なアクションを利用できる

先ほども見てきたように、ビルド番号のインクリメントやTestFlightへのアップロードなど、タスクを自動化する際に必要な処理の多くが、アクションとして提供されています。そのおかげで、iOSアプリ開発にまつわるタスクを自動化する際には、「標準のアクションを呼び出すだけで十分」というケースがほとんどです。

また、プラグインによる拡張のしくみが用意されているため、世の中の開発者が作成したアクションを手軽に利用することもできます。

.xcodeproj ファイルを読み込んで解析して更新するといった、低レベルな処理をプログラムとして記述することなく、抽象化されたアクションを呼び出すことで同等の処理がおこなえるのは fastlane を利用する最大のメリットと言えます。

■統一された方法で自動化できる

タスクを自動化しておくことで、開発チーム内で統一的な方法でビルドできます。自動化していない場合、人によって手順が微妙に異なったり、手作業でのミスにより毎回同じ結果が得られない可能性もあります。「どのマシンで実行したとしても同じ結果が得られる」というのは、大きな安心感につながります。

また、fastlane は iOS アプリ開発におけるデファクトスタンダードなツールとなっているため、インターネット上に技術情報が多かったり、多くのプロジェクトで採用されているのもメリットの 1 つと言えるでしょう。

■独自の処理を Ruby コードで記述できる

fastlane においてタスクを記述する `Fastfile` は、プログラミング言語 Ruby の DSL として作成されています[※3]。そのため、fastlane に用意された記法やアクションを利用しつつ、必要であれば自分で Ruby のコードを記述して独自の処理をおこなうこともできます。必要に応じて独自の処理をシームレスに埋め込めるこのしくみは、fastlane が広く普及した理由の 1 つと言えます。

※3　言い換えるとRubyのスクリプトでもあるということです。

9-2　fastlaneを導入する

fastlaneの導入方法は、公式ドキュメント[※4]に記載されています。公式ドキュメントではRubyGemsとHomebrewを使った手順が記載されていますが、本書では、RubyGemsを使った導入方法を記載します。

インストール

まず、次のコマンドでXcodeのコマンドラインツールをインストールします。

```
$ xcode-select --install
```

すでにインストールが済んでいる場合、次のようなエラーメッセージが表示されますが、問題ありません。

```
xcode-select: error: command line tools are already installed, use "Software
Update" to install updates
```

次に、RubyGemsを使ってfastlaneのインストールをおこないます[※5]。

```
$ sudo gem install fastlane -NV
```

最後に次のようなメッセージが表示されれば、インストールは成功です。

```
Successfully installed fastlane-2.115.0
```

※4　https://docs.fastlane.tools/getting-started/ios/setup/

※5　Rubyにくわしい方はBundlerを利用してインストールすべきだと思うかもしれません。もちろん最初からBundlerをインストールしても構いませんが、後述の導入手順にしたがってセットアップを進めれば、最終的にGemfileが生成されてfastlaneのバージョンは固定されます。

次のコマンドを実行して、fastlaneが利用できることを確認しましょう。

```
$ fastlane --version
fastlane 2.115.0
```

initコマンドを利用して、ひな形を生成する

fastlaneには、チュートリアル形式で最初のひな形を生成できる**init**コマンドが用意されています。

プロジェクトのルートディレクトリ※6に移動し、ターミナルで**fastlane init**を実行すると、次のようなメッセージと選択肢が表示されます。

```
$ cd <プロジェクトのルートディレクトリ>

$ fastlane init
[✔] 🚀
[✔] Looking for iOS and Android projects in current directory...
[19:19:16]: Detected an iOS/macOS project in the current directory: 'TestBookApp.
xcodeproj'
[19:19:16]: -----------------------------
[19:19:16]: --- Welcome to fastlane 🚀 ---
[19:19:16]: -----------------------------
[19:19:16]: fastlane can help you with all kinds of automation for your mobile app
[19:19:16]: We recommend automating one task first, and then gradually automating
more over time
[19:19:16]: What would you like to use fastlane for?
1. 📸  Automate screenshots
2. 👩‍✈️  Automate beta distribution to TestFlight
3. 🚀  Automate App Store distribution
4. 🛠  Manual setup - manually setup your project to automate your tasks
?
```

上記は、本書の執筆時の最新バージョンである2.115.0での出力結果なので、将来的に変わる可能性があります。以降もわかりやすさのため出力例を記載していますが、必ずしも同じ出力内容にはならない可能性があるので、注意してください。

※6　Xcodeから新規プロジェクトを作成する際に指定したディレクトリのことです。

出力結果を見ると、利用目的に応じて、次のいずれかを選べるようになっています。

1 自動でスクリーンショットを取得する
2 ベータ版をTestFlightにアップロードする
3 AppStoreにアプリをアップロードする
4 マニュアルでセットアップする

利用したいものを数字で入力するとチュートリアルが始まり、指示にしたがって操作を進めていくと、セットアップが完了します。

本書では、fastlaneを基礎から理解していく意味も込め、「4. マニュアルでセットアップ」を選択した場合を見ていきます。「4」を入力してEnterキーを押すと、次のようなメッセージが出力がされます。

```
? 4
[19:32:55]: ------------------------------------------------------------
[19:32:55]: --- Setting up fastlane so you can manually configure it ---
[19:32:55]: ------------------------------------------------------------
[19:32:55]: Installing dependencies for you...
[19:32:55]: $ bundle update
[19:33:33]: --------------------------------------------------------
[19:33:33]: --- ☑  Successfully generated fastlane configuration ---
[19:33:33]: --------------------------------------------------------
[19:33:33]: Generated Fastfile at path `./fastlane/Fastfile`
[19:33:33]: Generated Appfile at path `./fastlane/Appfile`
[19:33:33]: Gemfile and Gemfile.lock at path `Gemfile`
[19:33:33]: Please check the newly generated configuration files into git along
with your project
[19:33:33]: This way everyone in your team can benefit from your fastlane setup
[19:33:33]: Continue by pressing Enter ⏎
```

最終行のように、"Continue by pressing Enter ⏎"（続ける場合はEnterを入力してください）というメッセージが何度か表示されるので、指示にしたがってEnterキーを入力します。

最後に次のような出力がされれば完了です。

```
[19:35:33]: To try your new fastlane setup, just enter and run
[19:35:33]: $ fastlane custom_lane
```

ここまでの手順を終えると、次の4つのファイルが生成されます。

```
├ fastlane
│  ├ Appfile
│  └ Fastfile
├ Gemfile
└ Gemfile.lock
```

`Gemfile` と `Gemfile.lock` については、Appendix の章で扱っているので、ここでは説明を割愛します。

`fastlane` フォルダ配下にあるファイルが、fastlane から利用されるファイルです。

`Fastfile` が自動化するタスクを記述するファイルです、いわば fastlane における中心的なファイルです。

`Appfile` は Apple ID や Bundle Identifier などを記述するファイルですが、本書では説明を割愛します。

なお、アクションによっては、別のファイルが fastlane フォルダ配下に設置されることもあります。

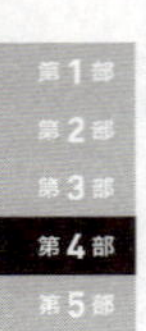

9-3 最初のレーンを定義して実行する

ここではチュートリアルとして、コンソールにメッセージを出力するだけのレーンを定義し、コマンドから実行するところまで見ていきます。

Fastfileにレーンを定義する

自動生成されたFastfileは、次のようになっています。

▶リスト9-2 自動生成されたFastfile(一部コメントは省略)

```
default_platform(:ios)

platform :ios do
  desc "Description of what the lane does"
  lane :custom_lane do
    # add actions here: https://docs.fastlane.tools/actions
  end
end
```

custom_laneというレーンが定義されていますが、これを書き換えて、「Hello, fastlane!」というメッセージを出力するhelloというレーンを定義してみます。メッセージの出力にはputsアクション[※7]を利用します。

Fastfileを次のように変更してください。

▶リスト9-3 変更後のFastfile

```
default_platform(:ios)

platform :ios do
  desc "こんにちは" # レーンの概要説明 ❶
  lane :hello do # レーンの定義 ❷
```

※7 https://docs.fastlane.tools/actions/puts/

```
    puts("Hello, fastlane!") # putsアクションの呼び出し ❸
  end
end
```

❶ desc というキーワードに続く、" ～ " で囲まれた文字列は、レーンの概要説明です。省略することもできますが、記述しておくとレーンの一覧を表示した際に出力されます。

❷ レーン定義は `lane :<レーン名> do` から始まり `end` まで[※8] です。「`:`」の前後のスペースの有無は重要なので、注意しましょう。

❸ 最後に、puts アクションを呼び出しています。

レーン一覧から選択して実行する

ターミナルから `fastlane` コマンドを実行すると、実行可能なレーンの一覧が表示され、どのレーンを実行するか入力が促されます。

```
$ fastlane
[✔] 🚀
[20:46:43]: ------------------------------
[20:46:43]: --- Step: default_platform ---
[20:46:43]: ------------------------------
[20:46:43]: Welcome to fastlane! Here's what your app is setup to do:

#
# 利用可能なレーンの一覧が表示される。(0はキャンセル)
#
+----------+-------------+-----------------------------+
|                Available lanes to run                |
+----------+-------------+-----------------------------+
| Number   | Lane Name   | Description                 |
+----------+-------------+-----------------------------+
| 1        | ios hello   | こんにちは                  |
| 0        | cancel      | No selection, exit fastlane! |
+----------+-------------+-----------------------------+
[20:46:43]: Which number would you like run?
```

※8 do-endはRubyにおけるブロック構文です。

カラム名の意味は、表9-1のとおりです。

表9-1 カラムの説明

カラム名	説明
Number	入力する番号
Lane Name	レーン名
Description	レーンの説明（descで記述した文字列）

ここでは、1のhelloレーンを実行したいので、「1」と入力してEnterします。すると、次のように指定したメッセージが正しく表示されることがわかります。

```
[20:51:23]: Running lane `ios hello`. Next time you can do this by directly typing
`fastlane ios hello` 🚀.
[20:51:23]: Driving the lane 'ios hello' 🚀

[20:51:23]: Hello, fastlane ! # putsアクションにより出力されたメッセージ

+------+------------------+-------------+
|           fastlane summary            |
+------+------------------+-------------+
| Step | Action           | Time (in s) |
+------+------------------+-------------+
| 1    | default_platform | 0           |
+------+------------------+-------------+

[20:51:23]: fastlane.tools finished successfully 🎉
```

レーンを直接指定して実行する

事前に実行したいレーン名がわかっている場合には、fastlane <レーン名>というコマンドが利用できます。

```
$ fastlane hello

[✔] 🚀
...
[20:56:26]: Hello, fastlane!
...
```

```
[20:56:26]: fastlane.tools finished successfully 🎉
```

CI/CD 環境などで fastlane を利用する場合、前述したレーン名を選択する方法は利用できないので、この直接指定する方法を利用しましょう※9。

※9 一般的にCI/CD環境では、ビルドの途中にキーボードから入力を受け付けるようなことはできない作りになっています。

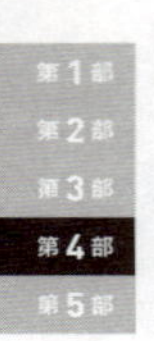

9-4 アクションの基本

ここまで、チュートリアルとしてFastfileの基本的な書き方やレーンの実行方法を見てきました。本節では、利用可能なアクションの確認方法や実行方法について、くわしく見ていきます。

利用可能なアクションの一覧

ここまでも見てきたとおり、fastlaneには標準で多くのアクションが用意されています。利用可能なアクションの一覧は、公式ドキュメントの「Actions > AvailableActions」※10で確認できるほか、fastlane actionsコマンドでも確認できます。

```
$ fastlane actions
[✓] 🚀
+-----------------------+------------------------------------------+------------+
|                          Available fastlane actions                          |
+-----------------------+------------------------------------------+------------+
| Action                | Description                              | Author     |
+-----------------------+------------------------------------------+------------+
| adb                   | Run ADB Actions                          | hjanuschka |
| adb_devices           | Get an array of Connected android ...    | hjanuschka |
| add_extra_platforms   | Modify the default list of supported ... | lacostej   |
| add_git_tag           | This will add an annotated git tag ...   | Multiple   |
| app_store_build_number | Returns the current build_number of ... | hjanuschka |
...
```

アクションで指定するパラメータ

リスト9-3においては、putsアクションに「表示したい文字列」をパラメー

※10 https://docs.fastlane.tools/actions/

タとして渡しました。このように、ほとんどのアクションには任意のパラメータを渡せるようになっています。

利用可能なパラメータの一覧は、公式ドキュメント※11で確認できるほか、**fastlane action** <アクション名>というコマンドでも確認できます。

以下は、ビルドを実行する**build_ios_app**アクションに対して実行した例です。

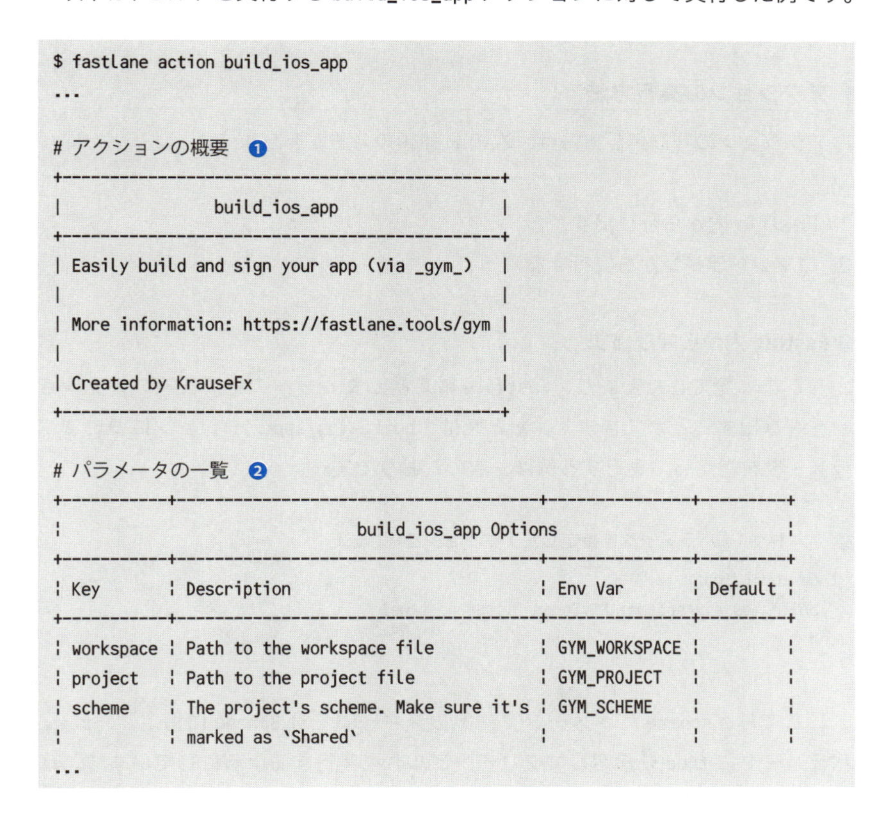

```
$ fastlane action build_ios_app
...

# アクションの概要 ❶
+------------------------------------------+
|               build_ios_app              |
+------------------------------------------+
| Easily build and sign your app (via _gym_) |
|                                          |
| More information: https://fastlane.tools/gym |
|                                          |
| Created by KrauseFx                      |
+------------------------------------------+

# パラメータの一覧 ❷
+-----------+-------------------------------------+--------------+---------+
|                          build_ios_app Options                           |
+-----------+-------------------------------------+--------------+---------+
| Key       | Description                         | Env Var      | Default |
+-----------+-------------------------------------+--------------+---------+
| workspace | Path to the workspace file          | GYM_WORKSPACE |        |
| project   | Path to the project file            | GYM_PROJECT  |         |
| scheme    | The project's scheme. Make sure it's | GYM_SCHEME  |         |
|           | marked as `Shared`                  |              |         |
...
```

❶ではアクションの概要（オンラインマニュアルのURL・作者）が表示されており、❷では利用可能なパラメーター一覧が表示されています。パラメーター一覧の各カラムは、表9-2の意味を持っています。これらのパラメータをどのように指定するのかは、後述します。

※11 たとえば**build_ios_app**アクションであれば、https://docs.fastlane.tools/actions/gym/#parametersに記載されています。

表 9-2　パラメーター覧表の項目の意味

列名	説明
Key	キー名
Description	パラメータの説明
Env Var	キー名（Key）の代わりに利用可能な環境変数
Default	デフォルト値

アクションの実行方法

アクションの呼び出し方法は、次の 2 種類の方法があります。

1　Fastfile 内から呼び出す
2　コマンドラインから実行する

Fastfile 内から呼び出す

ここまで見てきたとおり、Fastfile に定義したレーンの中で任意のアクションを呼び出すことができます。たとえば、build_ios_app アクションについてパラメータを指定して実行する例は、次のとおりです。

リスト 9-4　パラメータを指定したアクションを呼び出し

```
lane :build do
  build_ios_app(scheme: "MyScheme", clean: true)
end
```

ここでは、scheme パラメータで対象のスキームを MyScheme に指定し、clean パラメータに true を指定してクリーンビルドを実行するようにしています。パラメータの数が多い場合には、次のように改行して記述することも可能です※12。

リスト 9-5　パラメータごとに改行

```
lane :build do
  build_ios_app(
    scheme: "MyScheme",
    clean: true
```

※12　FastfileはRubyのDSLとして作成されているため、Rubyのシンタックスを守っていれば問題ありません。

```
  )
end
```

パラメータ名の代わりに、環境変数も利用できます。たとえば、上記の scheme と clean は、それぞれ GYM_SCHEME と GYM_CLEAN という環境変数に対応しています。次のような環境変数が設定されていれば、Fastfile 上でパラメータを指定しなくても、同じ結果が得られます。

```
GYM_SCHEME="MyScheme"
GYM_CLEAN="true"
```

基本的には明示的にパラメータを指定するケースが多いと思いますが、環境変数でも指定可能なことを覚えておくとよいでしょう。

■コマンドラインから実行する

アクションは、ターミナルから直接実行することもできます。fastlane run コマンドを利用して、次の書式でパラメータを指定できます。

```
$ fastlane run <アクション名> <パラメータ名>:<値> <パラメータ名>:<値> ...
```

例として、次のコマンドは、リスト 9-4 と同じ実行結果が得られます。

```
$ fastlane run build_ios_app scheme:MyScheme clean:true
```

パラメータを明示的に指定する

fastlane の多くのアクションは、明示的にパラメータを指定せずとも自動的に設定値を特定してくれるようになっています。しかし、場合によっては明示的に指定する必要もあります。たとえば、Xcode プロジェクトに 2 つ以上の共有されたスキームが存在した場合、どちらを利用すべきか機械的に判断することはできません。そうした際は、次のように、どの値を選択すべきか fastlane から尋ねられます。

```
Select Scheme:
1. MyScheme
2. MyScheme2
? # 利用するものを数字で入力する
```

この挙動は、Fastfileから実行した場合でも同様です。CI/CD環境ではビルド途中にこうした選択はできないので、明示的にパラメータを指定する必要があります。

9-5 Fastfile のライフサイクル

1
2
3
4
5
6
7
8
9
10
11
12
A

UIViewController におけるライフサイクルのように、Fastfile にも前後処理などを定義できます。ここでは、基本的なライフサイクルについて見ていきます。

ライフサイクルの定義

次の Fastfile を例に解説していきます。

▶ リスト 9-6 Fastfile のライフサイクル

```
default_platform(:ios)

platform :ios do

  # 処理全体の最初に呼び出される ❶
  before_all do |lane, options|
    puts("before_all (lane: #{lane})")
  end

  # 各レーンを実行する前に呼び出される ❷
  before_each do |lane, options|
    puts("before_each (lane: #{lane})")
  end

  # 各レーンを実行した後に呼び出される ❸
  after_each do |lane, options|
    puts("after_each (lane: #{lane})")
  end

  # 処理全体の最後に呼び出される（エラーが発生した場合には呼ばれない） ❹
  after_all do |lane, options|
    puts("after_all (lane: #{lane})")
  end
```

```
  # エラーが発生した際に呼び出される ❺
  error do |lane, exception, options|
    puts("Error! (lane: #{lane}, exception: #{exception})")
  end

  # エントリポイントとなるレーン
  lane :greet do
    hello
    goodbye
  end

  # privateなレーン

  private_lane :hello do
    puts("Hello!")
  end

  private_lane :goodbye do
    puts("Goodbye!")
  end
end
```

ここでは、ライフサイクル用の定義（数字でコメントされたもの）のほか、動作確認用に`greet`というエントリポイント用のレーンと、その中から呼び出す`hello`と`goodbye`というprivateなレーンを定義しています。

`lane`で定義したレーンは`fastlane`コマンドから呼び出せますが、`private_lane`で定義したレーンは`Fastfile`内からしか呼び出せなくなります。オブジェクト指向のカプセル化と同様に、内部的に利用する処理は`private_lane`で定義するとよいでしょう[※13]。

❶〜❺の定義は、表9-3のような意味を持っています。

※13　private_laneの代わりに9-6節で解説している関数を利用してもよいでしょう。

▶表9-3 Fastfileのライフサイクル定義

番号	名称	説明
❶	before_all	処理全体の最初に呼び出される
❷	before_each	各レーンが実行される前に呼び出される
❸	after_each	各レーンが実行された後に呼び出される
❹	after_all	処理全体の最後に呼び出される
❺	error	fastlane実行中にエラーが発生した場合に呼び出される

❶〜❹は、処理全体またはレーンごとの前後処理をおこなえる定義です。❺だけは位置づけが少し異なり、fastlane実行中にエラーが発生した時に呼び出されるため、エラーハンドリング的な処理を記述するのに適しています。

それぞれ lane や options といった引数を受け取るようになっており、必要であればそれらの情報を利用できます。このコード例では、文字列内にレーン名などを埋め込んで出力しています※14。

この Fastfile の greet レーンを実行すると、次のような出力結果（一部省略）が得られます。

```
$ fastlane greet

# 全体の前処理
[15:50:14]: before_all (lane: greet)

# greetレーンの開始
[15:50:14]: before_each (lane: greet)

# helloレーンの処理
[15:50:14]: before_each (lane: hello)
[15:50:14]: Hello!
[15:50:14]: after_each (lane: hello)

# goodbyeレーンの処理
[15:50:14]: before_each (lane: goodbye)
[15:50:14]: Goodbye!
[15:50:14]: after_each (lane: goodbye)

# greetレーンの終了
[15:50:14]: after_each (lane: greet)
```

※14 Rubyで文字列内に変数を埋め込む場合、「#{変数名}」という書き方をします。

```
# 全体の終了処理
[15:50:14]: after_all (lane: greet)
```

ライフサイクル系の定義が具体的にどういったタイミングで呼び出されているのかがわかると思います。

ライフサイクルの利用方法を考える

ライフサイクルをどのように利用するか（しないか）は、自動化するタスクの性質次第です。しかし、最初は具体的な利用シーンをイメージするのが難しいので、いくつか例を挙げて、考えてみます。

CocoaPods・Carthageのセットアップ - before_all

CocoaPodsやCarthageを利用していて、それらをソースリポジトリにコミットしない方針を採っている場合、CI/CD環境でビルドする前に、セットアップ（pod installなど）が必要となります。どちらも専用のアクションが用意されているので、次のように記述できます。

リスト9-7 before_allの利用例

```
before_all do |lane, options|
  cocoapods
  carthage
end
```

どのレーンでも必ず実行する必要があれば、before_allに定義するのは1つの良い方法でしょう。

完了時・エラー時の通知 - after_all / error

ビルドが完了したタイミングや、なんらかのエラーで失敗したタイミングで、Slackやメールで結果を通知したいケースは多いでしょう。そうした場合、before_allやerrorでその処理を実行する方法が考えられます。

ただ、ビルドの完了・失敗時の通知に関しては、CI/CD環境でサポートされていることも多いです。どちらを利用すべきか明確な答えはありませんが、筆者の経験では、利用可能であれば CI/CD 環境からの通知で統一したほうがシンプルかと思います。

9-6 Rubyで定数や関数を定義する

本章の冒頭でも触れたように、Fastfileは RubyのDSLとして定義されているため、任意のRubyコードを記述することが可能です。Rubyコードの書き方については本書の範囲外となりますが、関数や定数の定義方法については、fastlaneの利用するうえで重要なので解説します。

次のFastfileでは、定数と関数を利用しています。

▶リスト9-8　定数および関数の定義

```
default_platform(:ios)

# 定数の宣言 ❶
WELCOME_MESSAGE="ようこそ"

# 関数の宣言 ❷
def say(message)
  puts "#{message}！"
end

platform :ios do
  lane :welcome do
    say(WELCOME_MESSAGE) # 関数および定数の利用 ❸
  end
end
```

❶で定数、❷で関数を定義し、それらを❸で利用しています。ここで定義したwelcomeレーンを実行すると、次のようなログ出力（抜粋）が得られます。

```
$ fastlane welcome
...

[21:13:47]: ようこそ！ # say関数からの出力
```

プログラミング言語におけるソースコードと同様に、Fastfileも可読性を考慮しておくことが大切です。この例で挙げたように、値が固定化されたものは定数で宣言したり、重複コードを関数に抽出することで、意図が明確になりメンテナンス性の向上につながるでしょう。ただ、通常のソースコードと同様、早すぎる抽象化は逆効果になることもあるので、必要性を感じたタイミングでやるとよいでしょう。

9-7　プラグインの利用

fastlaneには標準で多数のアクションが用意されていますが、サードパーティ製のプラグインにより機能を追加するしくみも用意されています[※15]。ここでは、プラグインの利用方法について見ていきます。プラグインの作成方法については本書で割愛しますが、公式ドキュメントの「Plugins > Create Your Own Plugin」[※16]に記載されています。

なお、利用可能なプラグインの一覧は、公式ドキュメントの「Plugins > Available Plugins」[※17]で確認できるほか、`fastlane search_plugins`コマンドでも確認できます。

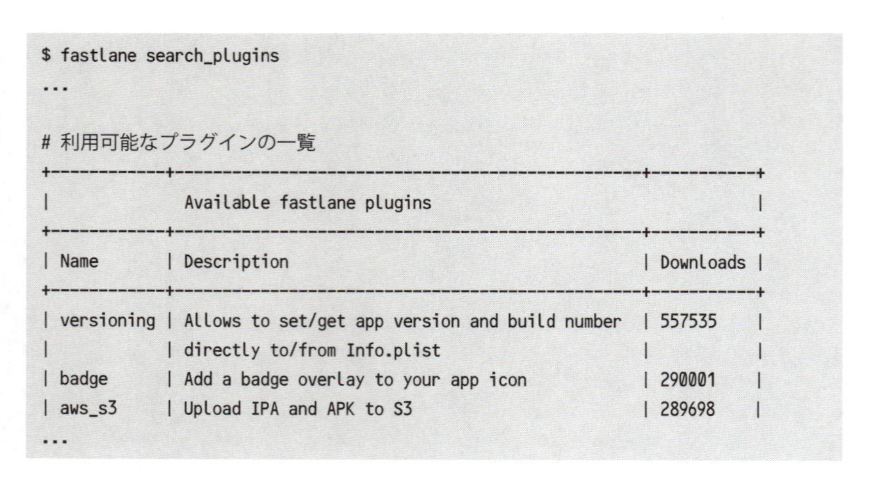

```
$ fastlane search_plugins
...

# 利用可能なプラグインの一覧
+------------+----------------------------------------------+-----------+
|                Available fastlane plugins                            |
+------------+----------------------------------------------+-----------+
| Name       | Description                                  | Downloads |
+------------+----------------------------------------------+-----------+
| versioning | Allows to set/get app version and build number | 557535  |
|            | directly to/from Info.plist                  |           |
| badge      | Add a badge overlay to your app icon         | 290001    |
| aws_s3     | Upload IPA and APK to S3                     | 289698    |
...
```

※15　当初はfastlane本体に標準のアクションとして組み込まれていたものの、途中からサードパーティ製のプラグインになったものもあります。

※16　https://docs.fastlane.tools/plugins/create-plugin/

※17　https://docs.fastlane.tools/plugins/available-plugins/

プラグインのインストール

ここでは例として、アプリアイコンに「BETA」といったバッジをつけることができる「badge」※18というプラグインを利用することにします。このプラグインを利用するには、「ImageMagick」※19というツールをインストールする必要があります。インストールされていない場合は、Homebrewなどでインストールしましょう。

```
$ brew install imagemagick
```

また、Xcodeプロジェクトにおいて、アプリアイコンが設定されている必要もあるので注意しましょう。

プラグインをインストールする場合、`fastlane add_plugin` <プラグイン名>というコマンドを利用します。

```
$ fastlane add_plugin badge
...

# Gemfileを更新してよいかと聞かれるので、問題がなければyキーを入力する
[19:57:41]: Should fastlane modify the Gemfile at path '/path/to/xxxxx/Gemfile'
for you? (y/n)
y # yキーを入力 ❶
...

Successfully installed plugins
```

初回の場合、`Gemfile`を更新してもよいかと尋ねられるので、問題がなければ「y」を入力します（❶）。コマンドが正常に終了すると、次のファイルが作成・更新されているのがわかります。

```
├ fastlane
│   └ Pluginfile（新規作成）
├ Gemfile（更新）
└ Gemfile.lock（更新）
```

※18 https://github.com/HazAT/fastlane-plugin-badge
※19 https://www.imagemagick.org/

新規作成されたPluginfileとGemfileに追加されたコードは、それぞれ次のようになっています。

リスト9-9　新規作成されたPluginfile

```
# Autogenerated by fastlane
#
# Ensure this file is checked in to source control!

gem 'fastlane-plugin-badge'
```

リスト9-10　Gemfileに追加されたコード

```
plugins_path = File.join(File.dirname(__FILE__), 'fastlane', 'Pluginfile')
eval_gemfile(plugins_path) if File.exist?(plugins_path)
```

コードの説明は割愛しますが、Pluginfileに利用するプラグインの一覧が記述され、GemfileからPluginfileが読み込まれる、という作りになっています。そのため、2回目以降の実行では、Pluginfileのみが更新されるようになります。あとは普通のアクションと同じように、Fastfileのレーン定義から呼び出せます。

リスト9-11　追加されたプラグインのアクションを呼び出す

```
lane :icon_badge do

  # プラグインに用意されたアクションを呼び出し
  add_badge(dark: true)
end
```

定義したicon_badgeレーンを実行すると、次のように、アプリアイコンに変更が加えられます（図9-2）。

```
$ fastlane icon_badge
```

図 9-2 BETA というバッチが追加されたアプリアイコン

9-8 fastlaneに用意されたアクションを利用する

ここまで、fastlaneに用意された機能やFastfileの書き方、プラグインの利用などについて見てきました。ここからは、標準で用意されたアクションを利用して、実際のアプリ開発によくあるタスクを自動化する例を見ていきます（表9-4）。

表9-4 自動化するタスク

自動化するタスク	利用するアクション
ビルド	build_ios_app
テストの実行	run_tests
AppStoreのデータ更新	upload_to_app_store

これらのタスクをfastlaneで自動化しておくことで、CI/CD環境などでも利用できるようになります。

ビルド - build_ios_app（gym）

ここまでも登場していたbuild_ios_appアクション※20を利用すると、アプリのビルドとパッケージ化（ipaファイルの作成）などがおこなえます。

■基本的な利用方法

比較的よく利用されると思われるパラメータを指定した記述例は、次のようになります。

リスト9-12 build_ios_appアクションを利用したipaファイルの作成

```
default_platform(:ios)
```

※20 https://docs.fastlane.tools/actions/gym/

```
platform :ios do

  desc "Debugビルド"
  lane :build do

    # アクションの呼び出し
    build_ios_app(
      workspace: "App.xcworkspace",
      scheme: "MyScheme",
      configuration: "Debug",
      clean: true,
      output_directory: "build",
      output_name: "myapp_debug.ipa"
    )
  end
end
```

ここで利用しているパラメータは、表9-5のとおりです。

表9-5 パラメータの例

キー名	値の説明	値の例
workspace	対象とするワークスペース（.xcworkspace）	"App.xcworkspace"
scheme	ビルドに利用するスキーム	"MyScheme"
configuration	ビルドに利用するコンフィギュレーション	"Debug"
clean	ビルド前にクリーンを行うか	true
output_directory	出力先のディレクトリ	"build"
output_name	出力するipaファイルの名前	"myapp_debug.ipa"

多くのパラメータは省略可能ですが、明示的に指定しておいたほうが確実といえるでしょう。もし省略する場合でも、後述する実行ログを見て、意図した設定値でビルドされているか確認しておくとよいでしょう。

ここで定義したbuildレーンを実行し、成功すれば、「build/myapp_debug.ipa」にipaファイルが出力されているはずです。

実行する

実行した際に出力されるログ（抜粋）について見てみます。

```
$ fastlane build

# build_ios_app アクションの開始を意味するヘッダー ❶
[14:47:11]: --------------------------
[14:47:11]: --- Step: build_ios_app ---
[14:47:11]: --------------------------

# build_ios_app アクションで利用されるパラメータの一覧表 ❷
+----------------------------------+-------------------------------+
|                        Summary for gym 2.116.0                   |
+----------------------------------+-------------------------------+
| workspace                        | TestBookApp.xcworkspace       |
| configuration                    | Debug                         |
...
| skip_profile_detection           | false                         |
| xcode_path                       | /Applications/Xcode-10.1.app  |
+----------------------------------+-------------------------------+

# 内部的に実行されたxcodebuildコマンド ❸
[14:47:13]: $ set -o pipefail && xcodebuild -workspace TestBookApp.xcworkspace ...

# エクスポートで利用するために生成されたplist ❹
[14:53:18]: Generated plist file with the following values:
[14:53:18]: ▸ -----------------------------------------
[14:53:18]: ▸ {
[14:53:18]: ▸   "provisioningProfiles": {
[14:53:18]: ▸     "edu.self.xxx": "TestBookApp"
[14:53:18]: ▸   },
[14:53:18]: ▸   "method": "app-store",
[14:53:18]: ▸   "signingStyle": "manual"
[14:53:18]: ▸ }
[14:53:18]: ▸ -----------------------------------------

# ipaファイルが出力されたパス ❺
[14:53:49]: Successfully exported and signed the ipa file:
[14:53:49]: /.../TestBookApp/build/myapp_debug.ipa

# 実行結果のサマリ ❻
+------+------------------+-------------+
|           fastlane summary            |
+------+------------------+-------------+
| Step | Action           | Time (in s) |
+------+------------------+-------------+
```

```
| 1    | default_platform | 0           |
| 2    | build_ios_app    | 78          |
+------+------------------+-------------+

[14:53:49]: fastlane.tools finished successfully 🎉
```

❶～❷は、fastlaneでアクションを呼び出した際の共通の出力形式です。fastlaneでは、明示的にパラメータを指定しない場合でも、自動的に値を検出してくれることが多いですが、時には意図しない値が利用されてしまうこともあります。❷で出力されたパラメータの一覧表で、意図した値が利用されているか確認するとよいでしょう。

❸のように、内部的に実行されたコマンドがログに出力されるアクションもあります。どうしても意図した結果が得られない場合は、こうした内部的に実行されたコマンドも確認するとよいでしょう。

❹では、エクスポートする際に利用されるplistの内容が出力されています。署名周りでビルドエラーになった際は、このあたりの出力内容を確認してみるとよいでしょう。

❺では、ipaファイルが出力されたパスが出力されています。実行したもののどこに生成されたかわからない場合も、ログを確認すると出力されているケースが多いです。

❻はfastlaneの実行結果のサマリです。実行されたアクションの一覧や各アクションの実行にかかった時間などが出力されます。どこかのアクションで失敗した場合、次のように失敗したアクションに絵文字が表示されるので、ビルドに失敗した際はここから見るとよいでしょう。

```
+------+------------------+-------------+
|            fastlane summary           |
+------+------------------+-------------+
| Step | Action           | Time (in s) |
+------+------------------+-------------+
| 1    | default_platform | 0           |
| 💥   | build_ios_app    | 0           |
+------+------------------+-------------+
```

iOSアプリ開発者なら誰しも、ビルドや署名周りでつまづいたことがあると思います。そうした際は、エラーメッセージや出力されたログの内容から原因を調査する必要があります。それは、fastlaneを利用していても同様です。一度、どのようなログが出力されているのかざっくりと把握しておくことで、うまくいかない場合にも冷静に対処できるでしょう。

Column

xcodebuildコマンドとの比較

build_ios_appアクションは、内部的にはXcodeに標準で搭載されたxcodebuildコマンドを利用してビルドされているので、xcodebuildコマンドを直接利用する方法も考えられます。しかし、xcodebuildコマンドは「オプションが複雑で扱いづらい」という問題があります。

たとえば、ipaファイルをエクスポートする場合には、エクスポート設定用のplistを用意したうえで、次の2つのコマンドを実行する必要があります。

リスト9-13　xcodebuildコマンドを利用したipaファイルの作成

```
# アーカイブ
$ xcodebuild \
    -workspace ./MyApp.xcworkspace \
    -scheme MyScheme \
    -destination 'generic/platform=iOS' \
    -archivePath app.xcarchive clean archive

# エクスポート
$ xcodebuild \
    -exportArchive \
    -exportOptionsPlist "exportOptions.plist" \
    -archivePath "app.xcarchive" \
    -exportPath "MyApp.ipa"
```

これをfastlaneのbuild_ios_appアクションで書き直すと、次のようになります。

リスト9-14　fastlaneのbuild_ios_appアクションを利用したipaファイルの作成

```
build_ios_app(
  scheme: "MyScheme",
```

```
  clean: true
)
```

記述量が減るというメリットがあるのはもちろん、「どういう意図でビルドを実行しようとしているのか」が明確になっているのがわかります。

このように、裏でおこなわれている複雑な処理をラップし、利用者にシンプルなインターフェースを提供しているのは、fastlaneにおける多くのアクションに共通的しています。ビルド設定をこのように保守性の高い形でコードとして表現できるのは、fastlaneの大きなメリットと言えるでしょう。

テストの実行 - run_tests

run_testsアクション※21を利用すると、テストを実行したり、その結果をレポート（HTML、JUnit形式、など）として出力できます。また、テスト向けのビルドとテスト実行を分けておこなえる「Build for Testing」にも対応しています。

基本的な利用方法

比較的よく利用されると思われるパラメータを指定した記述例は、次のようになります。

リスト9-15 run_testsアクションの記述例

```
default_platform(:ios)

platform :ios do

  desc "単体テストの実行"
  lane :unittest do

    # アクションの呼び出し
    run_tests(
      workspace: "TestBookApp.xcworkspace",
      scheme: "UnitTest",
      configuration: "Debug",
      clean: true,
```

※21 https://docs.fastlane.tools/actions/scan/

```
      devices: ["iPhone X"],
      open_report: true,
      output_types: "html,junit",
      output_directory: "test"
    )
  end
end
```

ここで利用しているパラメータは、表9-6のとおりです。

表9-6 パラメータの例

キー名	値の説明	値の例
workspace	対象とするワークスペース（.xcworkspace）	"App.xcworkspace"
scheme	ビルドに利用するスキーム	"UnitTest"
configuration	ビルドに利用するコンフィギュレーション	"Debug"
clean	ビルド前にクリーンをおこなう	true
devices※23	テスト対象のデバイス名を配列で指定	["iPhone SE", "iPhone X"]
open_report	実行後にHTMLレポートを自動的に開くか	true
output_types	レポート出力の形式を,区切りで指定	"html,junit"
output_directory	出力先のディレクトリ	"test"

■実行する

ここで定義したunittestレーンを実行すると、次のようなログ出力（抜粋）が得られます。

```
$ fastlane unittest

# 実際に実行されたテストの一覧 ❶
All tests
Test Suite testBookAppTests.xctest started
testBookAppTests
✗ testExample, failed -
◷ testPerformanceExample measured (0.000 seconds)
✓ testPerformanceExample (0.324 seconds)
```

※22 理解している人向けのパラメータという位置づけになっていますが「devices」パラメータの代わりに「destination」パラメータを利用することで、OSバージョンも含めより細かい指定が可能です。

```
# 失敗したテストの詳細レポート ❷
testBookAppTests.testBookAppTests
testExample, failed -
/.../TestBookApp/testBookAppTests/testBookAppTests.swift:23
```
    func testExample() {
        XCTFail()
        // This is an example of a functional test case.
```
         Executed 2 tests, with 1 failure (0 unexpected) in 0.342 (0.343) seconds

# テスト結果のサマリ ❸
** TEST FAILED **
[19:32:54]: Exit status: 65
+--------------------+---+
|      Test Results      |
+--------------------+---+
| Number of tests    | 2 |
| Number of failures | 1 |
+--------------------+---+
...

[19:27:06]: fastlane.tools finished successfully 🎉
```

❸のテスト結果サマリを見て、失敗したテストがあった場合（「Number of failures」が1以上）は、❶で失敗したテストを探し、❷で詳細な失敗原因などを探るとよいでしょう。

また、今回はopen_reportパラメータをtrueに設定しているので、実行が完了したタイミングで、次のようなHTMLレポートがデフォルトのブラウザで開かれます。

▶図9-3　テスト結果のHTMLレポート

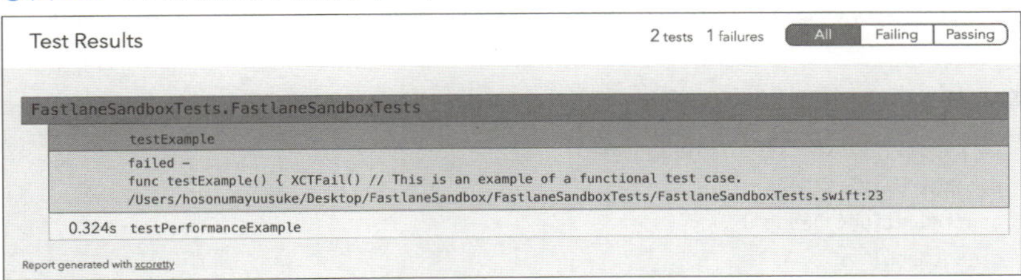

■ Scanfileの利用

run_testsアクションや後述するupload_to_app_storeアクションは、デフォルトの設定値を専用のファイルに記述できます。run_testsアクションでは「Scanfile」、upload_to_app_storeでは「Deliverfile」が、それぞれの専用ファイルです。

Scanfileは、次のコマンドでひな形を生成できます。

```
$ fastlane scan init
```

Scanfileは、fastlaneディレクトリ配下に次のような内容で生成されています。

リスト9-16　生成されたScanfileのひな形

```
# For more information about this configuration visit
# https://docs.fastlane.tools/actions/scan/#scanfile

# In general, you can use the options available
# fastlane scan --help

# Remove the # in front of the line to enable the option

# scheme("Example")

# open_report(true)

# clean(true)

# Enable skip_build to skip debug builds for faster test performance
skip_build(true)
```

これをリスト9-15と同じ指定になるように変更すると、次のようになります。

リスト9-17　変更したScanfile

```
workspace("TestBookApp.xcworkspace")
scheme("UnitTest")
configuration("Debug")
clean(true)
```

```
devices(["iPhone X"])
open_report(true)
output_types("html,junit")
output_directory("test")
```

比較してみると、「パラメータ名(値)」という書式で記述していけばよいことが分かります。このような Scanfile を用意しておくと、fastlane scan を実行した場合に、パラメータが Scanfile から読み込まれるようになります。

```
$ fastlane scan
...

# Scanfileから以下のパラメータが読み込まれる
+------------------+------------------------+
| Detected Values from './fastlane/Scanfile' |
+------------------+------------------------+
| workspace        | TestBookApp.xcworkspace |
| scheme           | UnitTest               |
| configuration    | Debug                  |
| clean            | true                   |
| devices          | ["iPhone X"]           |
| open_report      | true                   |
| output_types     | html,junit             |
| output_directory | test                   |
+------------------+------------------------+
```

前述したように、Scanfile はデフォルトの設定値として利用することが可能です。たとえば、Scanfile に書かれた設定値をデフォルトとして利用しつつ、scheme パラメータだけを変更したい場合は、Fastfile で次のように呼び出すことで可能となります。

▶リスト 9-18　Fastfile で設定値を上書きする

```
desc "UIテストの実行"
lane :uitest do
  run_tests(
    scheme: "UITest"
  )
end
```

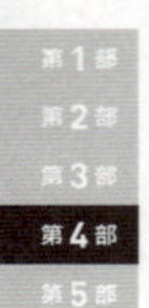

このようにデフォルト設定を用意しつつ、一部の設定だけ変更したい場合は、Scanfileを利用すると便利でしょう。

AppStore情報の更新 - upload_to_app_store（deliver）

upload_to_app_storeアクション※23を利用すると、App Store Connectへipaファイルをアップロードしたり、アプリのメタデータやスクリーンショットの更新をおこなえます。

導入

導入はfastlane deliver initでおこないます。途中でApple IDやBundle Identifierを聞かれるので、対象とするものを入力します。

```
$ fastlane deliver init

[17:24:48]: Your Apple ID Username: xxx@gmail.com # Apple ID を入力

[17:24:56]: The Bundle Identifier of your App: xxx.yyy.zzz # バンドルID を入力
```

実行に成功すると、現在App Store Connectに設定されているメタデータやスクリーンショットが自動的に取得され、次のようなファイルが生成されます。

```
└ fastlane
  ├ metadata
  │  ├ copyright.txt
  │  ├ primary_category.txt
  │ ...
  └ Deliverfile
```

Deliverfileは、Scanfileと同様、アクションを呼び出した際のデフォルトの設定を記述するファイルです。カテゴリであれば、「primary_category.txt」や「primary_first_sub_category.txt」といった感じのものです。

このように、現在のメタデータの設定値をファイルとして管理できるようになるため、バージョン管理システムなどで変更履歴を管理することも可能にな

※23 https://docs.fastlane.tools/actions/upload_to_app_store/

ります。

■メタデータの更新

例として、メタデータの更新をする記述例は次のとおりです。

リスト 9-19 run_tests アクションの記述例

```
default_platform(:ios)

platform :ios do

  desc "メタデータの更新"
  lane :update_metadata do
    upload_to_app_store(
      username: "<AppleID>",
      app_identifier: "<バンドルID>",
      force: false
    )
  end
end
```

ここで利用しているパラメータは、表 9-7 のとおりです。

表 9-7 パラメータの例

キー名	値の説明	値の例
username	Apple ID	"xxx@gmail.com"
app_identifier	Bundle Identifier	"example.test"
force	更新前に HTML レポートの確認が不要なら true	true

■実行する

fastlane/metadata 配下に配置されたファイルを修正したうえで、ここで定義した **update_metadata** レーンを実行すると、次のようなログ出力（抜粋）とともに、送信するメタデータの内容が記載された HTML レポートがブラウザで表示されます（図 9-4）。

```
$ fastlane update_metadata
```

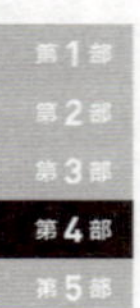


```
[18:11:54]: Does the Preview on path './fastlane/Preview.html' look okay for you?
(y/n)
```

表示されたHTMLレポートの内容で問題がなければ、「y」キーを入力することで処理が続行され、キャンセルしたい場合には「n」キーを入力することで中断できます。

▶図9-4　送信するメタデータが表示されたHTML

一部の項目についてはバリデーションがおこなわれ、問題のある可能性があればコンソールに出力されます。例として、「support_url.txt」に記載されたURLが到達不可能だった場合は、次のような出力がされます。

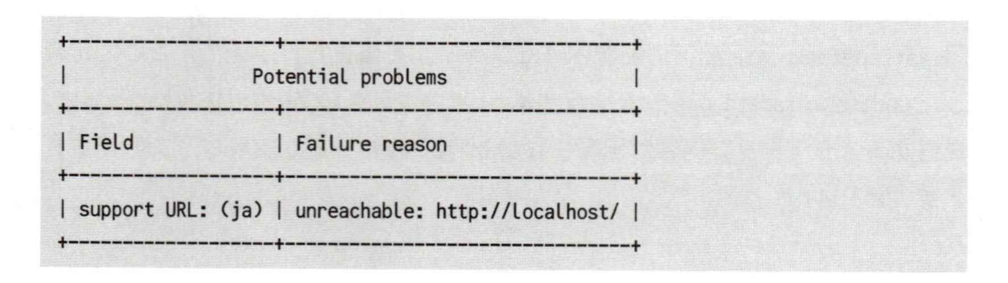

```
+-------------------+--------------------------------+
|                Potential problems                  |
+-------------------+--------------------------------+
| Field             | Failure reason                 |
+-------------------+--------------------------------+
| support URL: (ja) | unreachable: http://localhost/ |
+-------------------+--------------------------------+
```

必ずしもすべてを直す必要はないかもしれませんが、問題が報告された際には、意図した値が設定できているか確認するとよいでしょう。

Column

Fastfile を Swift で記述できる？

ここまで説明してきたように、Fastfile はプログラミング言語 Ruby の DSL として書かれています。スクリプト言語なので柔軟である一方、Swift とは異なり、記述ミスなどは実際に実行してみるまで知ることはできません。

執筆時点ではベータ版という位置づけになっていますが、Fastfile を Swift で記述できるようにする機能が、fastlane に用意されています※24。

fastlane init swift コマンドでひな形を生成すると、Fastfile が Swift で作成され、それを編集するための Xcode プロジェクトも一緒に生成されます。そのため、通常の iOS アプリ開発と同様にコードを補完したり、記述ミスがコンパイルエラーで発見できるようになります。

たとえば、テストを実行するレーンを次のように記述できます。

リスト 9-20　Swift で Fastfile を記述

```
import Foundation

class Fastfile: LaneFile {
    func unittestLane() {
        desc("単体テスト")
        scan(scheme: "MyScheme")
    }
}
```

実行は、Ruby 版と同様に、fastlane コマンドからおこなえます。

```
$ fastlane unittest
```

まだベータ版ということもあり、Plugin の利用はサポートされていないといった制限もありますが、iOS アプリ開発者にとって使い慣れた言語を使用して Fastfile が書けるのは、利点の 1 つでしょう。

fastlane は、オープンソースプロジェクトとしてフィードバックおよびコン

※24　https://docs.fastlane.tools/getting-started/ios/fastlane-swift/

トリビューションが歓迎されています。興味があれば、これからのfastlaneを一緒に開発していくのも面白いでしょう。

第4部

第10章

アプリ配信サービスとデバイスファームの活用

近年、CI/CDにおいて、そのサービス単体で完結させることは少なく、ほかのサービスと連携して利用することが多くなっています。

本章では、第8章で紹介した「アプリ配信サービス」と「デバイスファーム」について、実際のサービスをもとに利用方法を見ていきます。アプリ配信サービスとして「TestFlight」と「DeployGate」、デバイスファームとして「Firebase Test Lab」と「AWS Device Farm」を取り上げています。

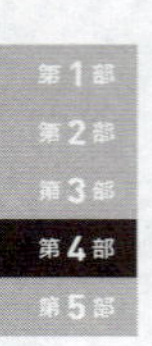

10-1 アプリ配信サービス - TestFlightを利用する

TestFlightは、Apple公式のアプリ配信サービスです。TestFlightの機能は、App Store ConnectのマイAppから対象のアプリを選択したメニュー欄（図10-1）からアクセスできます。

▶図10-1 App Store Connectのメニュー画面

App Store　機能　TestFlight　アクティビティ

次の手順で、アプリの配信とインストールができるようになります。

【配布する側（PCからの操作）】

- App Store Connectにアプリをアップロードする
- テスターを追加する
  - 内部テスター
  - 外部テスター

【配布されたアプリを利用する側（iOS端末での操作）】

- TestFlightアプリから配信されたアプリをインストールする

配布されたアプリを利用する側であるテスターには、内部テスターと外部テスターの2種類があります。この2つのかんたんな違いは表10-1のとおりです。

▶表10-1 内部テスターと外部テスターの違い

テスターの種類	アプリの審査	人数	ユーザの条件
内部テスター	なし	最大25人まで	App Store Connectユーザ
外部テスター	あり	最大10,000人まで	誰でも大丈夫

内部テスターは、利用できる人数が少なかったり、App Store Connect ユーザしか利用できないといった制限がありますが、アプリの審査なしで利用できます。外部テスターは、利用できる人数も多く iOS 端末を持っていれば誰でもできますが、Apple によるアプリの審査が必要になります。

App Store Connect にアプリをアップロードする（PC からの操作）

アプリを配布する側は、配布したいアプリを App Store Connect にアップロードする必要があります。

CI/CD の 1 つのステップとして組み込むには、第 9 章で紹介した fastlane を利用する方法があります。また、TestFlight の機能を API を使って操作できる Apple 公式の App Store Connect API もあります[※1]。

アプリをアップロードすると、最初は「輸出コンプライアンスがありません」というステータスになっています。この状態では、アプリを配信できません。そのため TestFlight タブのビルドから「輸出コンプライアンス情報を提出」ボタンをクリックして情報を設定してください。この情報を設定すると、図 10-2 のように、App Store Connect ユーザは「テスト中」のステータスに変わります。この状態になると、内部テスターであれば、TestFlight アプリを通して、対象のアプリをインストールできるようになっています。

図 10-2 アプリの状態

外部テスターを利用してアプリを配布する場合は、Apple の審査が必要です。対象のアプリはベータ版 App Review に送信され、ガイドラインに従っているか確認されます。この審査はベータ版の最初のビルドでのみおこなわれ、審査が通るとテスト中というステータス（図 10-3）になり、アプリがインストール可能な状態になって、テストを開始できます。審査には多少時間がかかります。

※1 https://developer.apple.com/documentation/appstoreconnectapi/testflight

図 10-3　外部テスターのステータス

外部テスター	招待	インストール
テスト中 期限切れまで88日	4	1

内部テスターを追加する（PC からの操作）

App Store Connect の「ユーザとアクセス」で登録しているユーザを最大 25 人までアプリのテスターとして追加できます。また、各ユーザは最大 30 台のデバイスでテストをすることができます。

図 10-4　ユーザの追加画面

新規ユーザ
姓
名
メールアドレス
役割
Admin
Finance
Reports
Sales
Developer
App Manager
Customer Support
Marketer
権限を表示
App
すべてのApp
キャンセル
招待

ユーザが用意できたら、テスター＆グループ（図 10-5）の App Store Connect ユーザから、追加したいユーザを指定します。

▶図 10-5　テスター＆グループメニュー画面

テスター & グループ
すべてのテスター (1)
App Store Connectユーザ
外部テスターを追加

追加すると、テスターのステータスは「招待済み」になります。テスターのアドレスに招待メールが届くので、そのメールから招待を受けるとステータスが「承諾済み」となります。

外部テスターを追加する（PC からの操作）

外部テスターを登録するには、グループを作る必要があります。「外部テスターを追加」から新規のグループを作成します（図 10-6）。

▶図 10-6　外部テスター追加画面

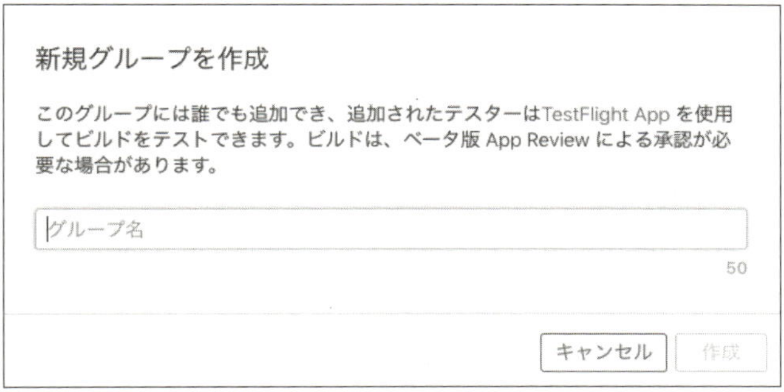

新規グループを作成

このグループには誰でも追加でき、追加されたテスターはTestFlight App を使用してビルドをテストできます。ビルドは、ベータ版 App Review による承認が必要な場合があります。

グループ名

50

キャンセル　作成

この作ったグループ[※2]から、提供するアプリと外部テスターの設定をおこなえます（図 10-7）。配布するアプリは、ビルド[※3]タブから追加できます。このアプリは、前述したとおりベータ版 App Review から承認されている必要があります。

※2　図10-7では「テスト本」になっています。
※3　TestFlgithでは配信するアプリのことを「ビルド」と呼んでいます。

図 10-7　外部テスター画面

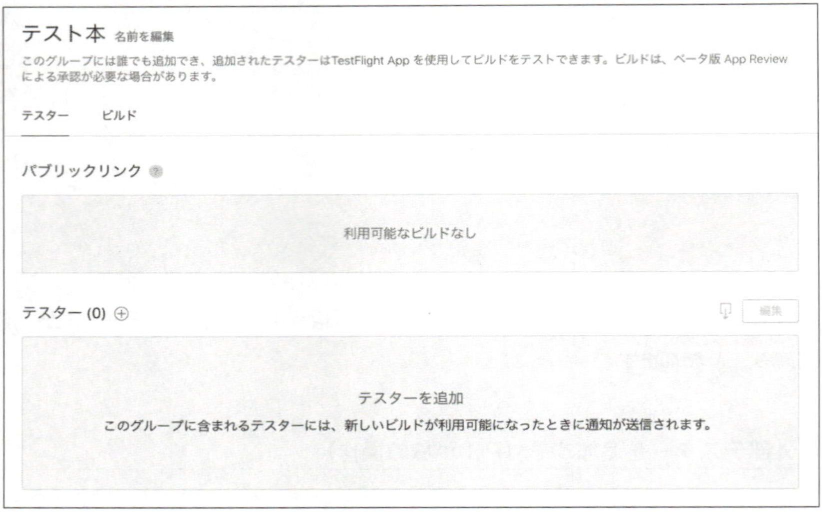

外部テスターに追加する方法は、次の 2 種類があります。

・E メールでテスターを招待する
・パブリックリンクでテスターを招待する

E メールでテスターを招待する

「テスターを追加」から E メールでテスターを招待できます。E メールでテスターを招待する場合は、次の 3 種類の方法があります。

・新規テスターを追加
・既存テスターを追加
・CSV から読み込み

新規テスターの場合は、図 10-8 のようにメールアドレスと姓名を設定する必要があります。CSV から読み込む場合も、同様の情報が必要です。

図10-8 新規テスター追加画面

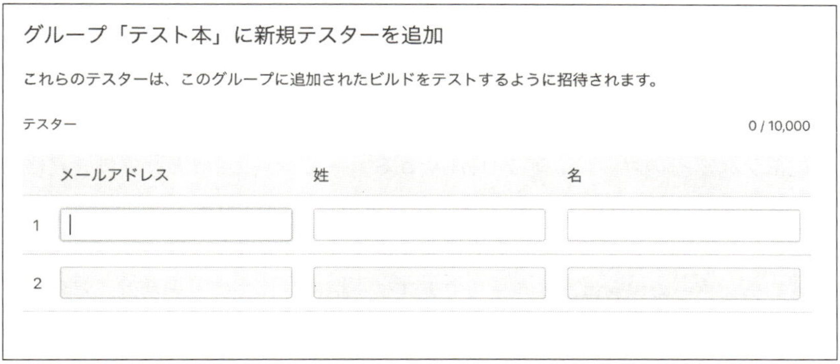

グループ「テスト本」に新規テスターを追加

これらのテスターは、このグループに追加されたビルドをテストするように招待されます。

テスター 0 / 10,000

	メールアドレス	姓	名
1			
2			

パブリックリンクでテスターを招待する

パブリックリンクを有効にする（図10-9）ことで、アドレス（URL）が発行されます。

図10-9 パブリックリンク

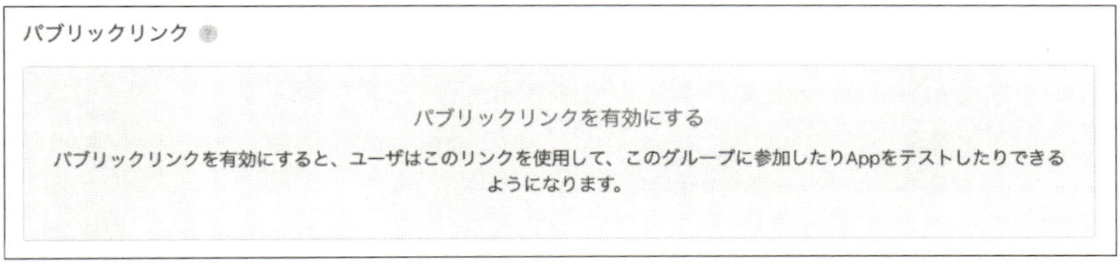

パブリックリンク

パブリックリンクを有効にする

パブリックリンクを有効にすると、ユーザはこのリンクを使用して、このグループに参加したりAppをテストしたりできるようになります。

このアドレスをテスターにしたい人に配布します。Eメールを知っておく必要はないため、SNSを通して利用者を募るというやり方もできます。

なお、このアドレスを経由してインストールするテスターの数を制限することもできます。これにより、最初は少人数にしておき、問題がなければテスターの数を増やしていくといったことも可能です。

配布されたアプリをインストールする（iOS 端末での操作）

内部テスター／外部テスターともに、AppStore から TestFlight アプリ[※4]を端末にインストールする必要があります。配信されるアプリはこの TestFlight アプリを通してインストールできます。

内部テスターの場合は、アプリが App Store Connect にアップロードされるとメールが届きます。そのメールに記載されたリンクから TestFlight アプリを起動し、該当のアプリをインストールできます。

外部テスターの場合は、E メールでテスター招待されている場合は、対象となるビルドができた段階でメールが届くようになっています。送られてきたメールにあるリンク先を通して起動した TestFlight から、アプリをインストールできます。なお、パブリックリンクで招待された場合は、インストールしたい iOS 端末でそのアドレスを開くと、アプリをインストールするための手順が書かれたページ表示されます。このページに表示されている「テストを開始」をタップすることで、TestFlight アプリが起動し、アプリをインストールできます。

※4　https://itunes.apple.com/jp/app/testflight/id899247664?mt=8

10-2 アプリ配信サービス - DeployGate を利用する

1
2
3
4
5
6
7
8
9
10
11
12
A

DeployGate は、iOS ／ Androd に対応しているアプリ配信サービスです。執筆時点では、DeployGate は無料から利用することができます。個人開発者向けプランから、グループ向け、企業向けと多数のプランがあります。各プランの詳細については、公式ページ[※5]を参考にしてください。

DeployGate を利用するには、DeployGate にアプリを配信する側、アプリをインストールする側が、共にアカウントを作成しておく必要があります。アカウントを作成後、次の手順でアプリの配信とインストールができるようになります。

【配布する側（PC からの操作）】

・DeployGate にアプリをアップロードする
・テスターを追加する

【配布されたアプリを利用する側（iOS 端末での操作）】

・DeployGate から配信されたアプリをインストールする

今回紹介する機能以外にも、グループという機能があります。複数のメンバーで開発している場合は、アプリやチームメンバーの管理がしやすいこの機能を利用するのがよいでしょう。グループを利用できるプランは有料ですが、アクセスできるユーザをきっちり管理したい場合は「グループ」の利用も視野にいれるとよいでしょう。

DeployGate にアプリをアップロードする（PC からの操作）

配信をするアプリは、「Web ブラウザ」または「コマンドライン」からアップ

※5　https://deploygate.com/pricing

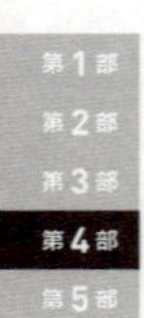

ロードできます。

コマンドラインからアップロードする場合は、fastlane のアクションを利用するとかんたんです。fastlane を利用したときのサンプルは、リスト 10-1 のとおりです。

リスト 10-1　fastlane の例

```
deploygate(
  api_token: 'API Key', # 環境変数 DEPLOYGATE_API_TOKEN でも指定可能
  user: 'ユーザ名もしくはグループ名', # 環境変数 DEPLOYGATE_USER でも指定可能
  ipa: './ipa_file.ipa',
  message: 'アップロード時のメッセージ',
)
```

このアクションの手前で **build_ios_app** や **xcodebuild** アクションを利用している場合は、**ipa** キーの指定は省略可能です。**api_token** キーに設定する API Key は、DeployGate の自身のページ[※6] で確認できます。

アップロードすると、DeployGate の該当アプリの Web 画面は、図 10-10 のように表示されます。この画像にあるアプリは、DeployGate が用意しているサンプルです。

図 10-10　DeployGate のアプリ画面

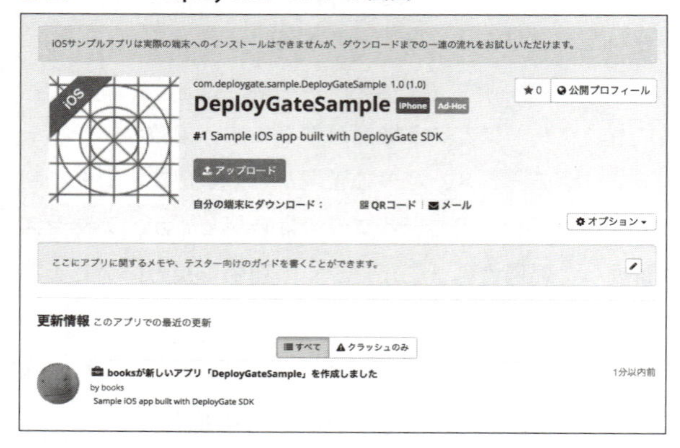

※6　https://deploygate.com/settings

テスターを追加する（PC からの操作）

アップロードしたアプリをインストールをするためには、テスターとして追加する必要があります。テスターを追加するには、DeployGate の Web 画面にある図 10-11 に、相手のユーザ名かメールアドレスを入力します。

図 10-11 テスターの追加

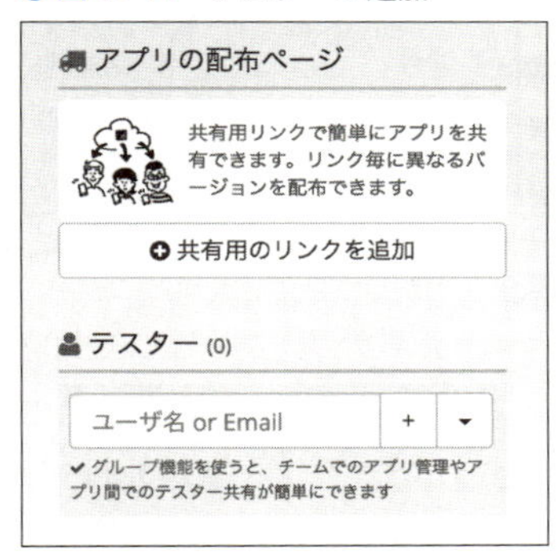

テスターを追加すると、アプリの画面にあるオプションメニュー（図 10-12）の UDID 一覧から、テスターの端末の UDID がわかるようになります（図 10-13）。

図 10-12 オプションメニュー

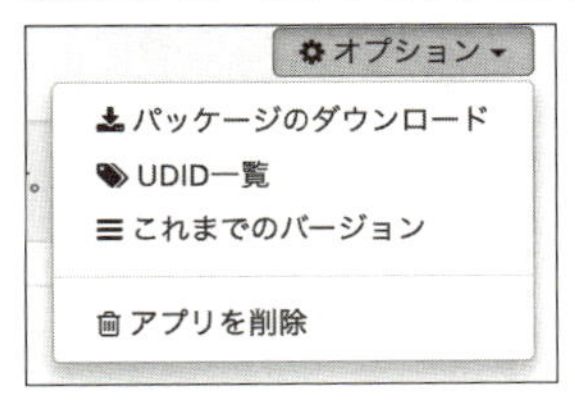

図 10-13 の画面では、次がわかるようになっています。

- ユーザ
- 役割
- デバイス

・UDID
・プロビジョニングプロファイル（に登録されているかどうか）
・登録日時

図 10-13　UDID 一覧画面で表示される情報

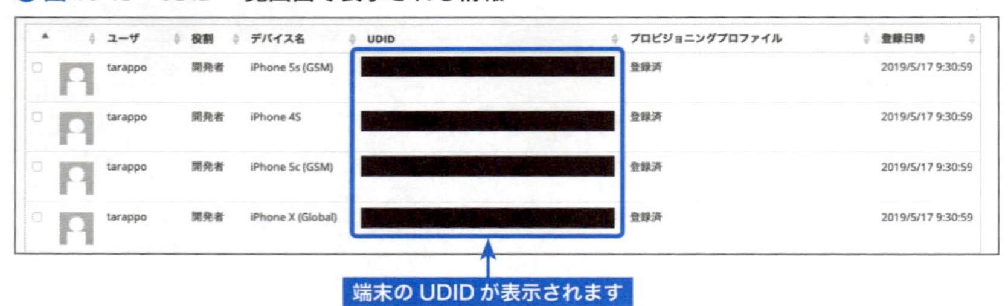

これにより、テスターの端末の UDID がアップロードしているアプリ内の Provisioning Profile に登録されているかどうかもわかります。未登録の UDID がわかれば、利用する Provisioning Profile に追加できます。

DeployGate から配信されたアプリをインストールする（iOS 端末での操作）

DeployGate のアカウントを登録したあとに、DeployGate を iOS 端末にインストールします。利用する iOS 端末にあるブラウザで DeployGate にアクセスし、ログインをすると図 10-14 の画面が表示されます。

▶図 10-14　DeployGate のインストール

ここで「DeployGate をインストール」をタップすると、図 10-15 が表示されます。許可をタップし、インストールを続けてください。

▶図 10-15　プロファイルのインストール

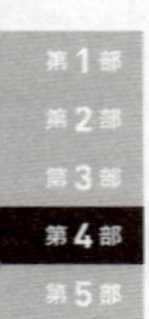

インストールが終わると、DeployGate のアイコンが iOS 端末のホーム画面に表示されます。このアイコンをタップして起動すると、図 10-16 のように、インストールができるアプリの一覧を見られます。

▶図 10-16　アプリの一覧ページ

テスターに追加されると、アプリが配布された段階でメール通知が届きます。DeployGate を起動すると、図 10-16 にアプリが配信された順に並んでいます。インストールをしたいアプリをタップし、インストールをおこないます。

10-3 デバイスファーム - Firebase Test Lab を利用する

Firebase Test Lab[※7] は、Firebase に用意されている自動テストを実行する機能です。iOS・Android の両プラットフォームに対応しており、iOS では、XCTest（UI テストも含む）を物理デバイス上で実行できます（図 10-17）。また、テスト実行時の端末の様子は自動的に録画されるため、あとから動画で閲覧できます（図 10-18）。

▶図 10-17　Firebase Test Lab でのテスト結果

※7　https://firebase.google.com/docs/test-lab/

図 10-18　Firebase Test Lab で録画されたテスト実行時の様子

利用する方法としては、表 10-2 のようなものがあります。Firebase Console から利用する場合は、手動でビルド済みのリソースをアップロードします。それ以外の方法では、CI/CD 環境により自動的にテストを実行できます。認証が「必要」となっているものは、Google Cloud Platform から認証用のキーをエクスポートし、CI/CD 環境に配備する必要があります。

表 10-2　Firebase Test Lab の利用方法

利用方法	手動 / 自動	認証
Firebase Console を利用	手動	不要
Bitrise から利用	自動	不要
gcloud コマンドを利用	自動	必要
Fastlane プラグインを利用	自動	必要

本書では、次の 2 つの利用方法を解説します。

・Firebase Console
・Bitrise

Firebase Console から利用する

Firebase Console は、Firebase の各種機能を利用するための管理コンソールです。前述したとおり、テスト対象を事前にビルドしたうえで、zip ファイルとしてアップロードする必要があります。CI/CD 環境で自動的に実行する方法ではありませんが、デバイスファームの動作イメージをつかむ上ではわかりやすいので、ここで説明します。最新の手順については公式ドキュメント[※8]を参照してください。

テスト実行用のリソースを準備する

アップロードする zip ファイルには、Build for Testing という方法で、ビルドしたリソースを含める必要があります。Build for Testing は「テスト実行用のビルド」を行うもので、生成されたファイルを利用すると、テスト実行のみを単独でおこなえます。

zip ファイルには、ビルド時の出力先である Derived Data に出力されたファイルを含める必要があります。必要であれば次の手順で Derived Data フォルダの場所を変更しておきましょう（図 10-19）。

1 Xcode ＞メニュー＞ File ＞ Project Settings…を選択
2 Derived Data プルダウンを Custom Location に変更
3 任意の出力先に変更

※8 https://firebase.google.com/docs/test-lab/ios/firebase-console

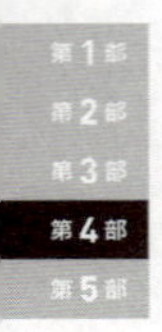

図 10-19　Derived Data のパスを変更する

Shared Project Settings:

Build System: New Build System (Default)

Per-User Project Settings:

Build System: Use Shared Setting

Derived Data: Custom Location

/Users/gyouza/Library/Developer/Xcode/

/Users/gyouza/Libra...r/Xcode/DerivedData

Advanced...

Issues: Show live issues for source code

Show issues for active scheme only

Show all issues

Done

次に、Xcode 上から次の手順でビルドをおこないます。

1 Xcode のワークスペースウィンドウの上部にあるデバイスのプルダウンから「Generic iOS Device」を選択（図 10-20）
2 Xcode ＞メニュー＞ Product ＞ Build for ＞ Testing を選択

図 10-20　Generic iOS Device を選択

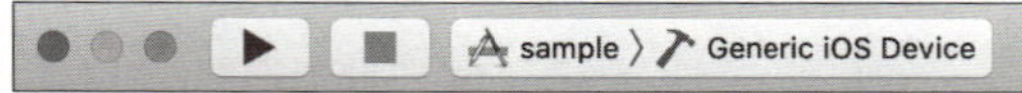

なお、別の方法として、xcodebuild コマンドや fastlane も利用できます。xcodebuild コマンドを利用する場合には、次のようにします。

```
$ xcodebuild -project <対象プロジェクト>
  -scheme <対象スキーム>
  -derivedDataPath <任意の出力先パス>
  -sdk iphoneos build-for-testing
```

最後に、出力されたファイルを zip アーカイブします。Finder で Derived

Data 配下の「< プロジェクト >/Build/Products/」を開くと、Debug-iphoneos フォルダと拡張子が xctestrun となっているファイルの２つが格納されています。これら２つを zip ファイルに含める必要があるので、両方を選択したうえで、コンテキストメニューから「2 項目を圧縮」を選択します。

`Archive.zip` というファイルが作成されますが、これが Firebase Console にアップロードするファイルです。

■テストを実行する

Firebase Console を利用するためには、Firebase プロジェクトを作成しておく必要があります。プロジェクトが作成されていない場合は、あらかじめドキュメント[※9]を元に作成してください。

次の手順で `Archive.zip` を選択してアップロードします。

1. 対象プロジェクトの Firebase Console に移動し、メニュー＞品質＞ Test Lab を選択（図 10-21）
2. iOS 版の「使ってみる」を選択（図 10-22）
3. 「XCTest のアップロード」という項目に `Archive.zip` を選択してアップロード（図 10-23）

▶図 10-21　メニューから Test Lab を選択する

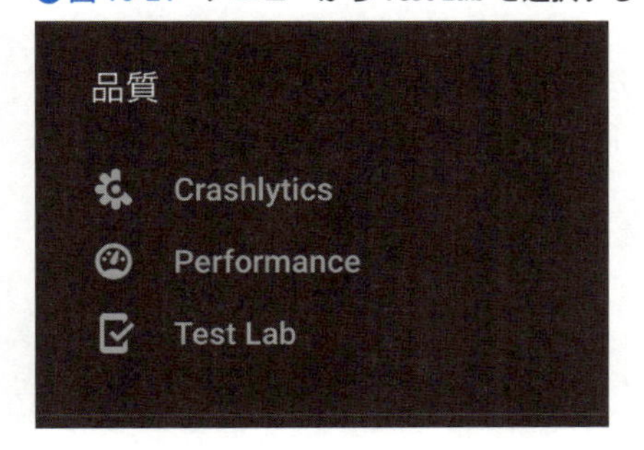

※9　https://firebase.google.com/?hl=ja

図 10-22　利用する OS を選択

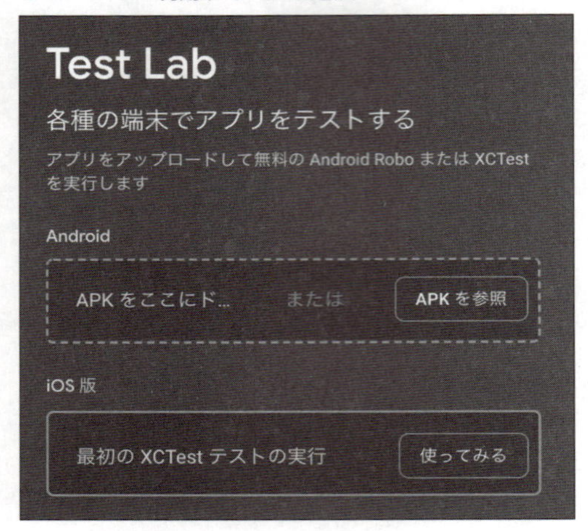

図 10-23　XCTest のアップロード

zip ファイルのアップロードが完了したら、どのような条件でテストを実行するか設定します。執筆時点では、次の項目が設定できるようになっています。

- Xcode バージョン※10
- 端末（複数選択可）
- 画面の向き
- ロケール
- テストのタイムアウト

※10　執筆時点では、Xcodeのバージョンは10.1までとなっています。

ここでは、Xcode バージョンを「10.1」、端末を「iPhone 6 (11.4)」と「iPhone 7（12.0)」の 2 台、それ以外はデフォルト設定を利用することにします。画面最下部に「2 件のテストを開始」というボタンが表示されているので、それをクリックします（図 10-24)。テスト実行が完了するまで時間がかかるのでしばらく待ちましょう。

図 10-24 「2 件のテストを開始」を選択

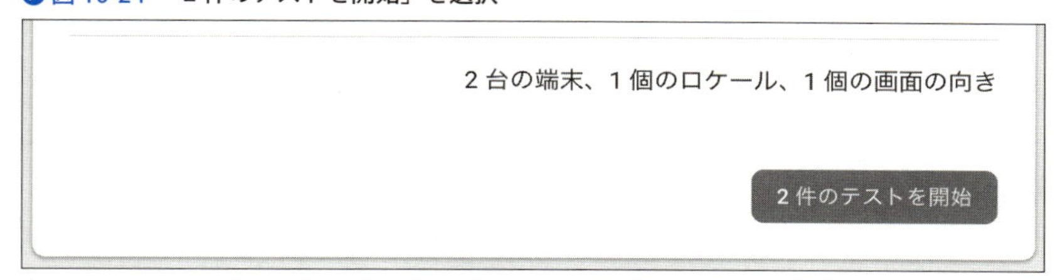

テストが完了すると、結果が表示されます（図 10-25)。今回は意図的に失敗するテストを用意しているので「失敗」と表示されています。

図 10-25 Firebase Test Lab の結果サマリ

XCTest, 2 分前

失敗	成功	スキップ	不確定
2	0	0	0

テスト実行	実行にかかった時間	ロケール	画面の向き	問題
iPhone 7、iOS 12.0	–	日本語	縦向き	–
iPhone 6、iOS 11.4	–	日本語	縦向き	–

端末・OS が表示されている行をクリックすると、より詳細な画面が表示されます。テスト結果やログ、スクリーンショット、動画などを確認することが可能です（図 10-26)。

図 10-26　端末ごとのテスト結果画面

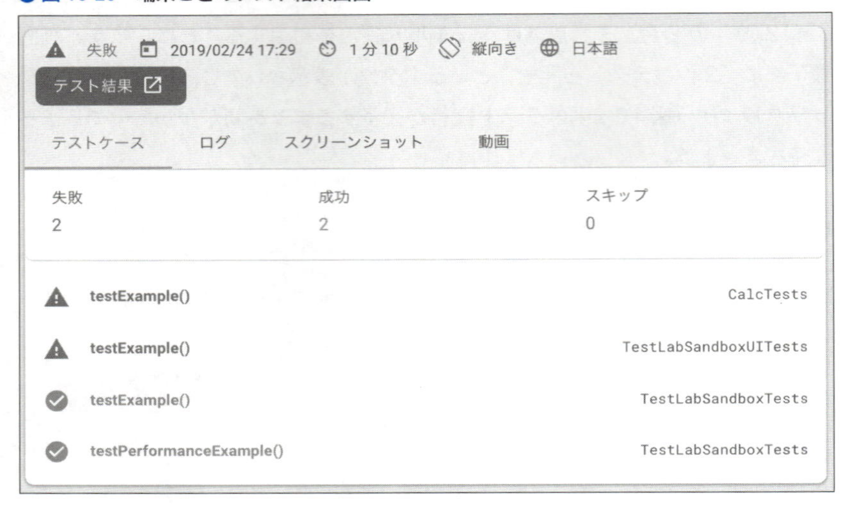

Bitrise から利用する

クラウド型の CI/CD サービスである Bitrise には「iOS Device Testing」（以下、Device Testing と表記）※11 という機能が用意されていて、これが Firebase Test Lab を利用したテスト機能となっています。

Bitrise の機能として用意されているため、自分で Firebase プロジェクトを作ったり、認証のしくみを用意する必要がないので手軽に利用できるのが利点です。なお、執筆時点ではベータ版という位置づけであり、無料で利用できます。

Device Testing を有効にする

Device Testing を利用するためには、事前に設定を有効にしておく必要があります。Bitrise の Web 画面にある Settings タグ > Device Testing に「ENABLE UI TESTS ON VIRTUAL DEVICES」という項目があるので、右上のスイッチを ON にします（図 10-27）。

※11　https://devcenter.bitrise.io/testing/device-testing-for-ios/

図 10-27 Device Testing を有効にする

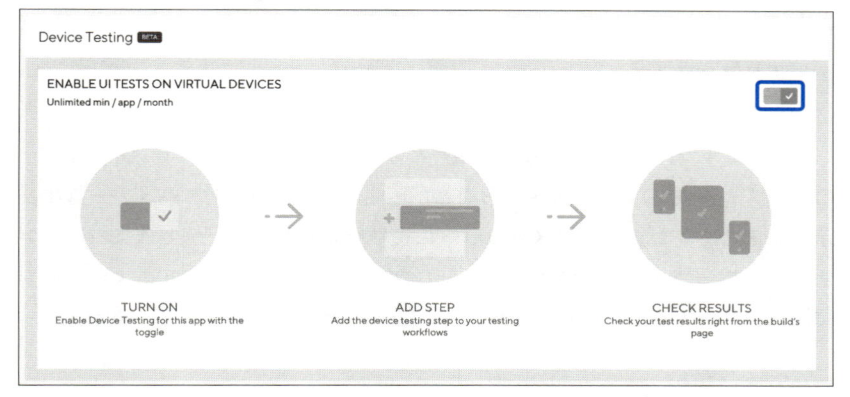

■ワークフローにステップを追加する

次に、Device Testing に必要な 2 つのステップを、ワークフローに追加します。

1. [BETA] Xcode Build for testing for iOS
2. [BETA] iOS Device Testing

1 がテストを実行するために必要なビルドを行うステップで、2 が Firebase Test Lab を利用してテストを実行するステップです。それぞれステップの追加画面から検索して追加できるので、ワークフローに追加します（図 10-28）。

図 10-28 ワークフローに 2 つのステップを追加する

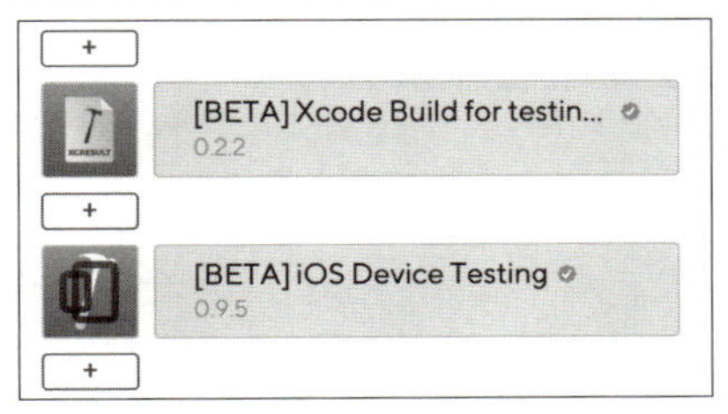

1 のステップでは、ビルドに関係する次のような項目が設定可能なので、必要に応じて値を変更してください。

・.xcodeproj または .xcworkspace ファイルへのパス
・スキーム名
・ビルドコンフィギュレーション

2 のステップでは、「Test devices」という項目があり、テスト対象の端末・OS・言語・端末の向きを設定することが可能です。利用可能な端末の一覧が表示されるので、対象をテキストエリアに複数行にわたって記入します（図 10-29）。端末・OS・言語・端末の向きをカンマ（,）区切りで記入するようになっており、この例では、表 10-3 の設定値で 3 つの端末を対象にしています。

▶図 10-29　テスト対象のデバイス

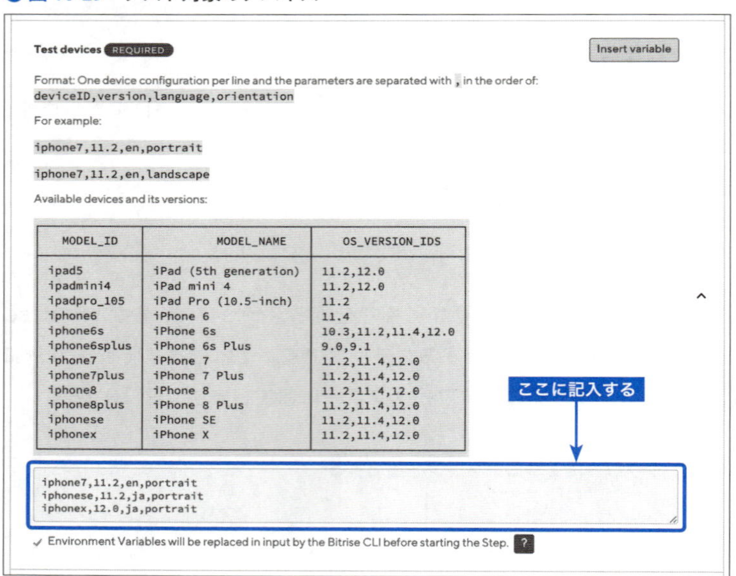

▶表 10-3　テスト対象のデバイス

端末	OS バージョン	言語	端末の向き
iPhone 7	11.2	en	縦
iPhone SE	11.2	ja	縦
iPhone X	12.0	ja	縦

これで、ワークフローへの組み込みは完了です。

■実行結果を確認する

設定したワークフローを実行すると、ビルド結果の画面に「DEVICE TESTS」タブが表示され、そこから実行結果を確認できます（図 10-30）。今回は複数の端末を対象にしたため、3 つの実行結果が表示されているのがわかります。

▶図 10-30 Device Testing の結果を確認する

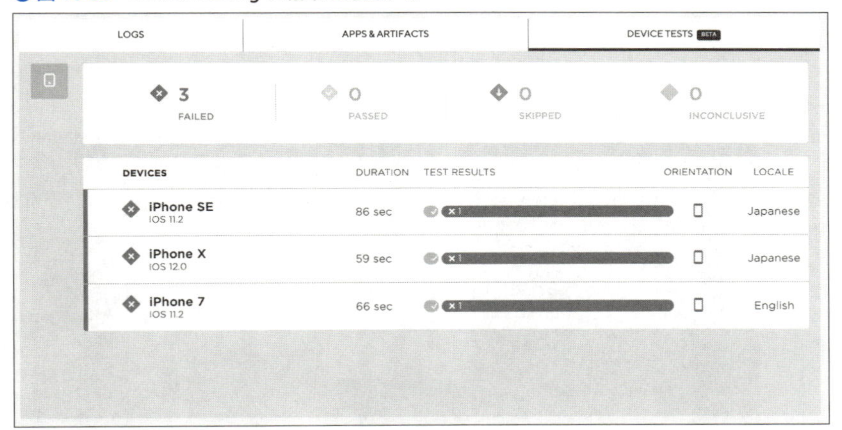

それぞれの行をクリックすると、より詳細な情報が表示されます。Firebase Console から実行した時と同様に、テストの実行結果や実行時の動画などを確認できます（図 10-31）。

図10-31 各端末の実行結果の詳細

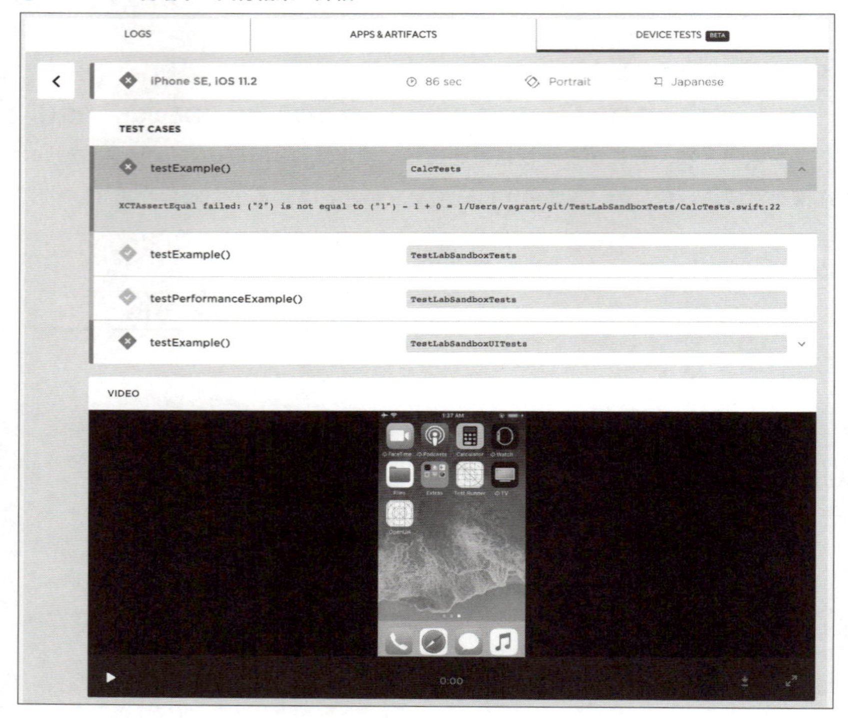

Bitrise のみではシミュレータによるテスト実行しかできませんが、Device Testing を通じて Firebase Test Lab を利用することで、複数の物理デバイスの組み合わせでテストを実行できます。

10-4 デバイスファーム - AWS Device Farmを利用する

AWS Device Farmは、AWS（Amazon Web Service）に用意された機能で、クラウド上の物理デバイスを利用してテスト実行などをおこなえます。テストの実行には、XCTest（UIテストも含む）に加え、Appiumなどのテストフレームワークもサポートされています[※12]。また、本書では扱いませんが、Webブラウザ上から端末をリモートで操作できる機能もあります。このように、Firebase Test Labに比べると多く機能がサポートされています。

本書では「Built-in Fuzz」という、自動的にランダムなUI操作をしてクラッシュしないかテストしてくれる機能[※13]を紹介します。

なお、AWSアカウントのセットアップやIAM（アクセス制御）の設定など、AWS利用における基本的な説明については本書の範囲外なので、必要に応じて、公式ドキュメントやほかの書籍を参考にしてください。

Built-in: Fuzz

「Built-in: Fuzz」はAWS Device Farmにより提供されるテスト実行のしくみです。その実態は、「UIイベント（タッチなど）を発行し続けることでアプリをランダムに操作し、どこかのタイミングでクラッシュしないか検証する」というものです。そのため、事前にテストコードを用意しておく必要がなく、アプリのパッケージ（ipaファイル）さえあれば利用できるようになっています。

※12 AppiumはiOSで利用できるUIテストのためのフレームワークです。このフレームワークでは利用できる言語が複数ありますが、AWS Device Farmで実行できる言語としてなにがあるかは、公式サイトを参考にしてください。（https://docs.aws.amazon.com/ja_jp/devicefarm/latest/developerguide/test-types.html）

※13 Androidにおいてはモンキーテストと呼ばれています。

■プロジェクトを作成する

まず、AWS Device Farm にアクセスし、新しいプロジェクトを作成します。「Create a new project」というボタンをクリックすると、プロジェクト名を入力するダイアログが表示されるので、任意の名前を入力して「Create project」ボタンをクリックします（図 10-32）。

図 10-32　新規プロジェクトの作成

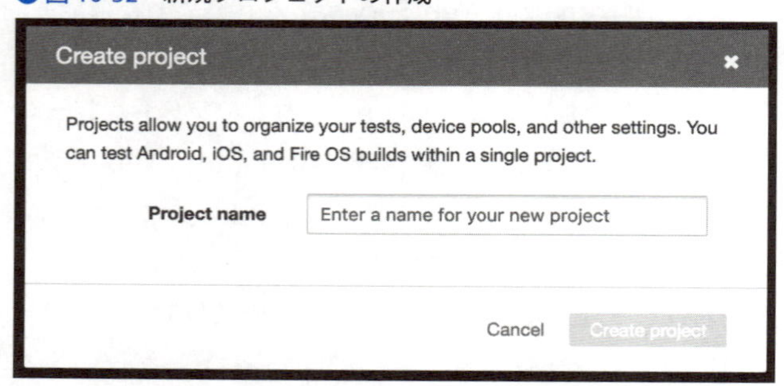

プロジェクトが作成されると、図 10-33 のような画面が表示されます。❶が今回利用する自動テストを実行するタブで、❷が冒頭で触れた端末をリモートで利用する機能です。

図 10-33　プロジェクトのルート画面

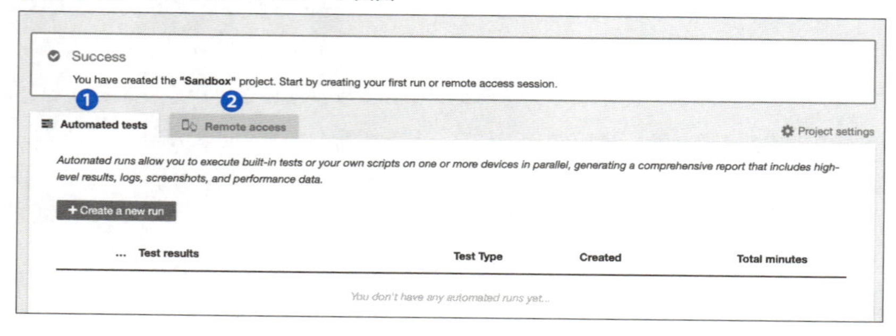

ipa ファイルを用意する

次の手順で ipa ファイルを用意します。詳細について割愛しますが、もちろん fastlane などを利用して出力しても問題ありません。

1. Xcode のワークスペースウィンドウの上部にあるデバイスのプルダウンから「Generic iOS Device」を選択（図 10-20）
2. Xcode >メニュー> Product > Archive を選択
3. 表示された Organizer ウィンドウ[※14] の右側から「Distribute App」ボタンをクリック（図 10-34）
4. 配布タイプとして「Development」を選択し、「Next」ボタンをクリック（図 10-35）
5. App Thinning に「All compatible device variants」を選択し、「Next」ボタンをクリック（図 10-36）
6. 証明書およびプロビジョニングプロファイルを選択し、「Next」ボタンをクリック（図 10-37）
7. 最後に「Export」ボタンをクリックし、任意の場所に保存（図 10-38）

図 10-34 Organizer 画面

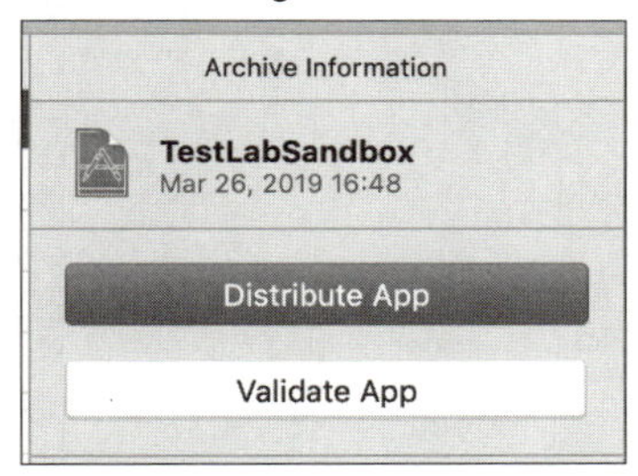

※14 表示されない場合はXcode>メニュー>Window>Organizer

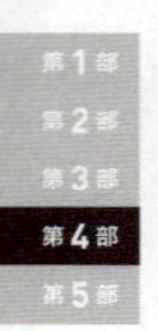

図 10-35　配布方法の選択

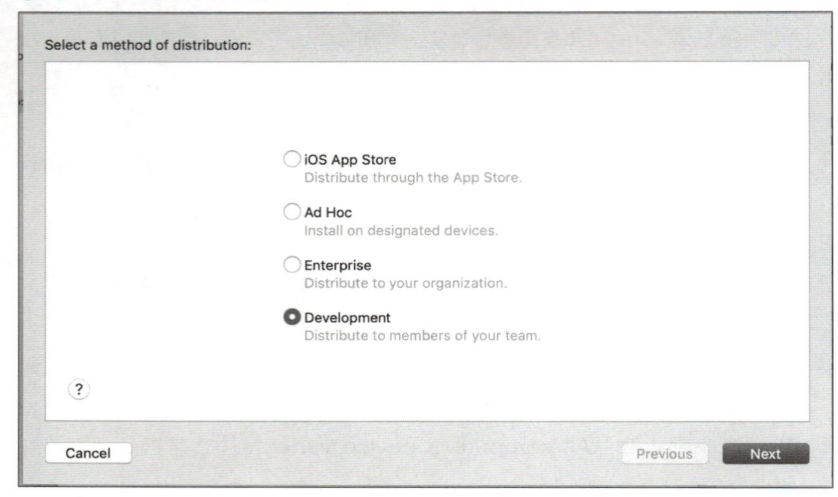

図 10-36　配布方法のオプションを選択

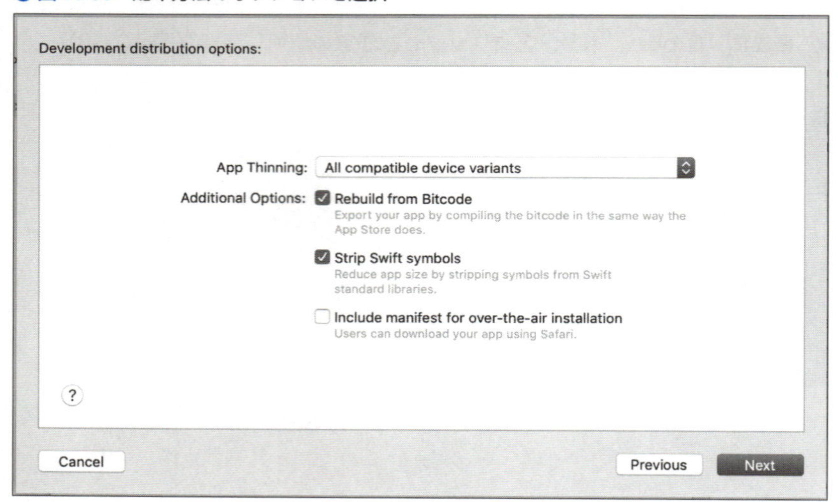

▶図 10-37　署名の設定

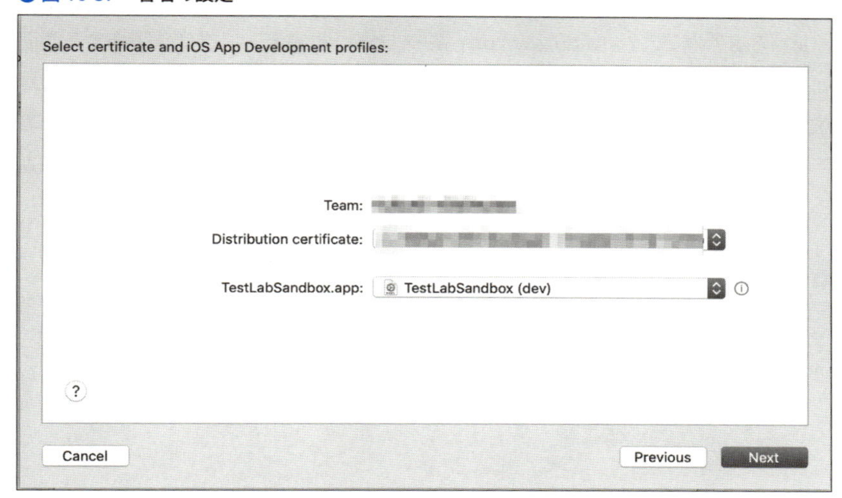

▶図 10-38　任意の出力先に保存

保存先のフォルダ配下の「Apps」フォルダに<プロジェクト名> .ipa が出力されており、これがアップロードするファイルになります。

テストを実行する

図 10-33 の「Create a new run」をクリックすると、アプリを選択する画面が表示されます（図 10-39）。ここで、事前に用意しておいた ipa ファイルを選択してアップロードします。しばらくすると、処理が完了してアプリの情報が表示されるので、問題がなければそのまま「Next step」ボタンをクリックして進みます（図 10-40）。

図 10-39　アプリの選択

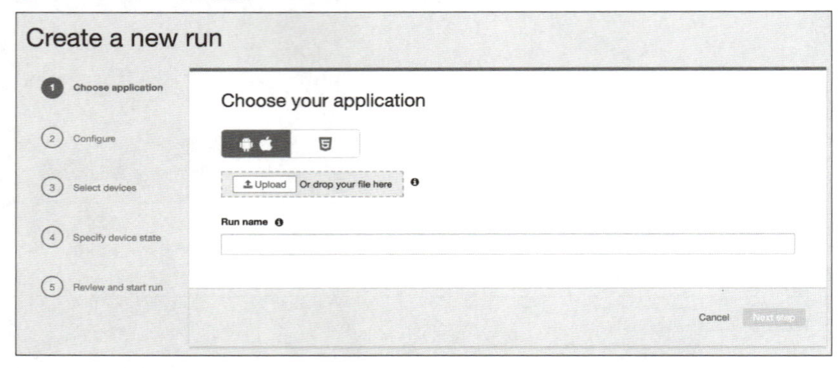

図 10-40　ipa ファイルアップロード後の画面表示

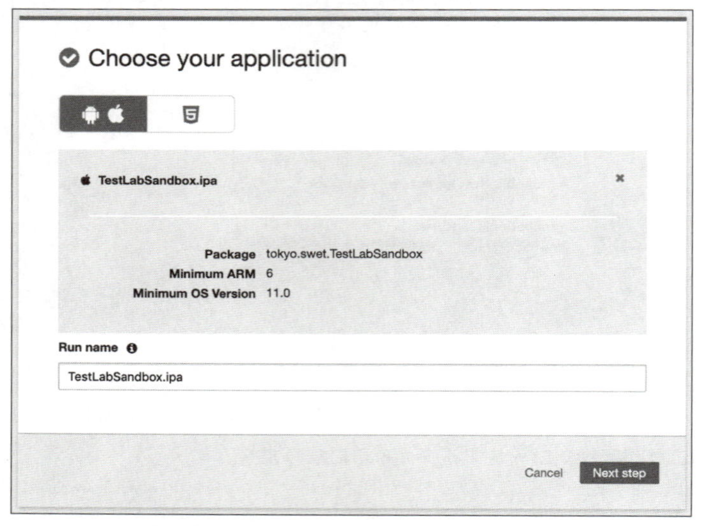

次に、テストの種類を選択します（図 10-41）。今回は、デフォルトで選択されている「Built-in: Fuzz」を利用し、それ以外の項目はデフォルト値を利用することにします。「Next step」ボタンをクリックして次に進みます。

▶図 10-41　テストの種類を選択

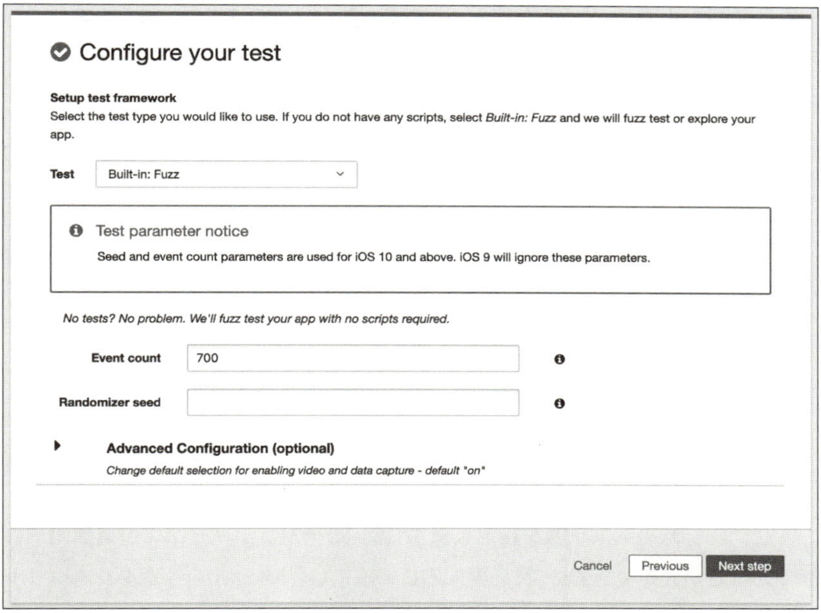

Configure your test

Setup test framework
Select the test type you would like to use. If you do not have any scripts, select *Built-in: Fuzz* and we will fuzz test or explore your app.

Test　Built-in: Fuzz

Test parameter notice
Seed and event count parameters are used for iOS 10 and above. iOS 9 will ignore these parameters.

No tests? No problem. We'll fuzz test your app with no scripts required.

Event count　700

Randomizer seed

Advanced Configuration (optional)
Change default selection for enabling video and data capture - default "on"

Cancel　Previous　Next step

次に、テスト実行対象とする端末を選択します（図 10-42）。AWS Device Farm では、テスト実行対象の端末の組み合わせを「Device pool」という概念で管理しています。デフォルトでは「Top Devices」という項目が選択されており、5 つの端末が対象となっていますが、「Create a new device pool」ボタンから新しい Device pool を作成できます。今回は、デフォルトのまま「Next step」ボタンをクリックします。

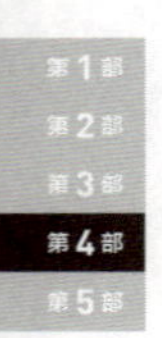

▶図 10-42　テスト対象の端末を選択

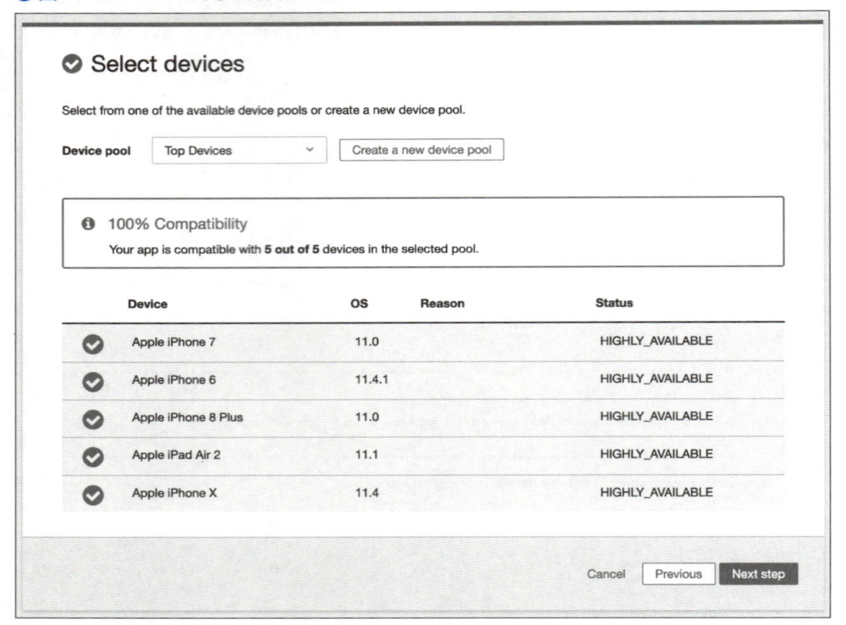

次に、実行時の端末状態を設定します（図 10-43）。デバイスの位置情報やロケールなどが設定できるので、必要に応じて設定し、「Next step」ボタンをクリックします。

図 10-43 実行時の端末状態を設定

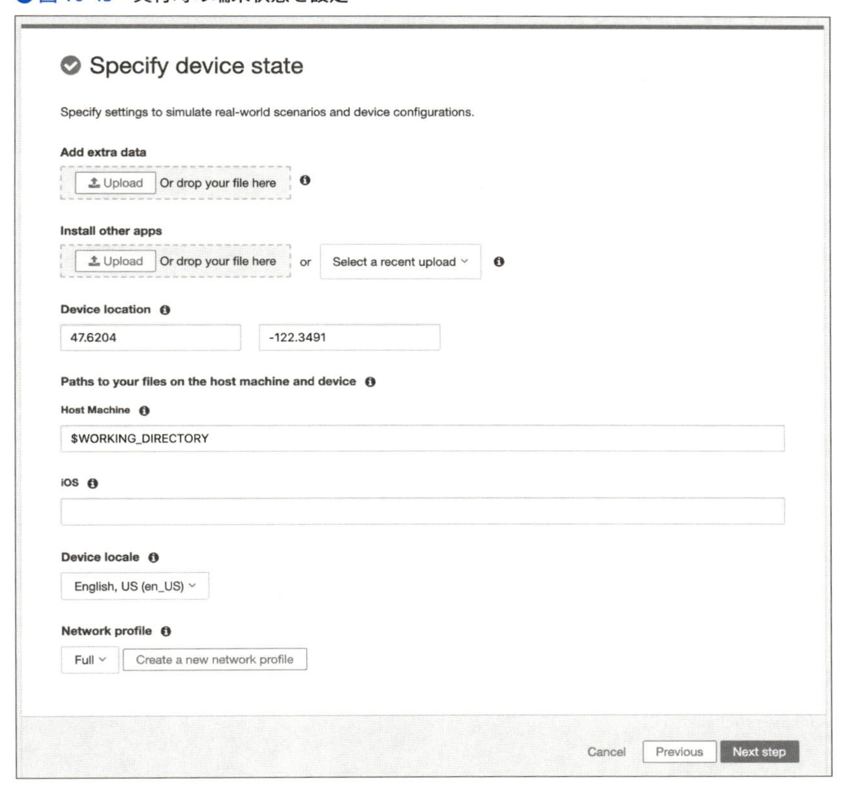

最後に、タイムアウトの設定があるので、必要であれば変更して「Confirm and start run」ボタンをクリックします（図 10-44）。

図 10-44　タイムアウトの設定

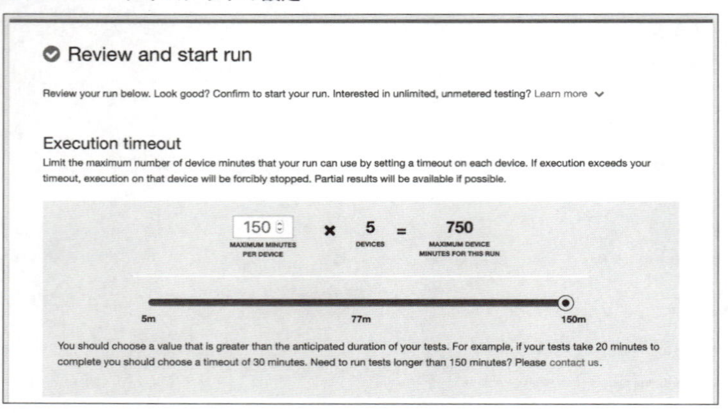

■テスト結果を確認する

実行が完了したものからテスト結果が表示されていきます（図 10-45）。Unique problems にはユニークな失敗原因の一覧が、Devices には端末ごとの実行結果が表示されます。

図 10-45　実行結果

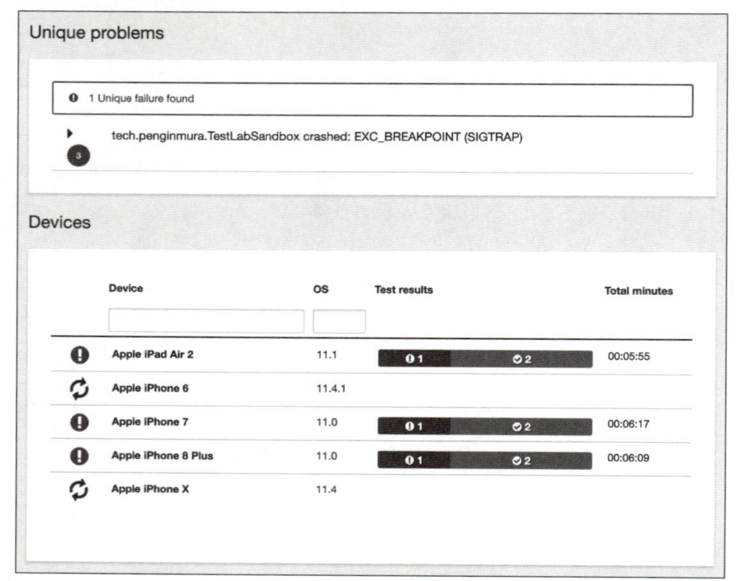

端末の行をクリックすると、実行時の動画を含む詳細を確認できる画面に遷移します（図 10-46）。Built-in: Fuzz では、ランダムな操作でテストがおこなわれるので、どのタイミングでクラッシュしたかは動画を確認するとわかりやすいでしょう。このように、テストコードなしでもアプリ品質のかんたんな検証がおこなえるのは、Built-in: Fuzz の利点と言えます。

図 10-46 実行結果詳細

1
2
3
4
5
6
7
8
9
10
11
12
A

第4部

第11章

Bitrise と CircleCI によるパイプラインの自動化

本章では、実際のCI/CDサービスを利用して、第8章で紹介したパイプラインを自動化する方法を見ていきます。

初心者にとって始めやすいと思われる「Bitrise」と、より柔軟なパイプラインを組み立てられる「CircleCI」の2つを取り上げています。パイプラインを考えるうえで大切な「トリガー」や「通知」などについても解説しています。

11-1 Bitrise でワークフローを設定する

本節では、Bitrise を利用して第 8 章の 8-5 節で例示した CI/CD パイプラインを実際に設定していきます。Bitrise では、自身で実行コマンドを用意しなくても Bitrise が提供している機能を用いて、アプリのビルドなどいろいろなことがおこなえます。Bitrise では、これらの設定を Web UI として用意された Workflow Editor のみで完結できるのが特徴となっています。

本書では、Workflow Editor に用意された Workflows という機能を利用してワークフロー※1 を設定する方法を説明します。Workflows で設定した内容は、YAML ファイル（bitrise.yml）として記録されます。Workflow Editor にはこの YAML ファイルを編集する機能が備わっており、YAML ファイルを直接編集することでも設定の変更が可能です。また、この YAML ファイルをリポジトリで管理する方法も用意されています※2。

Bitrise でワークフローを組み立てるには、ステップと呼ばれるものを自身で並べます。ステップは特定のタスクをおこなうもので、特定のリポジトリの clone をおこなう「Git Clone Repository」、テストを実行する「Xcode Test for iOS」、成果物の保存をおこなう「Deploy to Bitrise.io」など、CI/CD に必要なさまざまなタスクがステップとして用意されています。このステップを組み合わせることで、自身が求めているワークフローをつくれます。

第 9 章で説明した fastlane を使って用意したレーンも Bitrise で呼び出せますが、今回は Bitrise が提供しているステップを活用して設定します。

CI/CD の対象とするアプリの状況は次のとおりとします。

・CocoaPods や Carthage などのライブラリ管理は未導入
・自動テストがある（単体テスト）

※1　Bitriseでは、ワークフローという名前でCI/CDパイプラインを実現します。
※2　https://devcenter.bitrise.io/tips-and-tricks/use-bitrise-yml-from-repository/

Column

どこまでCI/CDサービスに任せるか

Bitriseはいろいろなステップが用意されおり、WebUIを通してかんたんに設定できるのが魅力の1つです。一方で、用意されているステップを使わずに自身で用意したfastlaneのレーンを利用していくのも1つの方法です。

どちらを利用するのがよいのでしょうか?

自身で用意したものを利用するメリットとしては次のようなものがあります。

- 定義されているステップ以上のことができる※3
- CI/CDサービスの移行がかんたんになる(特定のCI/CDサービス依存にならない)

一方、CI/CDサービスが用意している機能を使うメリットとしては、次のようなものがあります。

- かんたんに設定ができることが多い
- 共通で利用されているので安定して使えることが多い
- 自前で用意するコストがかからない
- そのステップが自身で作ったステップより最適化されていることがある

CI/CDはスモールスタートでもまずは始めることが重要です。まだCI/CD環境を整備できていない状況であれば、各サービスに用意された機能を利用し、少ないコストで作るのはよい選択といえます。

Bitriseをセットアップする

Bitriseのアカウントを用意してから、最初のセットアップをするまでの流れについて説明します。

まず、アプリを追加します。ダッシュボードから、図11-1の「Add New App」を選択します。

※3 BitriseではShell Script以上のステップが用意されており、これにより任意の処理をおこなうことはできます。

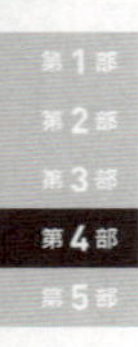

図 11-1 アプリの追加

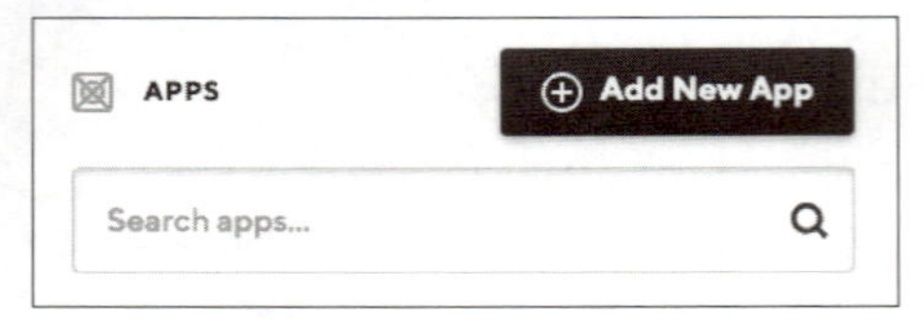

選択した後、画面の指示に従って次の順で設定をおこなっていきます。

1. 対象のアカウント
2. アプリの公開範囲（Private / Public)
3. 対象とするリポジトリ
4. ブランチ
5. ビルドタイプ
6. App icon
7. Webhook

1・2：アカウントとアプリの公開範囲の設定

まず、アプリを追加するアカウントを選択します。次に、アプリの公開範囲を Private か Public のどちらかに選択します。Public では、ビルド URL を知っていれば誰でもビルドログを見られる状態になります。

3・4：対象とするリポジトリの選択とブランチの指定

次に、対象とするリポジトリを選択します。対象とするプロダクトのコードがある場所として、「GitHub」「Bitbucket」「GitLab」から選択をします。または clone をする Git のリポジトリを直接指定します。対象のリポジトリのアクセスに対する設定に関しては、この対象リポジトリのみであれば「No、auto-add SSH key」を選択します。

対象のリポジトリとは別に priavte リポジトリへのアクセスが必要な場合は、図 11-2 から「I need to」を選択します。表示される SSH public key をコピーし、GitHub の設定から登録して、Bitrise からアクセスできるようにしておきます。あとは、対象とするブランチを指定します。

▶図11-2 privateリポジトリを扱う場合

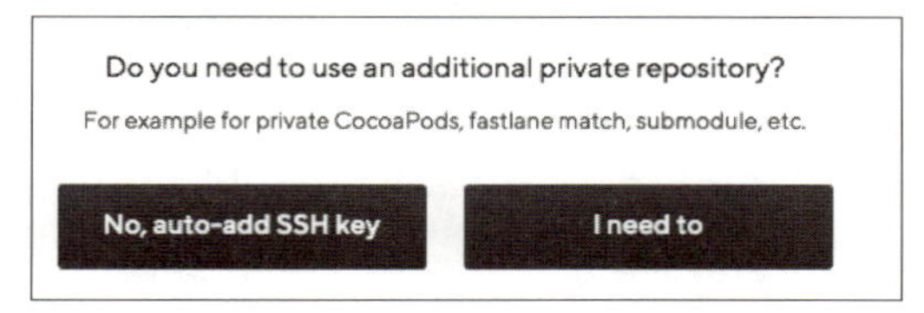

5：Bitrise側のスキャンとプロジェクトのビルド設定

ここまで終わると、指定したリポジトリとブランチをもとに、Bitrise側でプロジェクトをスキャンします（図11-3）。これによりデフォルトのステップを決めたり、一部の設定を自動でおこなってくれます。

▶図11-3 プロジェクトのスキャン

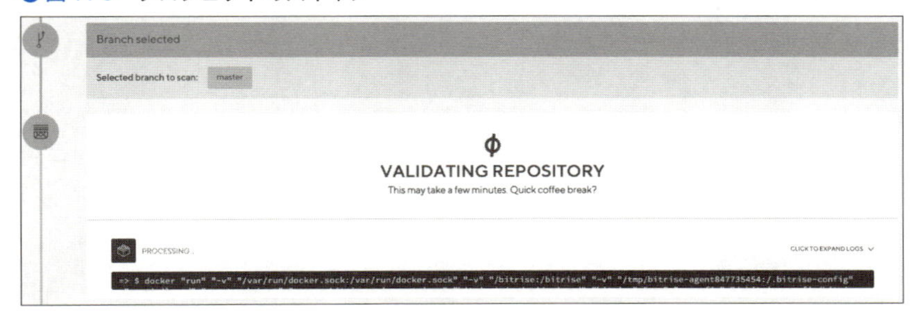

スキャンが終わると、次にビルド設定をどのようにするかを選択します。今回は、fastlaneを使っていないのでiOSを選択します。

iOSを選択すると、「Project（or Workspace）path」と「Scheme name」が自動で選択されています。選択肢が複数ある場合は、その中から自身で選びます。

また、「Select ipa export method」からは、どのビルドタイプでipaファイルをつくるか選びます。今回は、その中から「development」を選択します（図11-4）。

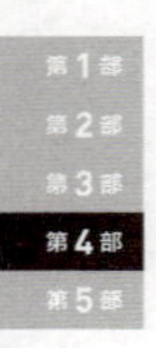

▶図 11-4　export method の選択

Select ipa export method

ad-hoc

app-store

development

enterprise

ここまでの選択が終わると、プロジェクトをビルドする情報が表示されます（図 11-5）。

▶図 11-5　ビルド設定の選択

Selected project build configuration:

Project (or Workspace) path:	ci-sample.xcodeproj
Scheme name:	ci-sample
ipa export method:	development
iOS stack:	Xcode 10.0.x, on macOS 10.13 (High Sierra)

Confirm

Edit

iOS stack の欄には利用する Xcode のバージョンや macOS のバージョンが表示されています。変更したい場合は、Edit を選択して「Select a stack」から変更できます（図 11-6）。この環境はあとからでも変更できます。

▶図11-6 ビルド設定の情報

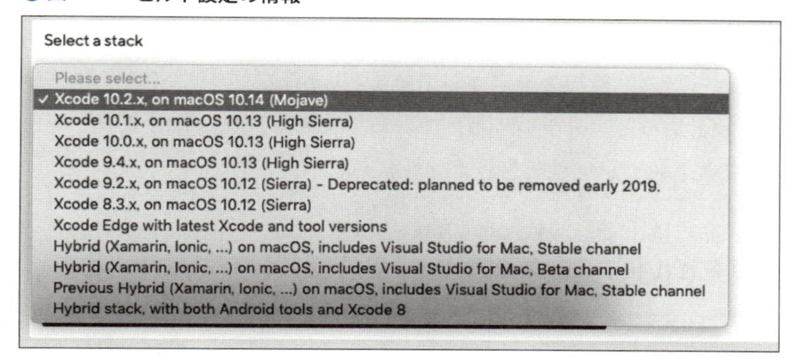

6：App iconの設定

次に、カスタマイズしたApp iconを設定できます（図11-7）。見た目をわかりやすいように変更したい場合は、画像をアップロードします。今回は、「Skip for Now」を選択し変更しません。

▶図11-7 App iconのカスタマイズ

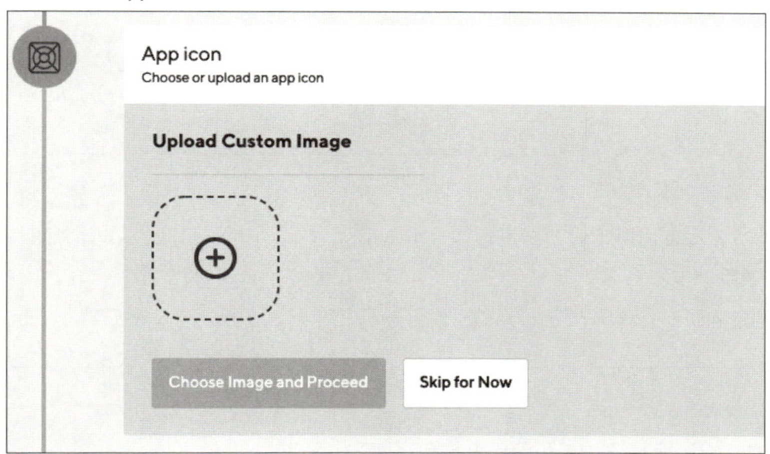

7：Webhookの設定

最後に、Webhookの設定をします。コードをリポジトリにプッシュするたびにBitriseが自動的にビルドをするにはWebhookの設定が必要になります。リ

ポジトリに対して権限があれば、「Register a Webhook for me!」ボタンをクリックするだけで設定が完了します。

ここまで終わったら、最初の設定は終了です。しかし、これで iOS アプリがビルドできるかというと、そういうわけではありません。次に iOS アプリをビルドするまでの流れについて説明をしていきます。

iOS アプリをビルドするまでの流れ

iOS アプリで端末にインストールできる ipa ファイルをビルドするには、「Code Signing」が必要です。そのためには、p12 ファイルと Provisioning Profile が必要になります。

Bitrise では、Workflow Editor から「Code Signing」タブを選ぶことで、必要なファイルをアップロードできます（図 11-8）。アップロードをおこない、デフォルトで組み込まれていた「Certificate and profile installer」のステップが、アプリのビルドをおこなう「Xcode Archive & Export for iOS」のステップの前にあれば、準備は完了です。

▶図 11-8　CodeSigning

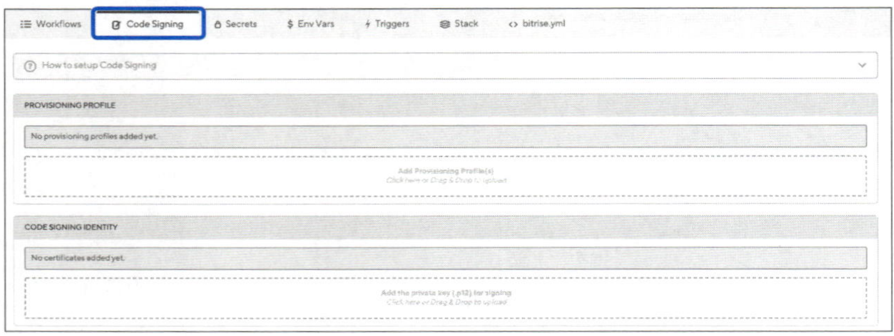

これにより、ipa ファイルのビルドまでおこなえます。

なお、本書では割愛しますが、アップロードが不要な「iOS Auto Provision」というステップを利用するという方法もあります。

用意するワークフローを決める

iOSアプリをビルドできるところまで準備が終わったので、ワークフローを用意してみましょう。

デフォルトのワークフローには、次の2種類が用意されています。

- primary
- deploy

最初に用意されているステップをベースにしつつ、必要なステップを追加・削除し、求めているワークフローの形にします。ここでは、2つのワークフローを作成します。

- 開発時に利用するワークフロー
- リリース時に利用するワークフロー

現状ある2つのワークフローを、求めているワークフローに変更します。

まず、利用しない次のステップを両方のワークフローから削除しておきます。

- Do anything with Script step

ここまでで、primaryとdeployのワークフローはそれぞれ図11-9と図11-10のようになります。

1
2
3
4
5
6
7
8
9
10
11
12
A

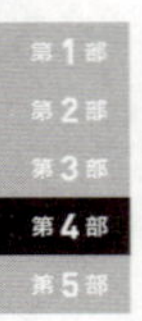

▶図 11-9　現時点での primary ワークフロー

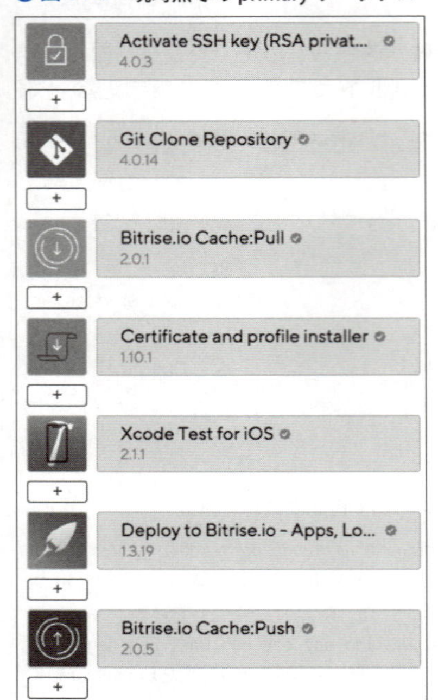

▶図 11-10　現時点での deploy のワークフロー

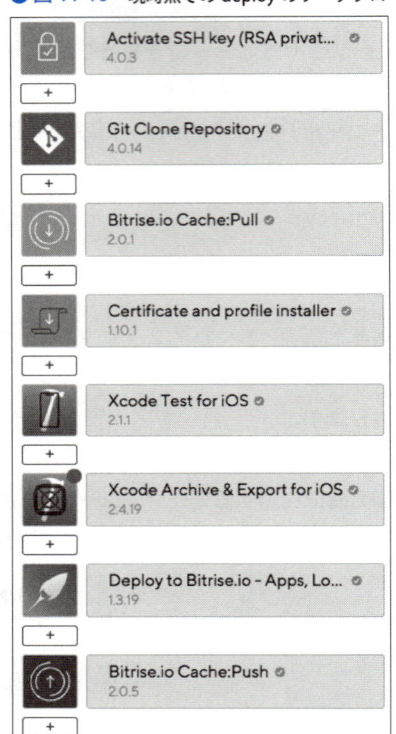

デフォルトのワークフローで追加されるステップは、アプリによって多少異なります。CocoaPods を利用している場合では、CocoaPods のステップが追加されたりします。

環境変数を設定する

ワークフローで利用する環境変数を設定しておきます。

「Secrets」と「Env Vars」の 2 種類があります。利用者にも公開したくない token のような値は、「Secrets」に登録します（図 11-11）。bitrise.yml に出力されないだけでなく、ログ上にも表示されません。

ここでは、次の表 11-1 の値を Secrets に登録します。

▶図 11-11 Secrets

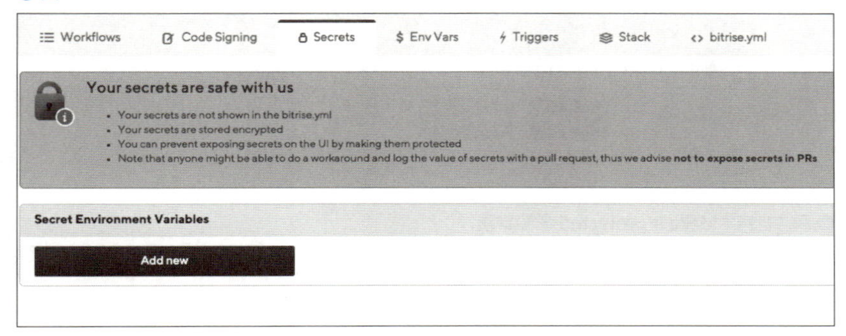

▶表 11-1 Secrets の設定例

変数名	設定する値
SLACK_URL	Slack に通知するための Webhook URL※4
DEPLOYGATE_API_TOKEN	DeployGate にアプリをアップするための API key
CONNECT_APPLE_ID	App Store Connect にログインができる Apple アカウントの ID
CONNECT_APPLE_PASSWORD	App Store Connect にログインができる Apple アカウントのパスワード

これらの値のうち、「SLACK_URL」と「DEPLOYGATE_API_TOKEN」は、「Expose for PULL Request?」にチェック状態にしておきます（図 11-12）。これにより、Pull Request をトリガーとしたビルド時においても利用できるようになります。

▶図 11-12 Expose for PULL Request?

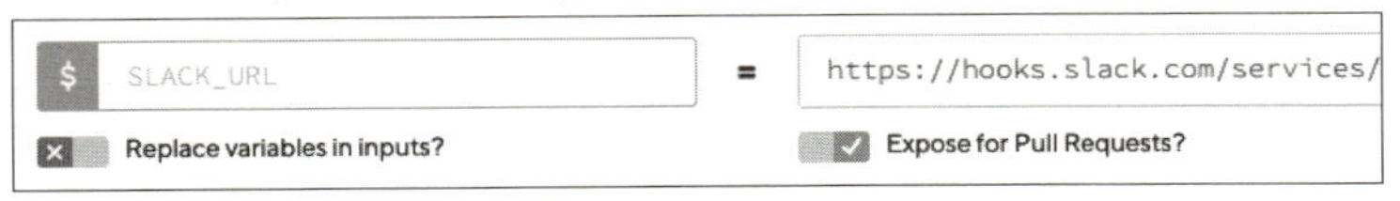

また、デフォルトでは、編集モードにすると設定した値が見えるようになっています。誰も見えないようにするには編集モードにしたときにある「Make it protected」（図 11-13）を選択するとできます。設定すると、編集モードになっ

※4 Incoming Webhook を Slack の https://slack.com/services/new/incoming-webhook のページから登録します。

ていても設定した値が見えなくなり、上書きもできなくなります（図 11-14）。

▶図 11-13　Make it protected 設定画面

▶図 11-14　Make it protected を設定後

開発時に利用するワークフローを用意する

開発時に利用するワークフローを用意します。すでに作成済みの「primary」というワークフローの名前を変更して、「feature」とします。作業をおこなった後は、右上にある「⌘ + S」をクリックするか、⌘ + S をおこなうと、編集内容が保存されます。

このワークフローでおこなう流れは、次のとおりです。

- 自動テスト
- アプリのビルド（ipa ファイルの生成）
- アプリの配布（DeployGate）
- 結果の通知

ステップが失敗したら、次に進む必要はないので次のステップをおこないません。たとえば、「自動テスト」が失敗した場合にはなにか問題があるということであるため、「アプリのビルド（ipa ファイルの生成）」のステップはおこないません。しかし、失敗したことも含め通知をする必要があるため、「結果の通知」は途中経過が失敗であっても必ず最後におこなうようにします。

これらをおこなうために、デフォルトのワークフローに次の 5 つのステップを追加します。自動テストについてはすでに「Xcode Test for iOS」のステップがあるので追加をする必要はありません。

❶ Set iOS Info.plist - Bundle Version and Bundle Short Version String
❷ Xcode Archive & Export for iOS
❸ DeployGate Upload
❹ IPA info
❺ Send a Slack message

また、今回はアプリの配信を DeplyGate でおこなうようにするので、「Deploy to Bitrise.io - Apps,Logs,Artifacts」のステップは削除します。
現時点でのワークフローは、図 11-15 のような感じになっています。

図 11-15 追加したあとのワークフロー

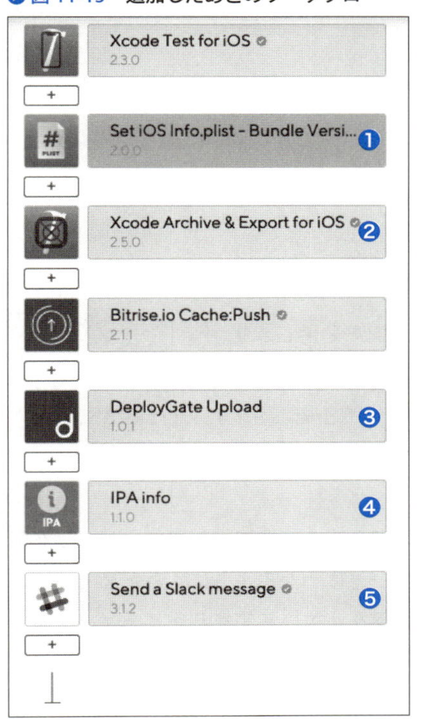

現状はこのワークフローになっていますが、これは開発フロー次第で変化させていくべきものです。場合によっては、このステップの一部を省くこともあれば、

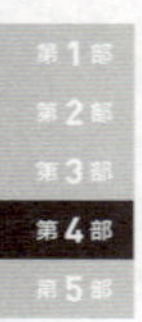

追加のステップをおこなうこともあるでしょう。
　これらのステップについて、それぞれかんたんに説明します。

■自動テスト

　今回は、次のステップを利用します。第 10 章の 10-3 節で紹介した Firebase Test Lab を利用するのもよいでしょう。

・Xcode Archive & Export for iOS

　ここでは、特に設定をしなくてもデフォルトの設定のみで自動テストを実行できます。実行する「端末」や「OS バージョン」を変更したい場合は、ステップの設定※5 から変更できます。
　また、次の環境変数には、テストが成功したかどうかがセットされます。この環境変数は、結果の通知で利用します。

・$BITRISE_XCODE_TEST_RESULT

■アプリのビルド（ipa ファイルの生成）

　アプリのビルドには、次の 2 つのステップを利用します。

・Set iOS Info.plist - Bundle Version and Bundle Short Version String
・Xcode Archive & Export for iOS

　まず、「Set iOS Info.plist」でアプリのバージョンを変更します。アプリを配布するときに、そのアプリのバージョンが一意にわかるようにするためです。このバージョンに関しては、リポジトリで管理をしている値を利用するケースもあるかと思います。その場合は、このステップを利用する必要はありません。設定例は、次のとおりです。

※5　ステップをクリックした後に表示されるInput variablesの項目にあるDevice、OSの値を変更してください。

表11-2 Set iOS Info.plistの設定例

設定項目	設定例
Info.plist file path	#<info.plistまでのパス>
Bundle Version to set	$BITRISE_BUILD_NUMBER
Bundle Short Version String to set	0.0.$BITRISE_BUILD_NUMBER

生成されたipaファイルがどのBitriseのビルドバージョンとひもづくかをわかりやすくするために、Bitriseのビルドバージョンが格納されている環境変数である**$BITRISE_BUILD_NUMBER**を利用しています。

ipaファイルを生成する「Xcode Archive & Export for iOS」の設定例は、次のとおりです。「Select method for export」にあるauto-detectはDEPRECATEDになっているため、明示的に指定します。

表11-3 Xcode Archive & Export for iOSの設定例

設定項目	設定例
Select method for export	development

これで、ipaファイルが生成されるようになりました。

アプリの配布

アプリの配布には、次のステップを利用します。

- DeployGate Upload

Bitriseには、生成されたアプリを配布する方法として、さまざまなステップを用意しています。配布先には、「AmazonのS3」や「GitHubのリリースページ」などを対象としたものもあります。

今回は、10-2節で紹介したアプリ配信サービスである「DeployGate」を利用します。ステップの設定例は、次のとおりです。事前に設定しておいた環境変数を利用します。

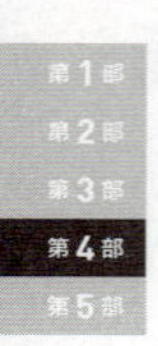

▶表 11-4　DeployGate Upload の設定例

設定項目	設定例
DeployGate: API Key	`$DEPLOYGATE_API_TOKEN`
DeployGate: Owner Name	`#{DeployGate でのユーザ名 }`
App file path	`$BITRISE_IPA_PATH`

■結果の通知

結果の通知には、次の 2 つのステップを利用します。

- IPA info
- Send a Slack message

Bitrise では、結果を通知する手段として「Twitter」「E メール」「Slack」などを利用できるステップが用意されています。今回は、この中から「Slack」を利用します。

Slack を利用して通知した結果の例は、図 11-16 や図 11-17 のような感じになります。

▶図 11-16　ビルド失敗時の通知

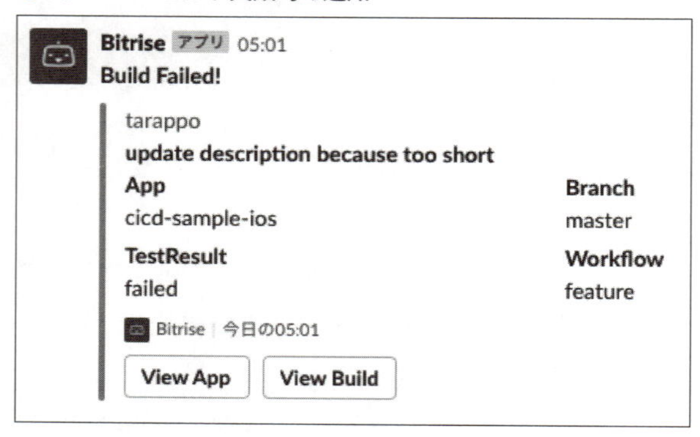

図 11-17 ビルド成功時の通知

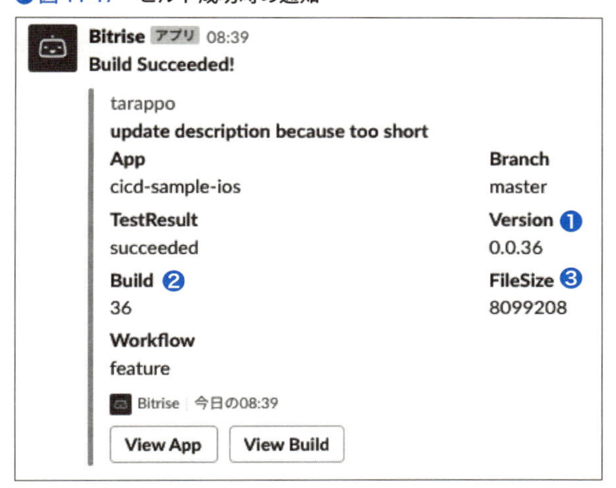

図 11-17にあるようにSlackに結果を通知するにあたり、追加でビルドされたipaファイルの情報（❶、❷、❸）も送ることにします。そこで、「IPA info」ステップを利用します。「IPA info」は、生成されたipaファイルの中身をチェックし、その情報を環境変数として、ほかのステップで使えるようになります。

今回は、その中から次の3つの情報を利用します。この値は、「Send a Slack message」の設定で利用します。

表 11-5 利用するipaファイルの情報の設定例

設定項目	設定例
アプリのバージョン（CFBundleVersion）	$IOS_APP_VERSION_NAME
アプリのビルドバージョン（CFBundleShortVersionString）	$IOS_APP_VERSION_CODE
アプリのファイルサイズ	$IOS_IPA_FILE_SIZE

「IPA info」の設定例は、次のとおりです。BITRISE_IPA_PATHはipaファイルのパスになります。

表 11-6 IPA infoの設定例

設定項目	設定例
IPA file path	BITRISE_IPA_PATH

「Send a Slack message」の設定例は、次のとおりです。

▶表 11-7　Send a Slack message の設定例

設定項目	設定例
Slack Webhook URL	$SLACK_URL

また、通知時に表示する内容を変更します。「A list of fields to be displayed in a table inside the attachment」に次を設定します。

```
App|${BITRISE_APP_TITLE}
Branch|${BITRISE_GIT_BRANCH}
TestResult|${BITRISE_XCODE_TEST_RESULT}
Version| ${IOS_APP_VERSION_NAME}
Build|${IOS_APP_VERSION_CODE}
FileSize|${IOS_IPA_FILE_SIZE}
Workflow|${BITRISE_TRIGGERED_WORKFLOW_ID}
```

設定した値がない場合は、Slack 通知に項目自体が表示されないようになっています。そのため、アプリのビルドに失敗した場合は、図 11-16 にあるように Version や Build、そして FileSize は通知されません。成功した場合は、図 11-17 のように通知されます。

リリース時に利用するワークフローを用意する

開発と検証が無事に終わって、「リリースする」となったときに利用するワークフローを用意します。すでに作成済みの「deploy」というワークフローの名前を変更して、「release」とします。

このワークフローでおこなう流れは、次のとおりです。

- 自動テスト
- アプリのビルド
- 成果物の保存
- App Store Connect の情報更新
    - メタデータの更新

    ・ipa ファイルのアップロード
    ・審査に出す
・結果の通知

これらをおこなうために、次の 4 つのステップを図 11-18 のとおりに追加します。

❶ Set iOS Info.plist - Bundle Version and Bundle Short Version String
❷ Deploy to iTunes Connect
❸ IPA info
❹ Send a Slack message

▶図 11-18 追加したあとのワークフロー

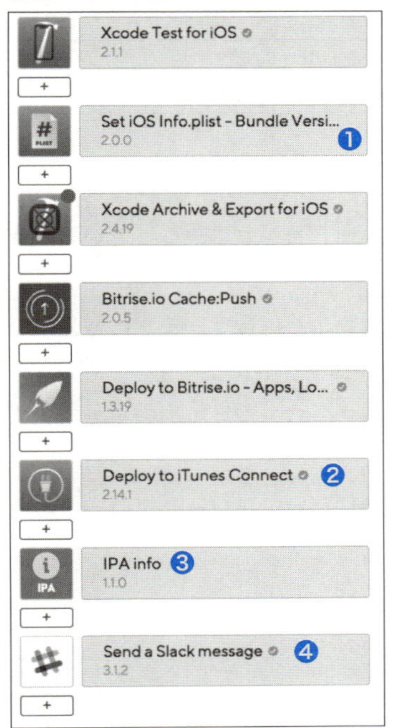

自動テストに関してはデフォルトの設定から変更をしていません。そこで、ほ

かの 4 つのフローについて、次で説明します。

■アプリのビルド

アプリのビルドには、次の 2 つのステップを利用します。

- Set iOS Info.plist - Bundle Version and Bundle Short Version String
- Xcode Archive & Export for iOS

アプリのビルドで設定する項目は、feature のワークフローと同じです。今回の設定例は表 11-8 のとおりです。

表 11-8　Set iOS Info.plist の設定例

設定項目	設定例
Info.plist file path	# ＜ info.plist までのパス＞
Bundle Version to set	1.$BITRISE_BUILD_NUMBER
Bundle Short Version String to set	1.0.$BITRISE_BUILD_NUMBER

この Bundle Short Version String は、リリース時にユーザに公開されるバージョンです。この値は、すでにリリース済みのバージョンとは異なっている必要があります。

今の設定例だと、前回のリリース時のバージョンよりは数字が確実に増えています。この数字をどのようにするかのルールは、プロダクトによります。そのルールに応じて、別のステップを利用するなどによって、バージョンの値を設定するのがよいでしょう。

開発時のワークフローとは異なり、リリース時に利用するワークフローでは表 11-9 にあるように設定します。

表 11-9　Xcode Archive & Export for iOS の設定例

設定項目	設定例
Select method for export	app-store

審査に出すためのアプリなので、「app-store」を選択しています。

App Store Connectの情報更新

App Store Connectの情報を更新するには、次のステップを利用します。このステップの設定例は表11-10のとおりです。

・Deploy to iTunes Connect

表11-10 Deploy to iTunes Connectの設定例

設定項目	設定例
IPA path	`$BITRISE_IPA_PATH`
Apple ID	CONNECT_APPLE_ID
Password	CONNECT_APPLE_PASSWORD
App Bundle ID	対象のアプリのBundle Identifier
Submit for Review?	yes
Skip Metadata?	no
Skip Screenshots?	no

また、アカウントを複数利用している場合は、Team IDかTeam nameで指定するようにします。さらに、利用しているAppleアカウントが2FA（2ファクタ認証）設定をしている場合は、「Application Specific Password」を利用します。

これにより、App Store Connectの情報を更新し、審査状態にまですることができます。

メタデータやスクリーンショットの更新には、fastlaneの`upload_to_app_store`を利用しています。そのため、metadataディレクトリやscreenshotディレクトリ、そしてDeliverfileを用意しておく必要があります。`upload_to_app_store`については、第9章9-8節の「Appstore情報の更新」の項目を参考にしてください。

成果物の保存

Bitriseに成果物を保存するには、次のステップを利用します。

・Deploy to Bitrise.io - Apps,Logs,Artifacts

なにかあったときにビルド時の状況がわかるよう、今回の成果物を保存しておきます。

表 11-11　Deploy to Bitrise.io の設定例

設定項目	設定例
Deploy directory or file path	$BITRISE_IPA_PATH

保存できる対象はディレクトリでもよいので、「事前に必要なものをすべてまとめてディレクトリに保存しておき、それをすべて保存しておく」ということもできます。今回の設定例では、生成した ipa ファイルを保存するように設定しています。これにより、Bitrise の「APPS & ARTIFACTS」タブから今回作られたアプリの情報を確認したりダウンロードすることができるようになります（図 11-19）。

図 11-19　APPS & ARTIFACTS タブ

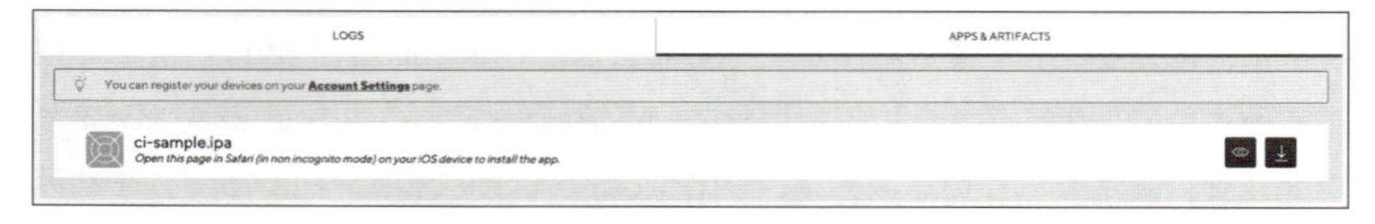

結果の通知

開発時のワークフローからの結果の通知は比較的頻繁におこなわれます。しかし、リリースのためのワークフローからの通知の頻度はそれよりも少なく、周知するべき対象も異なります。Slack の 1 つのチャンネルで同じような通知が来ると、リリースのためのワークフローが動いたことを見逃すかもしれません。そのため、結果の通知を開発時のワークフローとは異なるようにして、わかりやすくするのも 1 つの方法です。

そこで「Send a Slack message」ステップの次の設定を利用します。

- Target Slack channnel、group or username
- Text of the message to send

「Target Slack channnel、group or username」を使って、通知するチャンネルや通知相手を変えることもできます。また、「Text of the message to send」では、失敗時には通知する文字列を変更するといったこともできます。たとえば、成功時には「アプリを審査に出しました」という文言にし、失敗時には「ビルドに失敗しました」というような文言にすることもできます。これらの設定を活用して、通知方法を変えるのも良い方法でしょう。

ワークフローが動く条件を設定する

作成した2つのワークフローの動く条件を設定します。

初期の動く条件だと、対象のリポジトリに対するコードのプッシュとPull Requestすべてに対して、「feature」のワークフローが動くようになっています。これを、求めている条件に合うように変更をしていきます。

今回のサンプルでは、第8章の8-5節で紹介したように、次のようなフローとします。

・開発がはじまったらmasterブランチからfeature/xxxxというブランチをつくって開発する
・そのブランチの検証が終わったら、masterブランチにmergeする
・すべての開発が終わったら、masterブランチをreleaseブランチにmergeする

動く条件の設定は、「Workflows」のタブと同じ階層にある「Triggers」タブから設定できます（図11-20）。

図11-20 Triggers

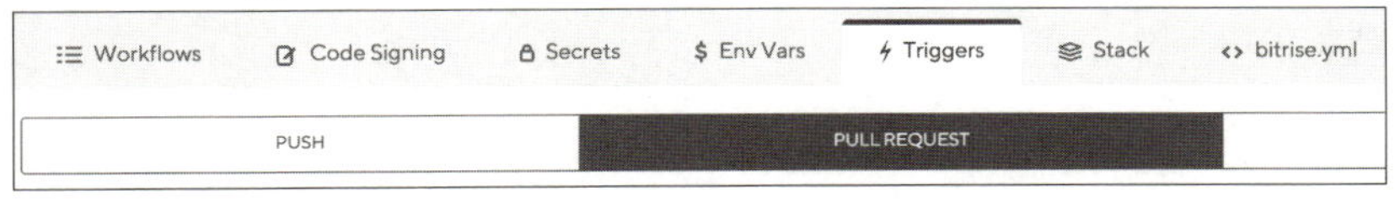

追加する際は、「ADD TRIGGER」を選択して条件を入力したのち、「DONE」を選択します（図11-21）。

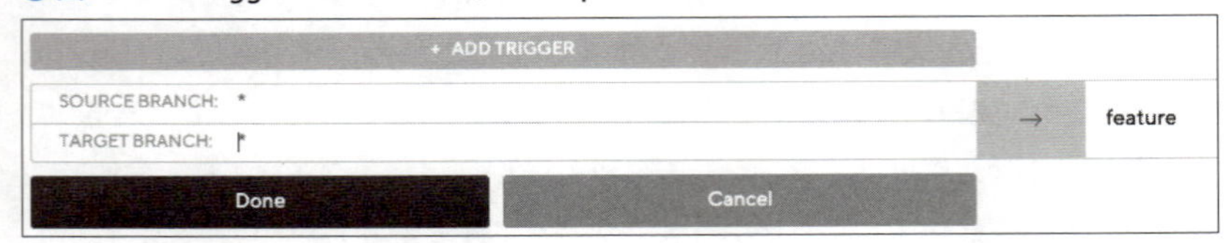

図 11-21　Triggers のサンプル（Pull Request）

今回のフローを満たすように、設定をしていきます。

表 11-12　プッシュの設定例

PUSH BRANCH	対象ワークフロー
release	release

表 11-13　Pull Request の設定例

SOURCE BRANCH	TARGET BRANCH	対象ワークフロー
master	release	feature
feature/*	master	feature

これにより、次の条件のときにワークフローが動くようになっています。

表 11-14　ワークフローが動く条件

条件	動くワークフロー
release ブランチにプッシュがあったとき	release ワークフロー
master から release に対する Pull Request	feature ワークフロー
feature/* から master に対する Pull Request	feature ワークフロー

これらのいずれかの条件が満たされると、次のように自動的にワークフローが動きます。

図 11-22　自動的にワークフローが動く例

共通のワークフローを用意する

今回用意した2つのワークフローは、一部のフローが共通しています。たとえば、次の4つのステップは、どちらのワークフローでも利用しており、設定値も変わりません。

- Activate SSH key (RSA private key)
- Git Clone Repository
- Bitrise.io Cache:Pull
- Certificate and profile installer

このような共通で利用するフローにおいて、順番や設定が変更になると、利用しているワークフローすべてで変更する必要があります。そこで、このように共通で利用するフローは、1つのワークフローとして作成して、他のワークフローから呼び出すようにするのがよいです。

Bitriseでは、ワークフローの事前と事後に別のワークフローを呼び出せます。事前や事後に呼び出すワークフローは、「_」からはじめたワークフロー名にするとよいです。これはユーティリティワークフローと呼ばれ、「Start/Schedule」からビルドを実行しようとしたときの「Build configuration」画面では選択できないようになります（図11-23）。

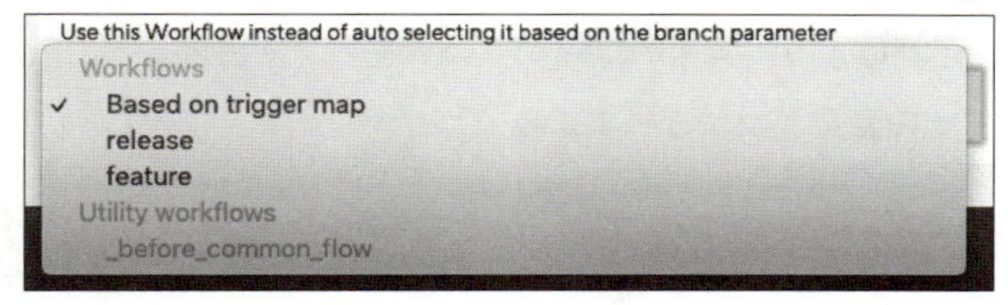

図11-23 ユーテリティワークフローがある時の「Build configuration」画面

それでは、この共通で利用するユーティリティワークフローを作成しましょう。新しいワークフローを作成するには、まず「+ Workflow」タブを選択します（図11-24）。

表示されたダイアログにワークフロー名を入力し、ベースとするワークフロー

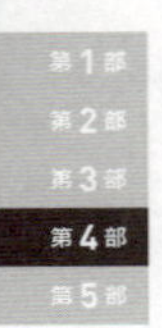

から「Empty workflow」を選ぶことで、空のワークフローが作成されます（図 11-25）。この空のワークフローに共通で利用するステップを設定します。

図 11-24　共通のワークフローの設定

図 11-25　ワークフローの追加

共通のワークフローを利用するワークフロー側で事前におこなうのであれば、「Add Workflow before」を選択します。事後におこなうのであれば、「Add Workflow after」を選択します。

たとえば、事前におこなうワークフローを設定するとします。そのときは、まず「Add Workflow before」を選択し利用する共通のワークフローを設定します（図 11-26）。設定すると、共通のワークフローを取り込んだワークフローになります（図 11-27）。これにより、共通のワークフローを変更すれば、この取り込んだワークフローもその変更が反映されます。

▶図 11-26　事前におこなうワークフローを設定する

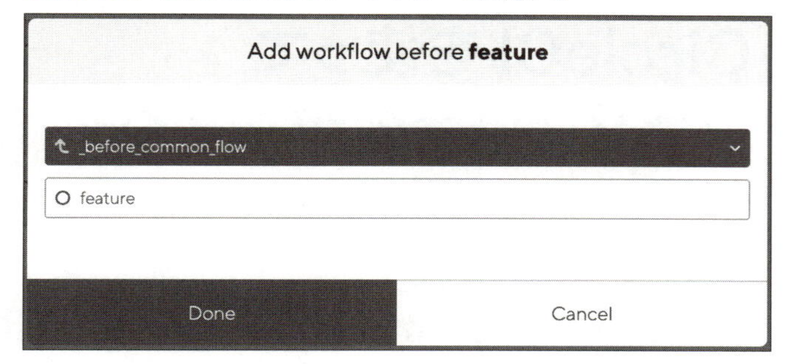

▶図 11-27　事前におこなうワークフローを利用した場合

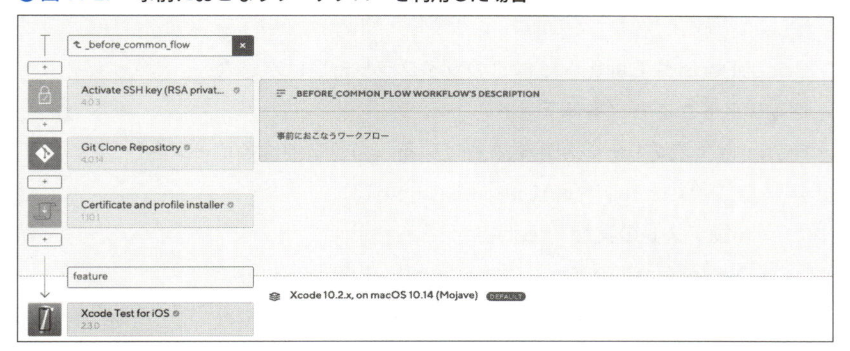

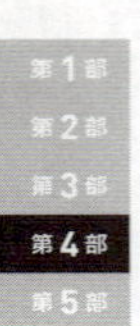

11-2 CircleCI を使って ワークフローを設定する

本節では、CircleCI を利用して第 8 章の 8-5 節で紹介した CI/CD パイプラインを実際に設定していきます。CircleCI では、YAML ファイル（`.circleci/config.yml`）におこないたいことを記載して、ワークフロー※6 を設定します。

今回のアプリの状況は、次のとおりとします。

- CocoaPods や Carthage などのライブラリ管理は未導入
- 自動テストがある（単体テスト）
- fastlane で次のレーンが用意されている（カッコ内は各レーン名）
    - アプリのビルド（`build`、`release_build`）
    - 自動テストの実行（`test`）
    - DeployGate のアップロード（`upload_deploygate`）
    - App Store Connect の情報更新（`update_metadata`）
    - App Store Connect へのアップロードと審査に提出（`release`）

CircleCI では、自身でアプリのビルドやテストを実行するスクリプトを用意する必要があります。今回用意するワークフローでは上記のような fastlane のレーンを用意しています。fastlane については第 9 章を参考にしてください。

CircleCI を利用する

CircleCI のアカウントを用意してから、最初のセットアップをするまでの流れについて説明していきます。今回は、CircleCI のアカウントを GitHub のアカウントにひもづけて作成しています。

まず、サイドメニューの「ADD PROJECTS」を選択し、CI/CD サービスに

※6　CircleCIでは、ワークフローという名前でCI/CDパイプラインを実現します。

組み込むリポジトリを選んで「Set Up Project」を選択します。実行する環境として「Linux」「macOS」とあるので、「macOS」を選択します※7。

Lauguageとして「Objective-C」「Swift」「Other」とあるので、その中から自身にあったものを選択します。今回は「Swift」を選択します。

▶図11-28 OSと言語の設定

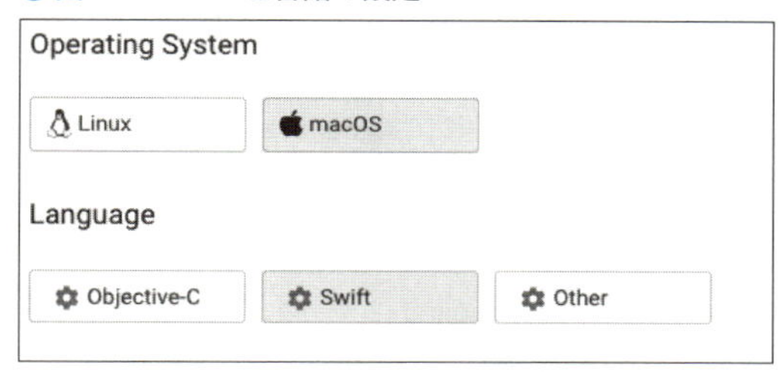

CircleCIでは、YAMLファイルに記載された情報に基づいて、ビルドがおこなわれます。そのため、対象リポジトリに「.circleci/config.yml」を用意する必要があります。iOSアプリで利用するサンプル例として、次の内容を`config.yml`に記載します。

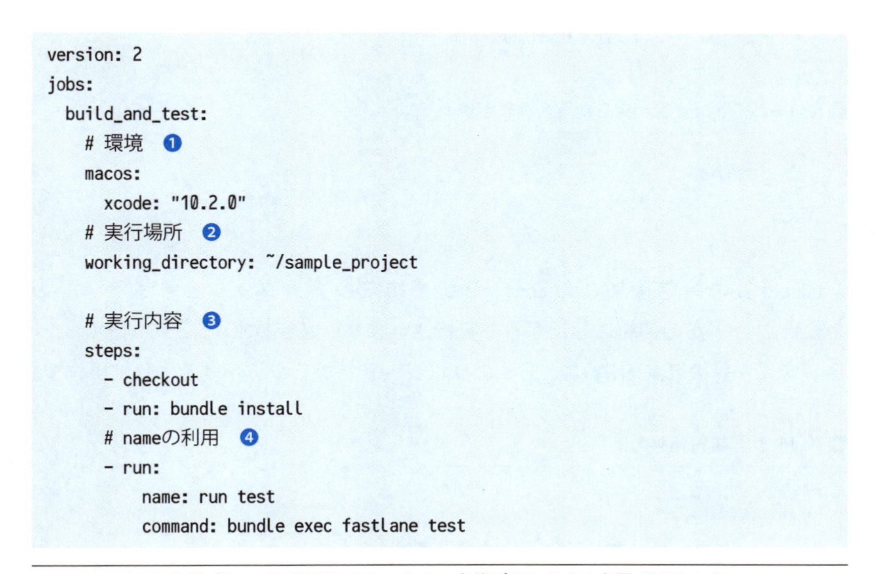

```
version: 2
jobs:
  build_and_test:
    # 環境 ❶
    macos:
      xcode: "10.2.0"
    # 実行場所 ❷
    working_directory: ~/sample_project

    # 実行内容 ❸
    steps:
      - checkout
      - run: bundle install
      # nameの利用 ❹
      - run:
          name: run test
          command: bundle exec fastlane test
```

※7 macOSは無償プランでは利用できないため、有償プランにする必要があります。

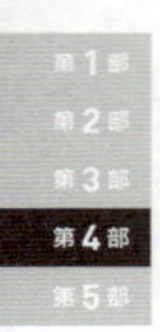

❶では、実行する環境を指定しています。iOS アプリをビルドするため、macOS 環境を指定し利用する Xcode のバージョンを指定しています。❷は実行場所です。

❸では、なにをおこなうかを記載しています。steps 以下に 1 行ずつ書かれているのが、おこなう内容です。

- checkout：対象リポジトリのコードをチェックアウトします
- run：記載されているコマンドを実行します。ここでは `bundle install` を実行し、その後に `bundle exec fastlane test` を実行しています

❹では、`name` を利用しています。この場合、`command` に書かれた処理が実行されますが、CircleCI 上の実行画面には `name` に記載した文字列が表示されます（図 11-29）。指定しない場合は、`run` で記載した文字列や `command` で記載した文字列になります。この `name` を利用することにより、CircleCI の実行画面上でなにを実行しているかがわかりやすくなります。

```
- run:
    name: run test
    command: bundle exec fastlane test
```

▶図 11-29　name を利用した場合の表示例

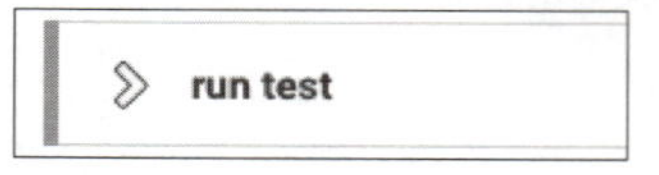

CircleCI の設定後にこの `config.yml` をコミット・プッシュすると、この YAML ファイルの情報にしたがって実行されます（図 11-30）。その結果は、サイドメニューの「JOBS」に、対象のリポジトリとブランチが表示されています。

▶図 11-30　実行結果の例

YAMLファイルの設定については、本書では説明していない設定もあります。CircleCI公式のドキュメント※8も合わせて参照してください。

iOSアプリをビルドするまでの流れ

サンプルで紹介したYAMLファイルは、テストを実行するだけのものになっています。YAMLファイルにアプリをビルドするfastlaneのレーン（build）のコマンドを実行するように追加すれば終わり、というわけではありません。

iOSアプリをビルドするためには、「証明書」と「Provisioning Profile」が必要になります。

CircleCIでは、fatlaneの`match`アクション※9を利用したiOSアプリのビルド方法が説明されています※10。`match`はiOSアプリをビルドするために必要なファイルをプライベートリポジトリで管理し、ビルド時に利用します。ここでは、`match`を利用してCircleCIでiOSアプリをビルドするまでの手順について説明します。

まず、証明書やProvisioningProfileを管理するプライベートリポジトリを作成しておきます。そして、ターミナルにて、CircleCIでビルドする対象のアプリのルートディレクトリに移動し、次のコマンドを実行します。

```
$ fastlane match init
```

用意しておいたリポジトリのURLを聞かれるので、入力します。入力をすると、fastlaneディレクトリ以下に`Matchfile`ができています。このファイル内にある次の値を設定しておきます。

```
git_url("<対象のプライベートリポジトリ>")
app_identifier("<あなたのアプリのBundle Identifier>")
username("<あなたのAppleアカウントのID>")
```

その後に、次のコマンドを1つずつ実行していきます。

※8 https://circleci.com/docs/2.0/configuration-reference/
※9 https://docs.fastlane.tools/actions/match/
※10 https://circleci.com/docs/2.0/ios-codesigning/

```
$ fastlane match appstore
$ fastlane match development
```

質問された内容に答えていくと、用意したプライベートリポジトリに、証明書と ProvisioningProfile が登録されます。アプリのビルド時には、そのリポジトリにあるファイルを利用して、ビルドをおこないます。

次に、CircleCI の Build Settings → Environment Variables に、「MATCH_PASSWORD」というキーを登録します。値は、`match` コマンドを実行したときに入力したパスワードになります。

Fastfile には、次のように `before_all` に `setup_circle_ci` アクションの呼び出しを追加します。

```
before_all do
  setup_circle_ci
end
```

最後に、今回用意した証明書や Provisioning Profile を管理しているプライベートリポジトリにアクセスできるように、CircleCI 側で次の設定をしておきます。

- 対象となるリポジトリの設定画面から、「Permissions > Checkout SSH keys」を選択
- Add user key から「Authorize With GitHub」（図 11-31）を選択

図 11-31　Add user key

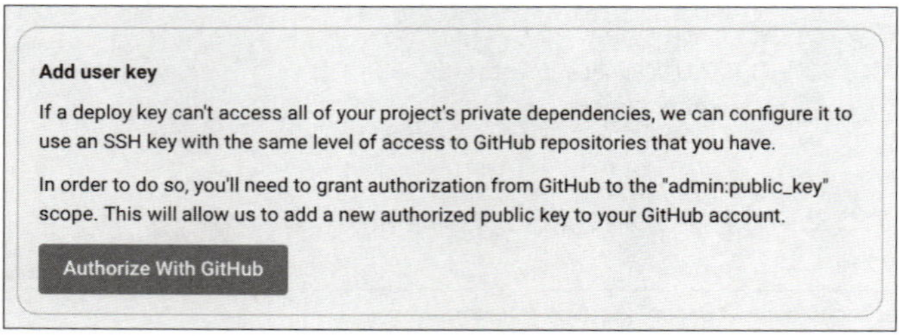

Add user key

If a deploy key can't access all of your project's private dependencies, we can configure it to use an SSH key with the same level of access to GitHub repositories that you have.

In order to do so, you'll need to grant authorization from GitHub to the "admin:public_key" scope. This will allow us to add a new authorized public key to your GitHub account.

Authorize With GitHub

ここまでの対応をおこない、YAMLファイルにアプリのビルドをするコマンド（build）を記載すれば、準備は完了です。次のジョブを追加したYAMLファイルをプッシュすれば、実行されてアプリがビルドされます。

```
version: 2
jobs:
  build:
    macos:
      xcode: "10.2.0"

    steps:
      - checkout
      - run: bundle install
      - run: bundle exec fastlane build
```

用意するワークフローを決める

CircleCIには、Workflows※11という機能があります。この機能を使うと、用意したジョブに対して特定の条件のときのみ動くようにするなどといったことを決められます。また、複数のジョブを並列実行させることもできます。この機能を利用して、求めているワークフローを作ります。

Workflowsを利用したYAMLファイルの記述例は、次のとおりです。

```
version: 2
jobs:
  test:
  # 省略
  build:
  # 省略

workflows:
  version: 2
  build_and_test:
    # 実行するジョブ ❶
    jobs:
      - test
      - build:
          #「test」ジョブが通ったら動かすという設定 ❷
```

※11 https://circleci.com/docs/2.0/workflows/

1 2 3 4 5 6 7 8 9 10 11 12 A

```
          requires:
            - test
```

まず、ワークフロー名を決めます。ここでは「build_and_test」という名前にしています。❶で jobs で定義済みのジョブをこのワークフローでおこなうこととして追加していきます。ここでは、「test」と「build」というジョブを追加しています。❷にある requires では、「指定したジョブが問題なく動いたら実行する」という形にしています。

今回はこの Workflows 機能を利用し、次の 2 つのワークフローを用意します。

・開発時に利用するワークフロー
・リリース時に利用するワークフロー

ワークフローが動く条件を設定する

まず、ワークフローが動く条件を設定する方法について説明します。どのブランチで実行をするかは、`filters` を利用することにより制御できます。たとえば、次のように指定すると、`master` ブランチでのみ動くようになります。

```
workflows:
  version: 2
  sample:
    jobs:
      - test
          filters:
            branches:
              only: master
```

この `filters` を利用することにより、動く条件を設定できます。

開発時に利用するワークフローを用意する

開発時には、次のことをおこないます。

・自動テストの実行
・アプリのビルド
・アプリの配布

そこで、YAMLファイルに「自動テストの実行」をおこなうジョブと「アプリのビルド」と「アプリの配布」を1つにまとめたジョブを用意します。

自動テストの実行をおこなうジョブの例は、次のとおりです。

```
test:
  macos:
    xcode: "10.2.0"
  working_directory: ~/sample_project

  steps:
    - checkout
    - run: bundle install
    - run:
        name: run test
        command: bundle exec fastlane test

    # テスト結果の保存 ❶
    - store_test_results:
        path: fastlane/test_output/
    # 成果物の保存 ❷
    - store_artifacts:
        path: fastlane/test_output/
        destination: test-report
    - store_artifacts:
        path: ~/Library/Logs/scan
        destination: scan-logs
```

❶では、自動テストの実行時に出力されたテスト結果を保存するように設定しています。テスト結果[※12]が保存されるディレクトリを指定します。これを指定することにより、テスト結果がCircleCIのWebUIに表示されるようになります（図11-32）。

※12 fastlaneのrun_testsアクションにより生成されたJUnit XML形式のレポート。

1 2 3 4 5 6 7 8 9 10 11 12 A

▶図 11-32　Test Summary の例

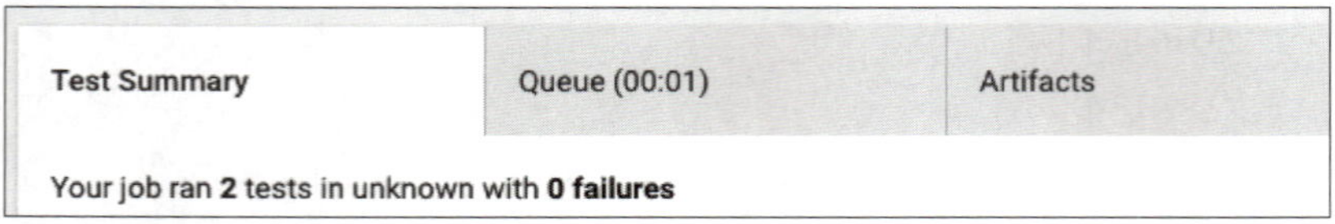

Test Summary	Queue (00:01)	Artifacts
Your job ran **2** tests in unknown with **0 failures**		

ここでは「2 tests in unknown」と表示されています。CircleCI では指定されたディレクトリの構成からテストランナーを推測しますが、今回利用した fastlane の `run_tests` アクションで生成されたテストレポートでは unknown となります。CircleCI がサポートしていれば「2 tests in rspec」のように表示されます。どのような形式をサポートしているかは CircleCI の公式ドキュメントを参考にしてみてください※13。

❷では、成果物としてテスト結果とログを保存しています。これは `destination` で指定した文字列で保存されます。今回はテスト結果を「test-report」、ログを「scan-logs」という値で設定しています。テスト結果も保存するようにしていますが、「Test Summary」で成功・失敗したテストケースの情報を見えるようにするだけでなく、詳細な情報も見られるようにするためです。

成果物で保存したものは「Artifacts」に、図 11-33 のような形で表示されます。

▶図 11-33　Artifacts の例

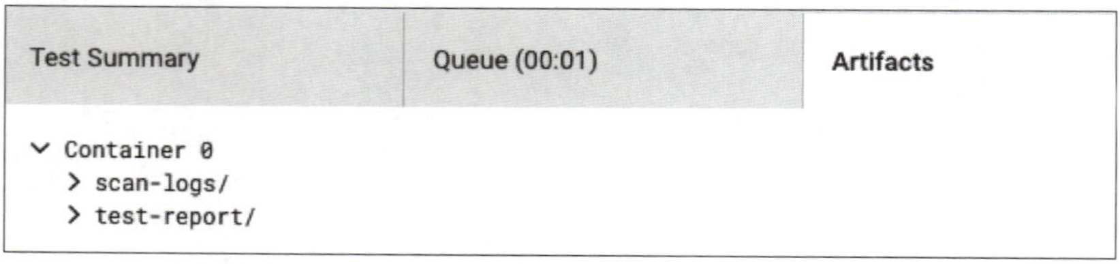

Test Summary	Queue (00:01)	Artifacts

```
˅ Container 0
  > scan-logs/
  > test-report/
```

アプリのビルドと配布をおこなうジョブの例は、次のとおりです。

```
build_and_upload:
  macos:
```

※13　https://circleci.com/docs/2.0/collect-test-data/

```
    xcode: "10.2.0"
  working_directory: ~/sample_project
  environment:
    FL_OUTPUT_DIR: output
    IPA_FILE_PATH: output/gym/sample.ipa

  steps:
    - checkout
    - run: bundle install
    - run:
        name: build
        command: bundle exec fastlane build
    - run:
        name: upload to deploygate
        command: bundle exec fastlane upload_deploygate
```

上記のジョブを利用したワークフローは、次のとおりです。

```
workflows:
 version: 2
 feature:
   jobs:
     - test:
         #  ❶
         filters:
           branches:
             only: /feature\/.*/
             only: master
     - build_and_upload:
          #  ❷
          requires:
            - test
```

❶で、実行する対象のブランチを「feature/*」と「master」に絞っています。これにより、次のブランチに対してコードがプッシュされたときに、このワークフローは実行されます。

- feature/*
- master

❷では、requires を使用し、test ジョブが問題なく動いたら build_and_upload ジョブが動くようにしています。CircleCI の「WORKFLOWS」にある対象を見ると、図11-34のように表示されます。

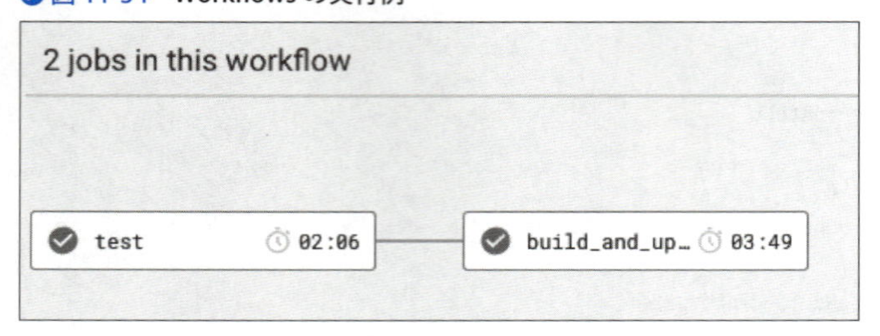

▶図11-34　Workflows の実行例

もし、失敗した場合は、どのジョブが失敗したかがわかるようになっています。

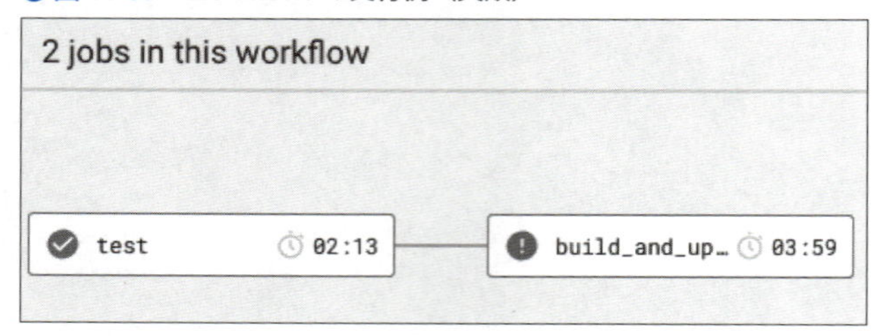

▶図11-35　Workflows の実行例（失敗）

■結果の通知

CircleCI では、フィードバックの手段として、次を用意しています。今回はこの中から「Slack」を利用します。

・Slack
・Hipchat
・Flowdock
・Campfire
・IRC

CircleCI の設定画面から、NOTIFICATION > ChatNotification を選びます。その画面にある Slack の設定画面に、Slack の Webhook URL を設定すれば、通知を送ることができます。結果の通知は、次のような形になります。

▶図 11-36　Slack の通知例（成功）

circleci アプリ 06:02
Success: tarappo's workflow (feature) in tarappo/ci-sample-ios (support/circleci)
- fix workflow (0941730 by tarappo)

▶図 11-37　Slack の通知例（失敗）

circleci アプリ 13:40
Failed: tarappo's workflow (feature) in tarappo/ci-sample-ios (support/circleci)
- Update config.yml (311c369 by tarappo)

test job failed.

この通知内容だと、情報が少ないという場合があるかもしれません。その場合は、fastlane の `slack` アクション※14 を利用して通知させる方法を使うのがよいでしょう。

リリース時に利用するワークフローを用意する

リリース時には、次のことをおこないます。

- 自動テスト
- App Store Connect のメタデータの更新
- アプリのリリースビルド
- App Store Connect へのアプリのアップロードと審査申請

これらについては、それぞれジョブを用意します。

自動テストに関しては、開発時に利用するワークフローで用意したジョブと一緒です。メタデータの更新では `update_metadata` というジョブを用意します。ま

※14　https://docs.fastlane.tools/actions/slack/

た、アプリのリリースビルドとアプリのアップロードと審査申請は、release という 1 つのジョブを用意します。まず、update_metadata ジョブについて説明します。

```
update_metadata:
  macos:
    xcode: "10.2.0"
  working_directory: ~/sample_project

  steps:
    - checkout
    - run: bundle install
    - run:
        name: update metadata
        command: bundle exec fastlane update_metadata
```

メタデータの更新には、fastlane に用意された update_metadata というアクションを利用します。このアクションを実行するためには App Store Connect でメタデータを更新できる権限を持つアカウントが必要です。アカウントの ID を Deliverfile に記載しておき、FASTLANE_PASSWORD を CircleCI の環境変数として設定しておきます。

次に、release ジョブについて説明します。このジョブの設定例は次のとおりです。

```
release:
  macos:
    xcode: "10.2.0"
  working_directory: ~/sample_project
  environment:
    FL_OUTPUT_DIR: output
    IPA_FILE: output/gym/sample.ipa

  steps:
    - checkout
    - run: bundle install
    - run:
        name: build
        command: bundle exec fastlane release_build
```

```
    # アプリファイルのコピー ❶
    - run:
        name: copy ipa file
        command: cp $IPA_FILE ~/
    # 成果物の保存 ❷
    - store_artifacts:
        path: ~/sample.ipa
        destination: release-ipa-file
    # リリース処理 ❸
    - run:
        name: release
        command: bundle exec fastlane release
```

このジョブでは、審査用のアプリをビルドするためにfastlaneの**release_build**を実行します。❶で、ビルドしたアプリファイルをコピーをします。❷で、ビルドしたアプリファイルを成果物として保存しています。**store_artifacts**では、環境変数を展開できません。そのため、事前にわかりやすい場所にコピーさせ、❷でパスの場所を指定しやすいようにしています。❸で、App Store Connectにアプリファイルをアップし、Appleへの審査に出します。

用意した**update_metadata**と**release**ジョブを用いたリリース時に利用するワークフローの設定例は、次のとおりです。

```
workflows:
  version: 2
  release:
    jobs:
      - test:
          # ❶
          filters:
            branches:
              only: release
      - update_metadata:
          # ❷
          requires:
            - test
      - release
          # ❸
          requires:
            - update_metadata
```

■動く条件 - filters / requires

リリース時に利用するワークフローの「test」ジョブ（❶）では filters を設定しています。ここでは、release ブランチにコードがプッシュされたときのみ動作するようにしています。「update_metadata」ジョブ（❷）と「release」ジョブ（❸）では requires を設定しています。このワークフローでは、前のジョブが失敗した場合は次のジョブを実行しないようにしています。

これにより、このワークフローは release ブランチにコードがプッシュされたときのみ動作します。そして、ジョブが成功したときのみ次のジョブが実行されるといった流れになっています。

ジョブ間で Workspace を共有する

今回説明したジョブでは、それぞれソースコードをチェックアウトしています。これらのジョブは同じソースコードでおこなったほうが、チェックアウトを無駄にしなくて済みます。また、特定のジョブでつくられたデータをほかのジョブで使いたいというケースもあるかと思います。

CircleCI では、このジョブが作業をおこなった場所（Workspace と呼びます）をジョブ間で共有できるしくみが提供されています。これにより、ソースコードをすべてのジョブでチェックアウトせずに済みます。

Workspace を共有するためには、次を利用します。

- persist-to-workspace：作業環境をほかでも利用できるようにする
- attach_workspace：利用する側で実行する

```
- persist_to_workspace:
  # Workspaceのrootパス（working_directoryからの相対パスか絶対パス）
  root: .
  # 共有するWorkspaceに追加するディレクトリやファイルなどを指定
  # 今回であれば「.」としているのでディレクトリごと共有されます。
  paths:
    -.
```

```
- attach_workspace:
  at: .
```

最初のジョブでpersist_to_workspaceを使って、Workspaceをほかのジョブでも利用できるように共有します。そして、共有された後のジョブではattach_workspaceを使ってそのWorkspaceを利用できるようになります。

キャッシュを利用する

今回のサンプルではライブラリを利用していませんが、多くのiOSアプリでは、なにかしらのライブラリを利用しているでしょう。また、fastlaneを利用するために、Bundlerを使っているケースもあると思います。CI/CDサービスを利用するうえで、ライブラリをCI/CDサービス上で常にダウンロードするのは、時間がかかってしまいます。

そこで、「CircleCIのキャッシュを利用する」という方法があります。ライブラリをキャッシュに保存しておき、変更が発生しない間はキャッシュに保存されたものを利用し続けるというものです。

CircleCIでは、save_cacheでキャッシュを保存して、restore_cacheでリストアできます。ここでは、Bundlerでインストールしたライブラリ周りのキャッシュについて、説明します。

```
steps:
  - checkout
  #  ❶
  - restore_cache:
      keys:
        - gem-cache-v1-{{ .Branch }}-{{ checksum "Gemfile.lock" }}
  #  ❷
  - run: bundle install --path vendor/bundle
  #  ❸
  - save_cache:
      key: gem-cache-v1-{{ .Branch }}-{{ checksum "Gemfile.lock" }}
      paths:
        - vendor/bundle
```

❸では、キャッシュとして保存する対象をpathsキーで指定しています。名前のとおり複数指定できますが、今回はインストール先ディレクトリのvendor/bundleを指定しています。また❶では、保存しておいたキャッシュがあるかを

keys キーに指定し、同じのがあれば利用します。この keys キーは、名前のとおり複数指定できます。

❶と❸で利用している key キー（キャッシュキー）は、今回は次を設定しています。

```
gem-cache-v1-{{ .Branch }}-{{ checksum "Gemfile.lock" }}
```

このキャッシュキーで使用している {{ .Branch }} などの意味は、表 11-15 のとおりです。

▶表 11-15　利用可能なテンプレート例

テンプレート	意味
{{ .Branch }}	ブランチ名
{{ checksum "filename" }}	指定した filename のファイル内容の SHA256 ハッシュを Base64 エンコードしたもの

この記述では、ブランチならびに Gemfile.lock の checksum を利用しています。同じブランチで Gemfile.lock の更新がなければ、このキャッシュは利用され続けます。

このように利用できる値（テンプレート）は、ほかにも複数あります。どのようなテンプレートがあるかは、公式サイトのドキュメント※15 を参考にしてください。

❷では、bundle install を path 指定でおこなっています。❶でキャッシュが存在し利用できれば、インストールは不要です。そして、❸ではブランチまたは Gemfile.lock に変更がなければなにもせずに次のステップにいき、どちらかが変化していればキャッシュとして保存します。

Column

CircleCI の手動承認

CircleCI では、手動での承認を必要とするジョブをつくることができます。これにより、「リリース前に手動での承認を要求させ、問題がなければリリース

※15　https://circleci.com/docs/ja/2.0/caching/

をする」といったワークフローを組むことができます。
例としては、次のような感じになります。

```
jobs:
  - build:
      filters:
        branches:
          only: /feature\/.*/
  # ❶
  - upload_deploygate:
      type: approval
      requires:
        - build
```

❶に type: approval を設定しています。これにより、このワークフローが実行されてこのジョブが実行されると、一時停止の状態になります（図11-38）。

▶図11-38　ジョブの一時停止中

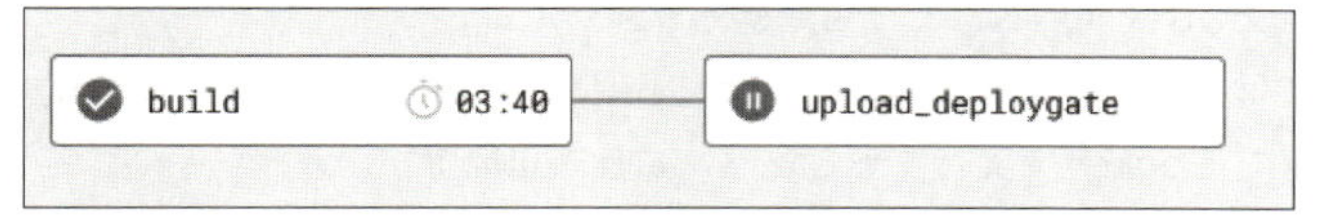

このジョブをクリックすると、手動承認画面（図11-39）が表示され、Approveボタンをクリックすると、このジョブが実行されます。

▶図11-39　手動承認画面

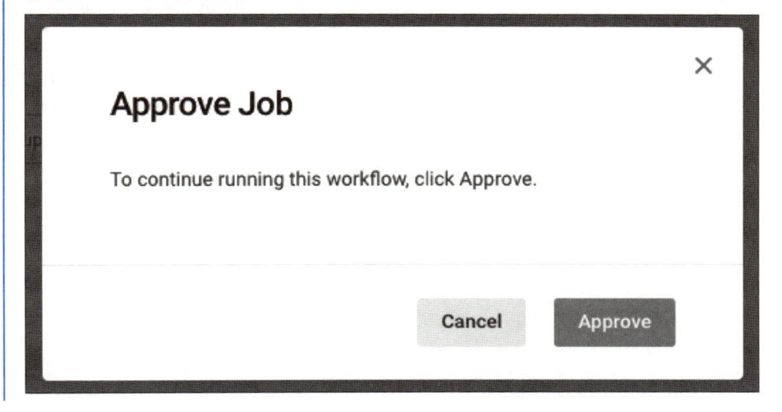

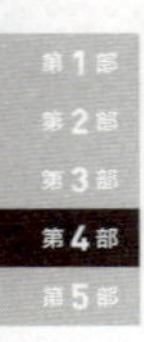

そして、問題なくジョブが実行され終了すると、手動承認をおこなった人とともにグリーンになります。

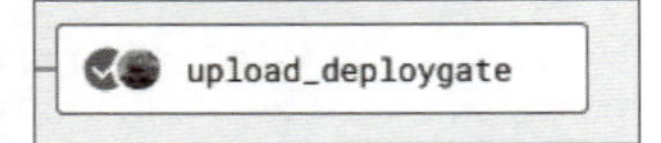

図 11-40 手動承認後のジョブ

Column

macOS 以外も活用する

iOS のアプリ開発においては、macOS は必需品です。しかし、CI/CD でおこなうことすべてが macOS でないとダメか、というとそういうわけではありません。

たとえば、Pull Request 時に機械的にコードのチェックをする「Danger※16」を動かしたいとします。その場合、Danger はアプリのビルドなどには関わらないので、macOS を利用しなくても問題ありません。

CircleCI では、macOS 以外のビルド環境も用意されています。次のような形で Danger を Docker で実行するといったことも可能です。

```
danger:
  docker:
    - image: dantoml/danger:latest
  steps:
    - checkout
    - run: danger
```

なぜ、macOS 以外も活用するとよいのでしょうか？

CircleCI では、同時に実行できるジョブの数に応じて利用金額が変わります。macOS だけですべてのジョブを実行すると、macOS で処理するべきジョブが多くなってしまい、待機状態のまま時間が経過してしまうような状態にも陥ってしまいます。そこで、macOS 以外のビルド環境も活用することにより、そのような待機状態になりにくい形にすることが望ましいです。

※16 https://github.com/danger/danger

第 5 部

第 12 章

デバッグのテクニック

本章では、さまざまなデバッグテクニックを紹介していきます。

Xcode におけるブレークポイントの一歩進んだ使い方や、LLDB の利用方法、Xcode に付属したデバッグツール、実機やシミュレータで活用できる便利な機能など、さまざまなものを取り上げています。

ほかの章とは異なり、各 TIPS で完結した内容になっているものがほとんどなので、興味のある部分だけを読んで試すこともできます。

12-1 ブレークポイントをもっと効果的に活用する

ブレークポイントは、指定した行でプログラムを一時停止させるものです。一時停止した状態で変数の内容を確認したり、変数の値を一時的に書き換えたりすることも可能です。本書では一歩進んだブレークポイントの使い方を紹介します。

条件・アクションを利用する

Xcodeにおけるブレークポイントでは、次のようなことが可能です。

・停止する条件を指定する
・停止した際に特定のアクションを実行する
・停止せずにアクションだけ実行する

ここでは、リスト12-1のコードに対して、iの値が偶数のときにstring.countの結果をログとして出力してみましょう。

▶リスト12-1 ブレークポイントを試すコード

```
func greet() {
    var string: String = ""

    for i in 1...5 {
        string = Array(repeating: "Hi!", count: i).joined()
    } // ここにブレークポイントを設定する ❶
}
```

❶の部分にブレークポイントを設定し、ダブルクリックして表12-1のように設定値を入力します（図12-1）。

図 12-1 ブレークポイントの編集

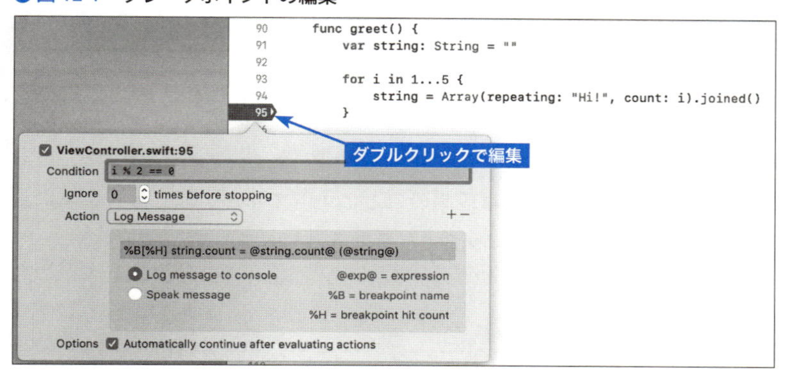

表 12-1 ブレークポイントの設定値の説明

項目名	例	説明
Condition	`i % 2 == 0`	停止させる条件
Ignore	`0`	到達しても無視する回数
Action	Log Message	到達した際に実行するアクション
テキストボックス	`%B[%H] i = @i@, string.count = @string. count@ (@string@)`	実行するアクション
Automatically continue...	ON	チェックを ON にすると停止させない

なお、Xcode の画面上にも説明が書かれていますが、今回選択した Action[※1] である「Log Message」では、次の変数が利用可能です。

表 12-2 ブレークポイントの設定値の説明

項目名	設定値	説明
@exp@	`@string.count@`	@ で囲まれた式を評価する
%B	なし	ブレークポイント名[※2] を出力する
%H	なし	ブレークポイントに到達した回数を出力する

この設定でプログラムを実行すると、次の出力結果が得られます。

※1 本書では一部しか利用しませんがいくつかのアクションがサポートされています。たとえば、「Sound」を選択すると音を鳴らす、といったことも可能です。

※2 現在のXcodeでは、ブレークポイントに自分で名前をつけることはできず、メソッド名などが出力されます。

```
greet()[1] i = 2, string.count = 6 ("Hi!Hi!")
greet()[2] i = 4, string.count = 12 ("Hi!Hi!Hi!Hi!")
```

iが偶数のときのみ、string.countという式が評価され、コンソールログに出力されているのがわかります。

if文やprint関数を活用すれば同様のことは可能ですが、再ビルドせずにおこなえるので、より効率的にデバッグできるようになるでしょう。

Exceptionブレークポイント

UIKitなどはObjective-Cで書かれており、内部的にエラーが発生した場合には、NSExceptionという例外がスローされます。通常、Swiftのコードでは、NSExceptionのキャッチはおこなわないため、最上位のAppDelegateに到達した時に、はじめてエラーの報告がされます。このようなケースでは、「Exceptionブレークポイント」を利用すると、デバッグがはかどります。

NSExceptionが発生したときの挙動

次のコードでは、存在しないStoryboard名を指定しています。これは、NSInvalidArgumentExceptionという例外をスローさせます。

リスト12-2　存在しないStoryboard名を指定してしまった場合

```
static func create() -> ViewController {

  // NSInvalidArgumentExceptionがスローされる
  let storyboard = UIStoryboard(name: "dummy", bundle: nil)
  return storyboard.instantiateInitialViewController() as! ViewController
}
```

明示的に例外をキャッチしないかぎりは、コールスタックの最上位であるAppDelegateまで到達し、結果としてsignal SIGABRTが報告されます（図12-2)。

▶図 12-2 スローされた NSException は最上位の AppDelegate で止まる

```
 8
 9  import UIKit
10
11  @UIApplicationMain
12  class AppDelegate: UIResponder, UIApplicationDelegate {     ≡ Thread 1: signal SIGABRT
13
```

これでは、エラーの発生した箇所がすぐにわからず、とても不便です。

Exception ブレークポイントを追加する

Exception ブレークポイントを利用すると、例外がスローされた箇所で停止するようにできます。「Exception Breakpoint」は、ブレークポイントナビゲーターの左下の「+」ボタンから追加できます（図 12-3）。

▶図 12-3 Exception Breakpoint を追加する

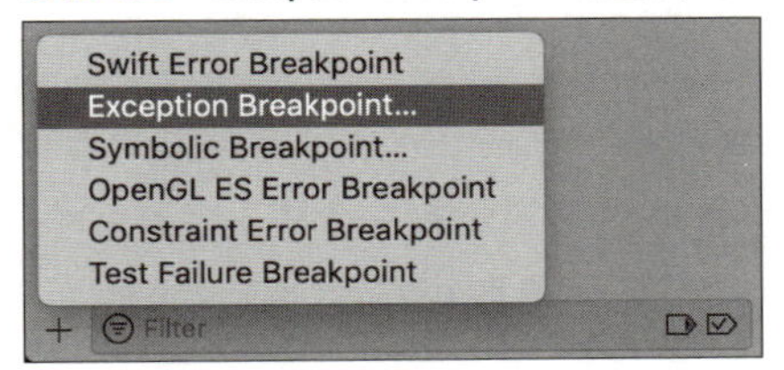

表示された画面では、表 12-3 のように設定値を入力します。

▶表 12-3 ブレークポイントの設定値の説明

項目名	設定値	説明
Exception	Objective-C	補足する例外の種類（All ／ Objective-C ／ C++）
Break	On Throw	どのタイミングで停止させるか（On Throw ／ On Catch）
Action	Debugger Command	実行するアクション
Command	po $arg1	実行するデバッグコマンド

このように設定しておくと、例外がスローされた箇所で停止し、コンソールにエラーの内容が出力されるようになります。

図 12-4　Exception Breakpoint を設定している場合の挙動

```
24
25      static func create() -> ViewController {
26          let storyboard = UIStoryboard(name: "dummy", bundle: nil)      Thread 1: breakpoint 3.1
27          return storyboard.instantiateInitialViewController() as! ViewController
28      }
29
```

DebugApp 〉 Thread 1 〉 3 static ViewController.create()

```
2019-03-24 19:39:43.867552+0900 DebugApp[50546:5489237] libMobileGestalt MobileGestalt.c:890:
    MGIsDeviceOneOfType is not supported on this platform.
Could not find a storyboard named 'dummy' in bundle NSBundle </Users/hosonumayuusuke/Library/
    Developer/CoreSimulator/Devices/C977910A-8002-4F1D-BEC8-B0FFE019BB4B/data/Containers/Bundle/
    Application/7E37B21E-1B75-4F73-A3C7-487B25E72CA4/DebugApp.app> (loaded)
(null)
```

コンソールの内容を確認すると、「Could not find a storyboard named 'dummy' in bundle NSBundle ...」と出力されており、エラーの原因がすぐに判断できるのがわかります。

Symbolic ブレークポイント

特定の名前のメソッドが呼び出された場合に、一時停止させたい（あるいは特定のアクションを実行したい）といったケースがあります。たとえば、UIViewController の viewDidLoad メソッドが呼び出された際に、必ず一時停止したいといったケースです。

作成したすべての ViewController に、手動でブレークポイントを設定するのは、とても手間です。このような時に「Symbolic ブレークポイント」を利用すると、指定した名前に一致する箇所すべてに、一気にブレークポイントを設定できます。

また、通常のブレークポイントでは、手元にソースがある箇所にしか設定できません。しかし、これを利用することで手元にソースが無いライブラリ内の処理に対してもブレークポイントを設定できます。

Symbolic ブレークポイントを設定する

例として、greet という同じ名前のメソッドが定義された、構造体とクラスを見てみます。

リスト 12-3 同名の greet というメソッドが定義された構造体とクラス

```
// Dog 構造体
struct Dog {
    func greet() {
        print("wan!")
    }
}

// Cat クラス
class Cat {
    func greet() {
        print("nya!")
    }
}
```

greet というメソッドが呼び出された際に停止する Symbolic ブレークポイントを設定してみましょう。

まず、ブレークポイントナビゲーターの左下の「+」ボタンから、「Symbolic Breakpoint...」を選択します。

図 12-5 Symbolic Breakpoint を追加する

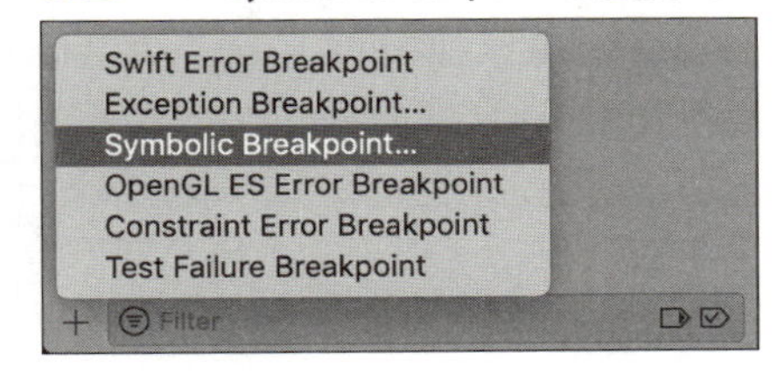

設定画面が表示されるので、次のように設定値を入力します[※3]。

表 12-4 Symbolic ブレークポイントの設定値

項目名	設定値	説明
Symbol	greet	ブレークポイントを設定する対象とするシンボル名
Module	TestBook	対象とするモジュールの名前（省略するとすべてのモジュールが対象）

※3 12-1節はじめの「条件・アクションを利用する」の項で解説しているように、必要に応じて条件やアクションを設定しても構いません

図12-6 Symbolic Breakpointの設定を入力

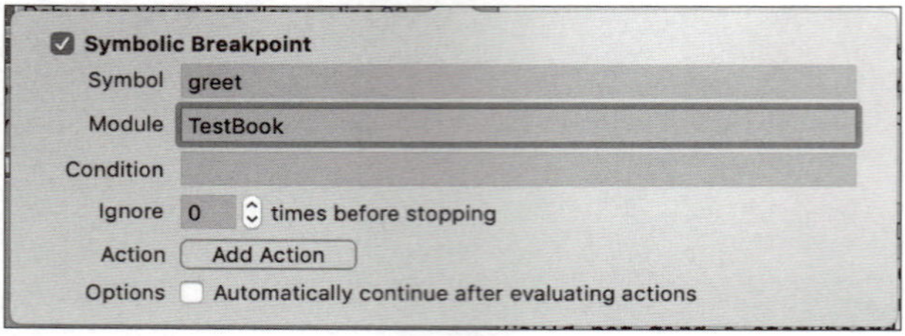

この状態でアプリを実行すると、次のようにブレークポイントが一括で設定され、greetメソッド呼び出し時に一時停止することがわかります（図12-7）。もちろん、通常のブレークポイントと同様、対象外にしたいものがあれば無効にもできます。

図12-7 ブレークポイントが一括で設定されている

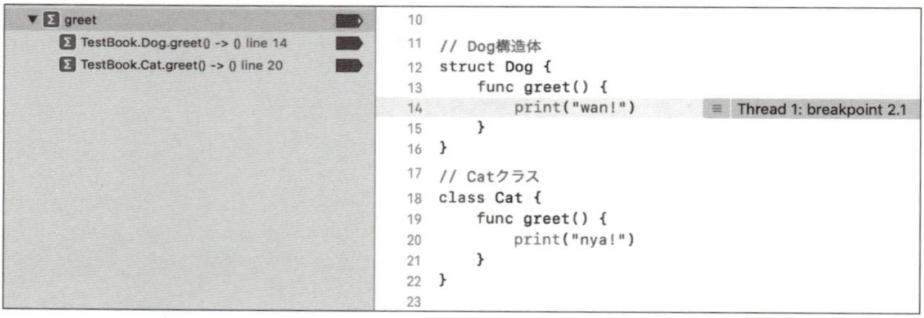

同様の手順で、冒頭で述べたようなviewDidLoadメソッド呼び出し時に一時停止するブレークポイントも設定できます。

このように、名前を指定して一括でブレークポイントを設定したい場合や、メソッド名はわかっているもののライブラリのソースが存在しない箇所にブレークポイントを設定したい場合に、Symbolicブレークポイントを活用すると便利でしょう。

ブレークポイントを共有する

実装時の一時的なデバッグであれば、自分のみが利用できれば十分かもしれません。しかし、ブレークポイントの種類によっては、開発チーム内で共有できると便利なものもあります。そのような時は、「Share ブレークポイント」と呼ばれる機能を利用できます。

■ブレークポイントを共有設定にする

ブレークポイントを共有設定にするには、対象のブレークポイントを右クリックし、メニューから「Share Breakpoint」を選択します。

▶図 12-8　ブレークポイントを共有する

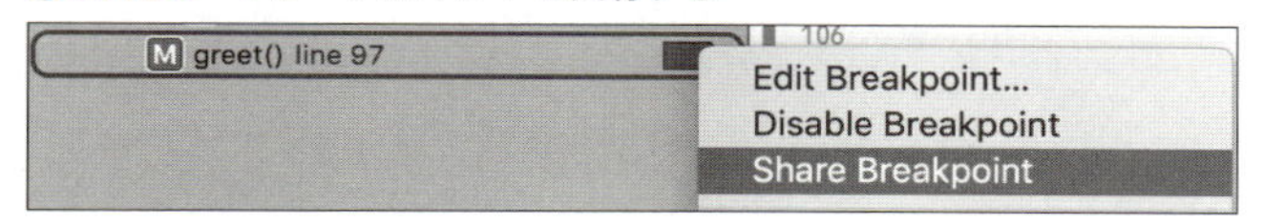

そうすると、次のようにブレークポイントナビゲーターに「Shared」と書かれたグループが追加されます。

▶図 12-9　Shared と書かれたグループが追加される

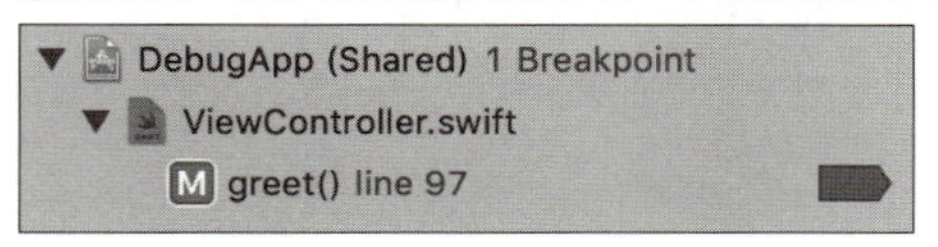

通常のブレークポイントは、「xcuserdata/ ユーザ名 /xcdebugger/Breakpoints_v2.xcbkptlist」に記録されますが、共有されたブレークポイントは、「xcshareddata/xcdebugger/Breakpoints_v2.xcbkptlist」に記録されます。このファイルをバージョン管理システムにコミットして共有することで、ほかの開発者からも同じブレークポイントが利用できる状態になります。

共有したブレークポイントについては、「有効／無効」の状態も共有されます。意図せず変更をコミットして、ほかの開発者を混乱させたりしないように、事前にチーム内で利用方法について話し合っておくとよいでしょう。

なお、共有したブレークポイントを共有から外すには、対象のブレークポイントを右クリックして、表示されるメニューから「Unshare Breakpoint」を選択します。あまり利用頻度の高い機能ではないと思いますが、覚えておくと必要になったタイミングで利用でき、効率につなげられるでしょう。

12-2 変数の値を監視する

デバッグ時に「ある変数」の値が変わったタイミングを知りたい、という場合があります。ここでは、次の 2 つのテクニックを紹介します。

・ウォッチポイント
・ブレークポイント

ウォッチポイントを利用する

Xcode には「ウォッチポイント」という機能があり※4、それを利用すると、値が変わったタイミングでプログラムを一時停止させることが可能です。

次のようなコードがあった場合に、変数 x の値が変化したタイミングで一時停止させる方法を見ていきます。

▶リスト 12-4　ウォッチポイントを活用する例

```
var x = 0

for _ in 1...5 {
    x += 1
}
```

ウォッチポイントを設定するためには、まずプログラムを一時停止する必要があります（ブレークポイントで一時停止させるなど）。

一時停止した状態でバリアブルビューを見ると、現在のスコープの変数一覧が列挙されます。その中から監視したい変数を右クリックし、表示されるメニューから「Watch " 変数名 "」を選択することで、ウォッチポイントが設定されます（図 12-10）。

※4　厳密にはLLDBの機能です。

▶図 12-10 ウォッチポイントを設定する

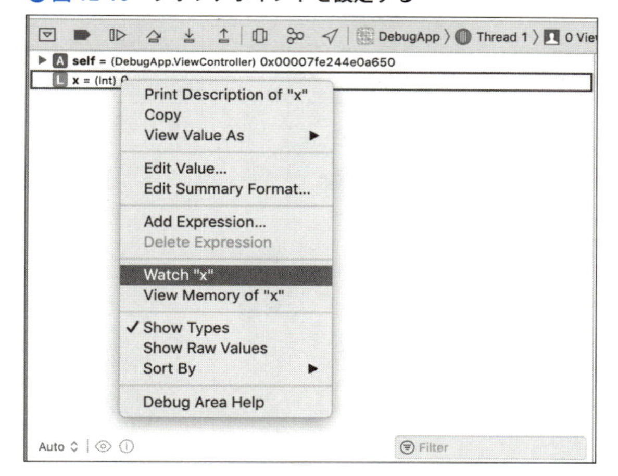

すると、対象の変数が書き換えられたタイミングでプログラムが一時停止されるようになります。

▶図 12-11 ウォッチポイントにより一時停止された様子

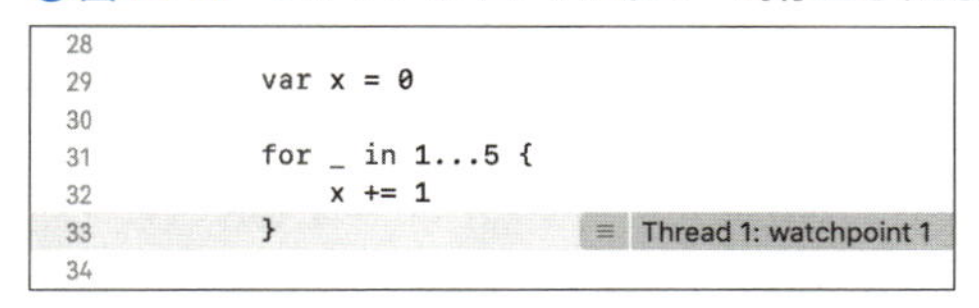

なお、ウォッチポイントはブレークポイントと異なり、一度アプリの実行を停止してしまうと設定がすべて破棄されてしまうので、注意が必要です。

■ウォッチポイントには制限がある

ウォッチポイントには、「ハードウェアが対応した値でないと設定できない」という制限があります。

たとえば図 12-12 は、Swift の `String` 型に対してウォッチポイントを設定しようとした様子です。

▶図 12-12　String型の値に対してウォッチポイントを設定しようとした様子

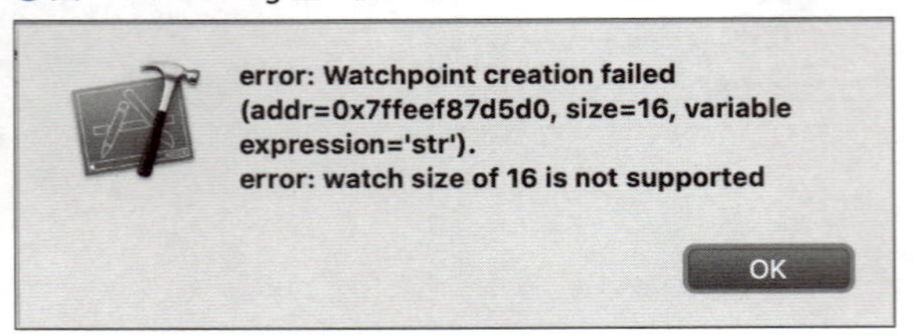

最終行を読むと、次のように「ウォッチしようとした対象のサイズはサポートされていない」と書かれています。

```
error: watch size of 16 is not supported
```

また、一度に設定できるウォッチポイントの数もハードウェアに依存しているので、注意が必要です※5。

ブレークポイントを利用する

あるクラスに定義されたString型のインスタンス変数が変更された場合に一時停止したい、というケースは少なくないと思います。しかし、前述したようにSwiftのString型はウォッチポイントに対応しておらず利用できません※6。

そのような場合には、インスタンス変数自体にブレークポイントを設定することで、似たようなことを実現できます。

▶図 12-13　ViewControllerのインスタンス変数にブレークポイントを設定した様子

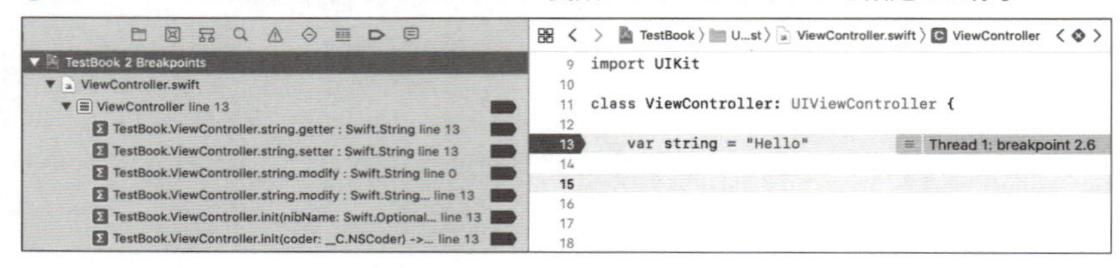

※5　筆者のMac OS上のシミュレータで試したところ、同時に設定できるウォッチポイントは4つが限界のようでした。

※6　NSString型であればウォッチポイントを利用できます。

ブレークポイントナビゲーターを見ると、合計６つのブレークポイントが設定されているのがわかります。

このうち、ウォッチポイントのように値が変化した時に相当するのは、２つめの setter です。このブレークポイント以外を無効にしてあげることで、ウォッチポイント相当の機能が得られます※7。

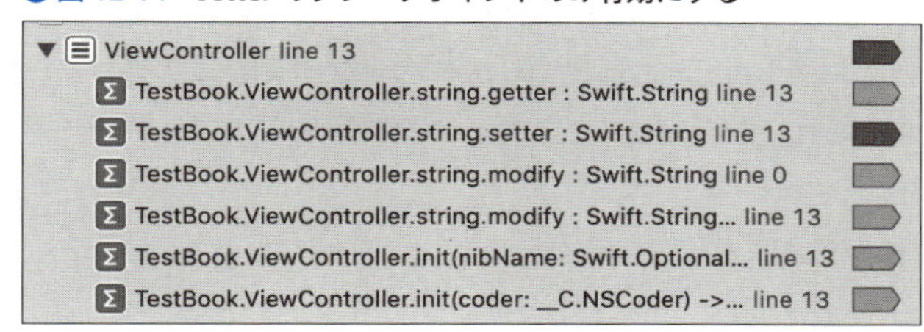

図 12-14　setter のブレークポイントのみ有効にする

ウォッチポイントを設定しようとしてエラーになった場合、諦めて手動でデバッグしてしまうケースも多いかもしれませんが、ブレークポイントのこのような使い方を覚えておくと、デバッグ時に重宝するでしょう。

※7　すべてで一時停止したい場合はそのままで大丈夫です。

12-3 Xcodeに用意されたデバッグツールを使いこなす

Xcode におけるデバッグというと「ブレークポイント」や「変数の確認」などが代表的ですが、ほかにも Xcode にはアプリをデバッグする際に便利なツールが用意されています。これらを活用することで、より効率的にアプリのデバッギングをおこなえます。

ここでは、Xcode に用意された以下のデバッグツールを紹介します。

・Debug View Hierarchy
・Debug Memory Graph
・Instruments

画面の View 階層を調べる - Debug View Hierarchy

アプリを開発している際、画面上の View が期待どおりに表示されなかったり、意図しないレイアウト崩れが発生することがあります。そのような時に、「Debug View Hierarchy」という機能を利用できます。

Debug View Hierarchy は、Xcode のデバッグエリアの上部に配置されたボタンから起動できます。

図 12-15　Debug View Hierarchy を起動する

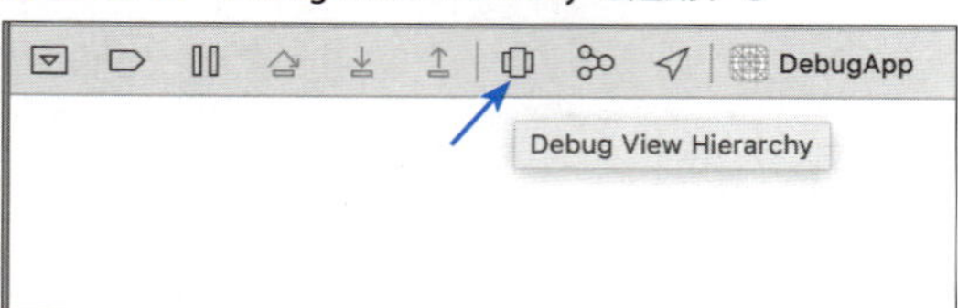

起動するとアプリは一時停止状態となり、そのときに実機またはシミュレータ

で表示している画面のView階層が表示された状態になります（図12-16）。

図12-16 Debug View Hierarchyを起動したところ

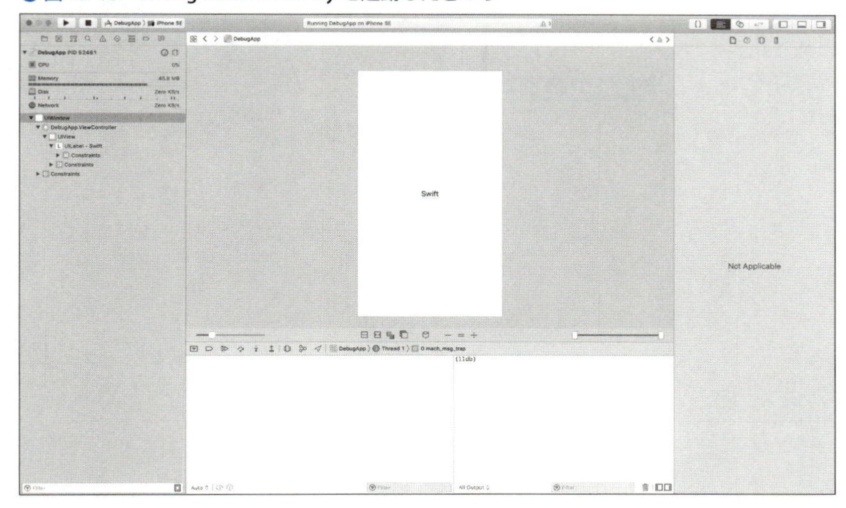

画面は3Dで表示されており、カーソルドラッグで、任意の角度から見ることが可能になっています。下部にはいくつかボタンが配置されており、そこから表示設定などの変更も可能です。

また、表示されているView要素を選択することで、そのViewの詳細な状態を確認することもできます。View要素を選択した状態で、インスペクタービューからViewの設定値やサイズなどを確認できます（図12-17）。

図 12-17　View 要素の設定値を確認する

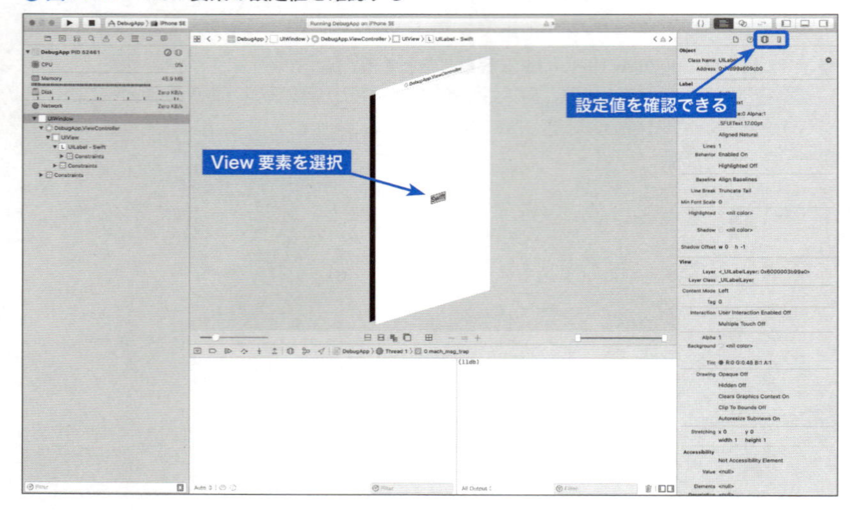

複雑な View 階層のデバッグを、ブレークポイントなどだけで確認するのは困難です。そのような時に「Debug View Hierarchy」を活用すると、効率的に問題箇所を発見できるでしょう。

メモリ状況をビジュアライズする - Debug Memory Graph

Xcode 8 から搭載された「Debug Memory Graph」という機能を利用すると、メモリの使用状況をビジュアルに表示できます。オブジェクト同士がどのように参照しあっているかがわかり、循環参照などによるメモリリークの検出も可能です。

■メモリリークとは

Swift では、メモリ管理に ARC（Automatic Reference Counting）という技術が利用されています。これは、参照カウントによるメモリ管理となっており、ガベージコレクタに比べてオーバーヘッドが少ない利点があります。しかし、循環参照したオブジェクトについては自動開放されない、という欠点もあります。このように、あるメモリが開放されずに残り続けることを「メモリリーク

(Memory Leak)」と呼びます。

たとえば、リスト 12-5 は変数 a と変数 b が互いを参照しあっているため、循環参照によるメモリリークとなります。

▶リスト 12-5 メモリリークが発生するコード

```
class Node {
    var next: Node?
}

class ViewController: UIViewController {

    override func viewDidLoad() {
        super.viewDidLoad()

        let a = Node()
        let b = Node()
        a.next = b // a --> b
        b.next = a // b --> a

        // a --> b --> a --> ... という参照となり、どちらも開放されない
    }
}
```


メモリリークは開発時に気づきにくく、発生してもすぐには問題とならないため軽視されがちです。しかし、開放されなかったオブジェクトはメモリ領域に残り続けるため、アプリの動作が遅くなったり、OS によりアプリが強制終了されることもあります。品質の面から考えても、メモリリークは早めに対処しておくことが望ましいと言えます。

Debug Memory Graph を利用する

Debug Memory Graph は、Xcode のデバッグエリア上部に配置されたボタンから起動できます（図 12-18）。起動するとエディタ領域にメモリが可視化され、ナビゲーターエリアにオブジェクトの一覧が階層表示されます（図 12-19）。

▶図 12-18　Debug Memory Graph を起動する

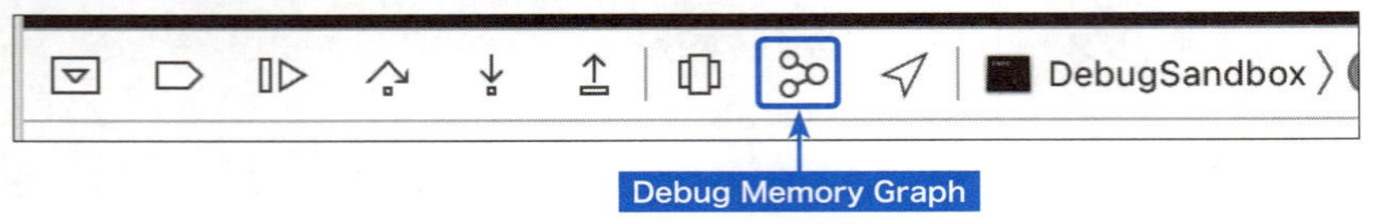

▶図 12-19　Debug Memory Graph の画面構成

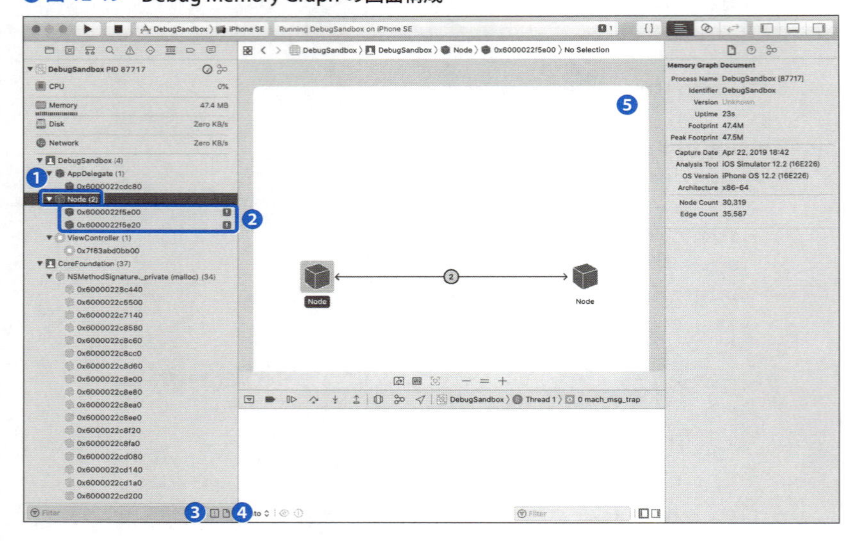

❶では「クラス名」に加え、インスタンスの数が () 内に表示されています。今回は「Node(2)」と表示されており、2 つのインスタンスが確保されているのがわかります。ツリーの配下には実際のインスタンスがメモリアドレス付きで表示されています（❷）。右側に「!」マークが表示されているものが、メモリリークとして検出されたインスタンスです。

❸と❹は表示をフィルタリングする機能です。❸はメモリリークとして検出されたオブジェクトのみを表示し、❹は自身のワークスペースのオブジェクトのみを表示するようにします。

❺のエディタ領域には、ナビゲータエリアで選択したオブジェクトおよび関連するオブジェクトの参照関係が、グラフ形式で表示されます。ここでは、2 つの Node オブジェクトがお互いを指すような表示になっており、循環参照している

ことが読み取れます。

なお、表示されたオブジェクトを右クリックすると、コンテキストメニューが表示されます（図12-20）。オブジェクトの種類によっては「Jump to Definition」で、コード上の定義に移動できるので、活用するとよいでしょう。

▶図12-20 Debug Memory Graphのオブジェクトのコンテキストメニュー

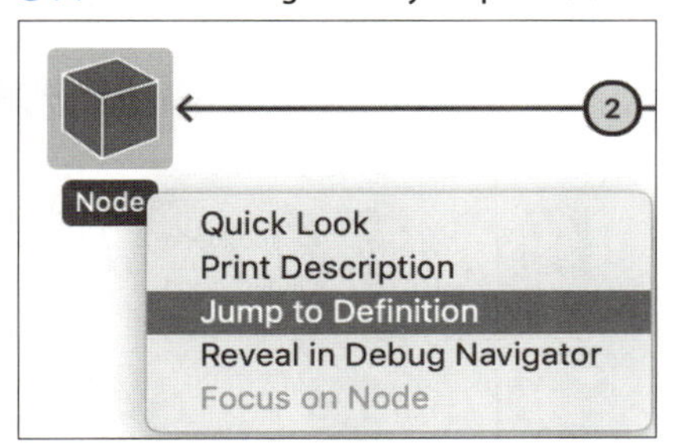

メモリリークを検出する - Instruments

ここでは、Xcodeに付属しているInstrumentsというツールを利用したメモリリーク検出などの方法を解説します。

Instrumentsとは

Instrumentsは、システムの実行状況をリアルタイムにモニタリングできるツールです※8。本書で取り上げるメモリリークを検出する「Leaks」のほか、処理時間を計測できる「Time Profiler」など、多数の項目がモニタリングできるようになっています※9。

メモリリークを検出する

Instrumentsを利用するためには、実際にアプリを実行する必要があるので、事前にシミュレータまたは実機にアプリをインストール(デバッグビルドでも可)しておきます。本書では、シミュレータを例に手順を解説していきます。シミュ

※8 Macにおけるアクティビティモニタの開発者向けバージョンという表現もできるかもしれません。

※9 InstrumentsはiOSアプリだけではなくMacアプリにも対応しています。対象によってはモニタリングできない項目があるので注意しましょう。

レータも起動したままにしておく必要があるので、注意しましょう。

Instrumentsの起動は、Xcode > メニュー > Xcode > Open Developer Tool > Instrumentsからおこなえます。起動すると、利用可能な機能の一覧がアイコンで表示されます。今回は、メモリリークの検出で利用する「Leaks」を選択して、「Choose」ボタンをクリックします（図12-21）。

図12-21 Instruments起動直後の画面

モニタリング結果が確認できる画面が表示されるので、画面上部からターゲットとなるシミュレータ（または実機）とプロセス（アプリ）を選択します（図12-22）。アプリは、インストール済みのものを「Installed Apps」から選択できるのに加え、実行中のものも「Runnning Applications」から選択してアタッチできます（図12-23）。最後に、画面左上の赤い「●」ボタンをクリックすると、計測が開始されます。

図12-22 Instrumentsでモニタリング対象のターゲットを選択

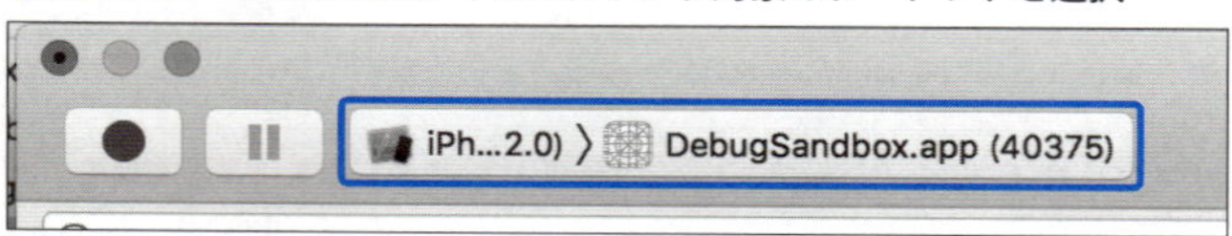

▶図12-23 対象として実行中のアプリも選択することができる

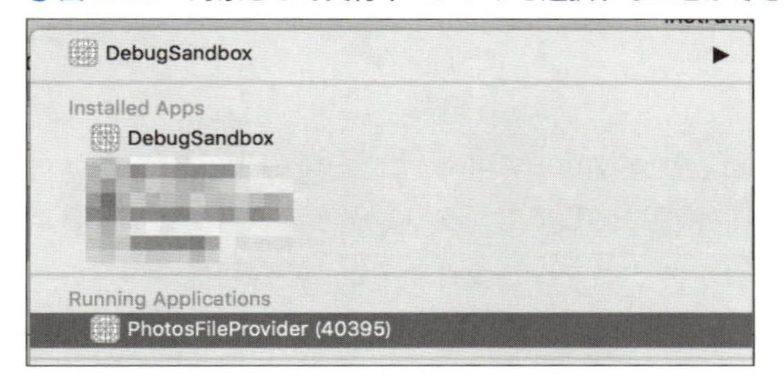

▶図12-24 Instrumentsによる計測結果

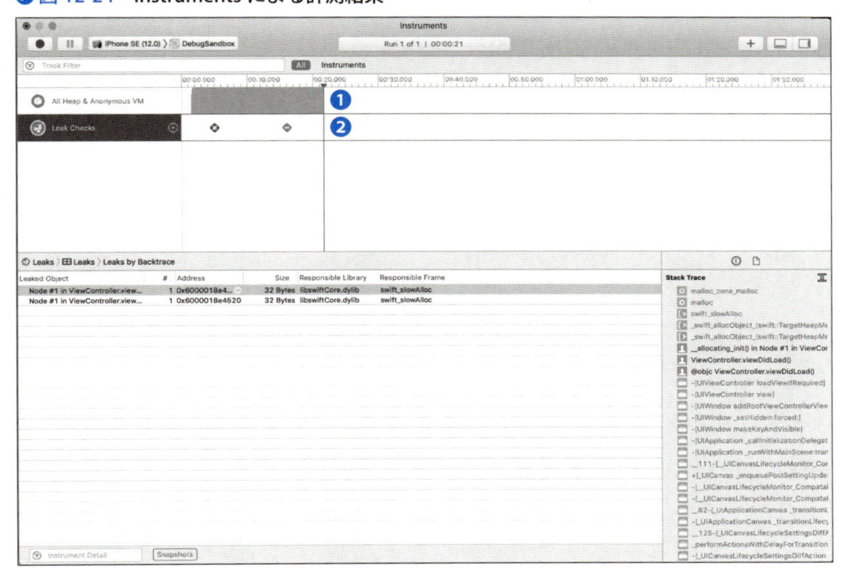

図12-24の1行目にある「All Heep & Anonymous VM」には、確保されたメモリの詳細が表示されます（❶）。

2行目にある「Leak Checks」では、メモリリークしたオブジェクトの詳細が表示されます（❷）。メモリリークが発生した場合には、赤いひし形の「x」が表示されます。それを選択すると、実際にリークしたオブジェクトの詳細やスタックトレースを確認できます。

なお、灰色のひし形の「ー」は、新たなリークが発生していないことを示しています※10。

■その他の機能

図12-24では、「All Heap & Anonymous VM」と「Leak Checks」の2行だけが表示されていましたが、必要に応じてモニタリングする項目を追加できます。画面右上に配置された「+」ボタンをクリックすると、追加可能な項目の一覧が表示されます。たとえば、処理時間を計測する「Time Profiler」を一覧から選択すると、新たな行が追加され、モニタリングできる状態になっていることがわかります（図12-25）。

図12-25　Time Profilerを新たに追加した様子

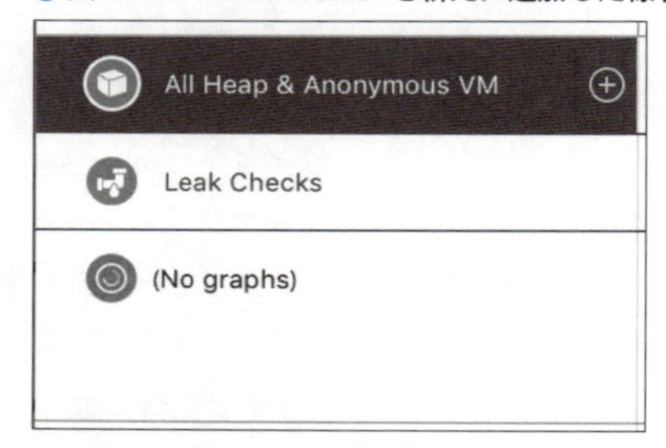

システムの実行状況をモニタリングしたいと思った際には、Instrumentsに機能が含まれていないか確認するとよいでしょう。

※10　メモリリークは一定間隔でチェックされるため、このように定期的なタイミングでマークが表示されます。

12-4 LLDBを使ったデバッグ

Xcodeでは、「LLDB※11」というデバッガーが標準で搭載されています。Xcode上でブレークポイントを設定して一時停止したり、変数の中身を確認・変更したりと、さまざまなデバッグ機能が用意されていますが、これらはLLDBの機能を利用して実現されています。

Xcodeでは、ブレークポイントまたは一時停止ボタンから実行を一時停止させた状態で、画面右下のデバッグコンソールから、LLDBのコマンドを直接実行できます。LLDBのコマンドは豊富なので、Xcode上からだけでは実現できない高度なデバッグなどが可能になります。

▶図12-26 デバッグコンソールからLLDBのコマンドを実行する

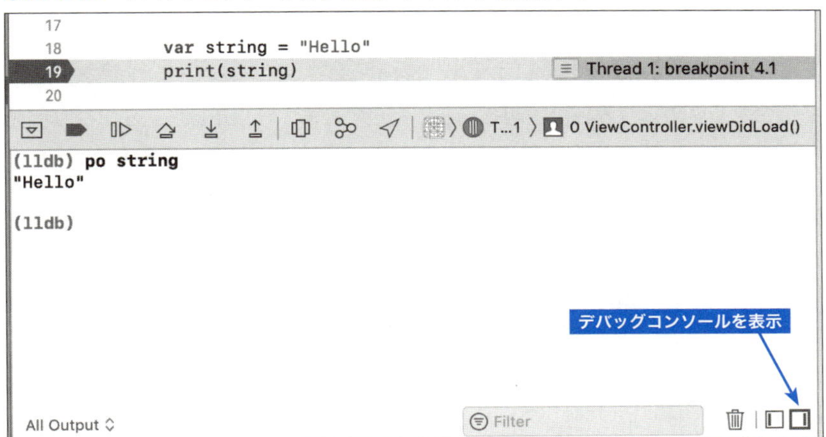

※11 http://lldb.llvm.org/

ヘルプを確認する

LLDBにどのようなコマンドが用意されているかは、**help**コマンドで確認できます。デバッグコンソール上で**help**と入力すると、次のように、利用可能なコマンドの一覧が表示されます。

```
(lldb) help
Debugger commands:
  apropos           -- List debugger commands related to a word or subject.
  breakpoint        -- Commands for operating on breakpoints (see 'help b' for
                       shorthand.)
  bugreport         -- Commands for creating domain-specific bug reports.
...
Current command abbreviations (type 'help command alias' for more info):
  add-dsym  -- Add a debug symbol file to one of the target's current modules
               by specifying a path to a debug symbols file, or using the
               options to specify a module to download symbols for.
  attach    -- Attach to process by ID or name.
  b         -- Set a breakpoint using one of several shorthand formats.
...
For more information on any command, type 'help <command-name>'.
```

また、最終行に出力されていますが、「**help <コマンド名>**」と入力することで、そのコマンドのより詳細な説明を見ることができます。以下は、iOSアプリ開発において利用頻度が高いと思われる**po**コマンドについてのヘルプを出力したところです。

```
// po コマンドについてヘルプを表示する
(lldb) help po
     Evaluate an expression on the current thread.  Displays any returned value
     with formatting controlled by the type's author.  Expects 'raw' input (see
     'help raw-input'.)

Syntax: po <expr>

Command Options Usage:
  po <expr>


'po' is an abbreviation for 'expression -O  --'
```

この出力を読むと、次のようなことが読み取れます。

・現在のスレッドにおいて式を評価し、その結果を出力するコマンドである
・「po <式>」という書式で利用できる
・「po」というのは「expression -O --」の省略形である

このように、LLDBのヘルプはとても充実しているので、どのようなコマンドが存在するのか知りたい場合や、利用するコマンドの詳細を知りたい場合に、helpコマンドを活用するとよいでしょう。

また、英語ですが、公式のWebページも充実しているので、よりくわしく知りたい方はそちらも参照するとよいでしょう。

変数の値を確認する

LLDBから変数の値を確認するコマンドとして利用できるのが、次の2つのコマンドです。

表12-5 LLDBから変数の値を確認するコマンド

コマンド	書式	説明
po	po <expr>	exprを評価した結果をオブジェクト自身の表現で出力する
p	p <expr>	exprを評価した結果をLLDBの表現で出力する

変数の値は、Xcodeの変数ビューでも確認できますが、デバッグ中にさっと変数の値を確認したい場合には、これらのコマンドを利用すると便利です。

poコマンド

以下は、poコマンドを利用して、インスタンス変数stringの内容を出力している例です。

```
(lldb) po string
"hello"

(lldb) po string.count
```

```
5

(lldb) po string.count + 1
6
```

poコマンドには「式」を渡すことができるので、文字列のプロパティを参照したり、最後の例のように「string.count + 1」といった任意の式を評価することも可能です。

■pコマンド

poコマンドがSwiftのdebugDescriptionプロパティの値を出力するのに対して、pコマンドは「LLDB」によって解析された結果が出力されます。

以下は、UIViewController上に設置した「Swift」というテキストが設定されたUILabelに対して、それぞれのコマンドを実行してみた結果です。

```
// po コマンドの実行結果
(lldb) po self.textLabel
? Optional<UILabel>
  - some : <UILabel: 0x7fe3e550cf60; frame = (168 323; 39 21); text = 'Swift';
opaque = NO; autoresize = RM+BM; userInteractionEnabled = NO; layer = <_
UILabelLayer: 0x600003d79a40>>

// p コマンドの実行結果
(lldb) p self.textLabel
(UILabel?) $R44 = 0x00007fe3e550cf60 {
  UIKit.UIView = {
    UIKit.UIResponder = {
      baseNSObject@0 = {
        isa = UILabel
      }
    }
  }
}
```

このように、両者の出力結果はかなり異なります。どちらを利用すべきかはケース・バイ・ケースですが、基本的にはpoコマンドを利用しつつ、出力結果に不足を感じた場合にはpコマンドを利用するとよいでしょう。

変数の値を変更する

Xcodeのバリアブルビューから変数の値を確認できますが、値を変更することができるのは一部の項目に限られています[※12]。そのような場合でも、LLDBのpoコマンドで変更が可能です。例として、インスタンス変数var stringの値を「Swift」に書き換える場合は、次のようにします。

```
// 現在の値を確認
(lldb) po self.string
"Hello"

// 値を「Swift」に書き換え
(lldb) po self.string = "Swift"

// 値が「Swift」に書き換わっている
(lldb) po self.string
"Swift"
```

ただし、letで宣言された変数や、コンパイラによってインライン化されている場合などは、値の変更がうまくいかないケースもあるので、注意が必要です。

```
// letで宣言された変数値の変更をしようとしているがエラーとなる
(lldb) po string = "var"
error: <EXPR>:3:9: error: cannot assign to property: 'string' is a 'let' constant
string = "var"
~~~~~~~ ^
```

なお、poコマンドは、与えられた式を評価するしくみになっているため、変数の値を変更するだけにとどまらず、メソッド呼び出しなども可能です。

リスト12-6 Dog構造体

```
struct Dog {

    let name: String
    let age: Int
```

※12 変数を右クリックするとコンテキストメニューに「Edit Value...」という項目が表示されますが、ほとんどの型ではグレーアウトして選択不可となっています。

```
    func greet() {
        print("My name is \(name)")
    }
}
```

```
// dogの中身を出力
(lldb) po dog
? Dog
  - name : "pochi"
  - age : 4

// greet()メソッドを呼び出し
(lldb) po dog.greet()
My name is pochi
```

このように、アプリを再ビルドすることなく「変数値の変更」や「メソッド呼び出し」が可能となるので、覚えておくとより効率的にデバッグできるでしょう。

Viewのプロパティを動的に変更する

LLDBの応用的な使い方として、画面に表示されたViewのプロパティ(テキスト、色など)を動的に変更する方法を紹介します。12-3節の「Debug View Hierarchy」の項では、現在表示している画面のView階層を確認するXcodeの機能について紹介しました。その状態でView要素を選択すると、各種プロパティなどを見られますが、同様にその要素の「メモリアドレス」も確認できます。

▶図 12-27 View要素を選択することでメモリアドレスが表示される

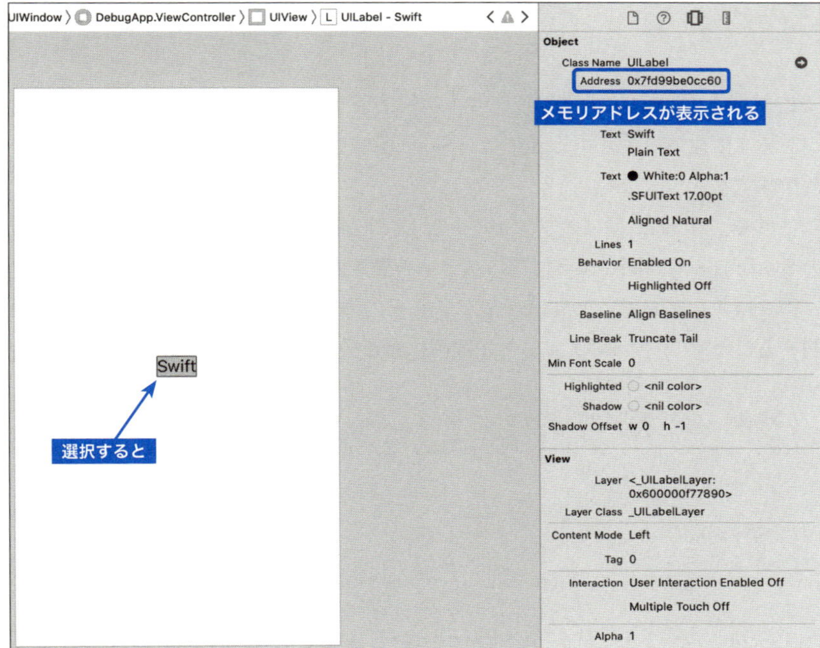

メモリアドレスがわかれば、Swiftの`unsafeBitCast(, to:)`関数を利用して、対象のオブジェクトを取得できます。ここでは、式を評価できるLLDBの`expression`コマンド（表12-6）を利用します。

▶表 12-6 LLDBの「expression」コマンド

コマンド	書式	説明
expression	`expression <expr>`	`expr`を評価する

```
// UILabel を解決するために UIKit を import する
(lldb) expression -l swift -- import UIKit

// unsafeBitCast を利用してメモリアドレスから要素を取得する
(lldb) expression -l swift -- unsafeBitCast(0x7fdb25507a60, to: UILabel.self)
(UILabel) $R12 = 0x00007fdb25507a60 {
  UIKit.UIView = {
```

```
    baseUIResponder@0 = <extracting data from value failed>
...
```

ここでは UILabel にキャストしていますが、事前に UIKit を import する必要がある点に注意です。-l swift は「Swift 言語のコードとして評価させる」という意味です。

これで、UILabel 型のオブジェクトとして取得できるようになったので、通常の Swift コードと同じようにプロパティを書き換えることが可能です。

書き換えたあとは、continue コマンドを入力するか、Xcode 上から実行を再開することで、ラベルのテキストが実際に書き換えられていることがわかります。

```
// UILabel.text を "LLDB" に書き換える
(lldb) expression -l swift -- unsafeBitCast(0x7fdb25507a60, to: UILabel.self).text
= "LLDB"

//  実行を再開する
(lldb) continue
```

LLDB は、使いこなすまで若干の敷居がありますが、このように Xcode だけでは実現できない高度なデバッグが可能となるので、デバッグの幅が広がるでしょう。

12-5 シミュレータのデバッグ機能を使う

シミュレータには、デバッグ時に便利な機能が搭載されています。デバッグ機能は、シミュレータの「Debug」メニューからアクセスできるようになっています（図 12-28）。ここでは、その中でもより重宝すると思われるものを紹介します。

▶図 12-28　シミュレータのデバッグメニュー

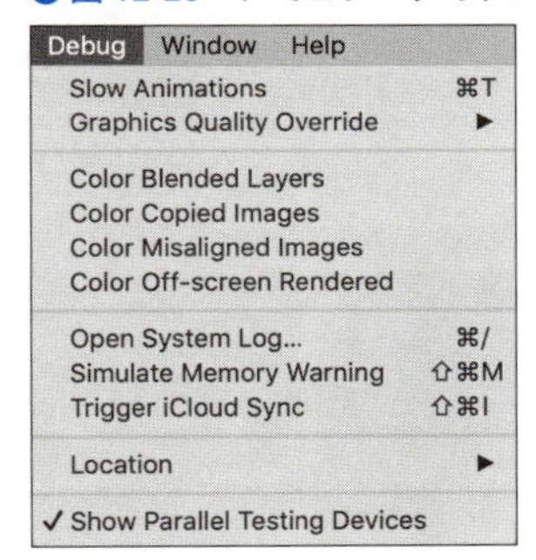

アニメーションをゆっくりにする

凝ったアニメーションを自作している場合では、標準のスピードではアニメーションが期待どおりに動作しているか確認しづらいケースがあります。そのような時に利用できるのが、「Slow Animations（⌘ + T)」です。この設定を有効にすることで、シミュレータ全体の速度がスローになるため、アニメーションの動作確認がしやすくなります。

なお、アニメーション速度の変更は、後述する「Hyperion-iOS」でも可能です（12-7 節参照）。Hyperion-iOS では、実機でも利用可能で、アニメーション速度も段階的に設定できるので、必要に応じてそちらも利用するとよいでしょう。

着信中のバーを表示する

iOSでは、着信時やテザリング中には、ステータスバーが通常時よりも太く表示されます。その状態を考慮して作られていない場合、アプリの画面が崩れて表示されてしまうことがあります。

シミュレータには、その状態を再現する機能が備わっており、「Hardware > Toggle In-Call Status Bar（⌘ + Y)」で表示を切り替えられます。実機でこの状態を再現するのは手間なので、この方法も覚えておくとよいでしょう。

▶図12-29 シミュレータで着信バーを表示

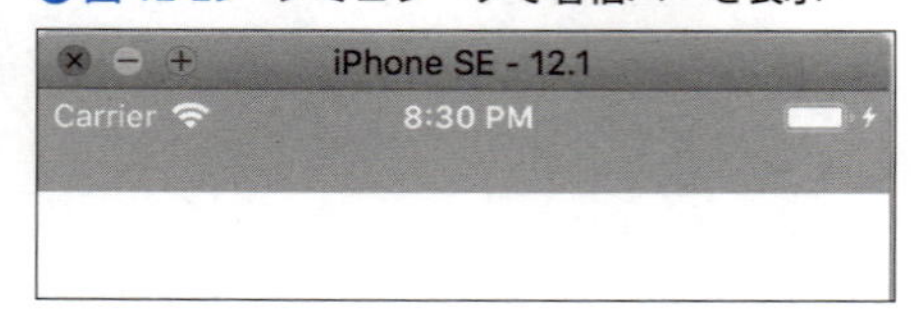

12-6 実機のデバッグ機能を使いこなす

開発用に利用している端末には、iOS 標準の設定アプリ内に「デベロッパ」というメニューが表示され[※13]、デバッグに関する便利な機能が搭載されています(図 12-30)。ここでは代表的な機能をいくつか紹介します。

図 12-30　デベロッパメニュー

1
2
3
4
5
6
7
8
9
10
11
12
A

ネットワーク接続速度を変更する

iPhone や iPad などのモバイルデバイスは、さまざまなネットワーク環境で利用されます。iOS アプリとしては、ネットワーク接続が低速なユースケースも考慮することが大切です。アプリ開発中に、Wi-Fi などの高速な通信環境で動作確認して問題がなくても、通信が低速だったり不安定なネットワーク環境では、期待していたアプリの挙動・UX が得られないという事態も考えられます[※14]。

しかし、実際に通信が不安定だったり、低速な環境を用意してアプリの動作確認をするのは難しいものです。そのようなときに、「デベロッパ」メニューに用意された「Network Link Conditioner」という機能を利用することで、さまざまなネットワーク環境をシミュレーションすることが可能です。

Network Link Conditioner

設定アプリ ＞ デベロッパ ＞ Network Link Conditioner を選択すると、ネッ

※13　表示されない場合は Xcode から実機デバッグすると表示されるようになることが多いです。
※14　通信データ量が大きすぎて、いつまで経っても画像が表示されない、など。

トワーク速度を変更できる画面が表示されます。

▶図 12-31　3G 回線のネットワークをシミュレートする例

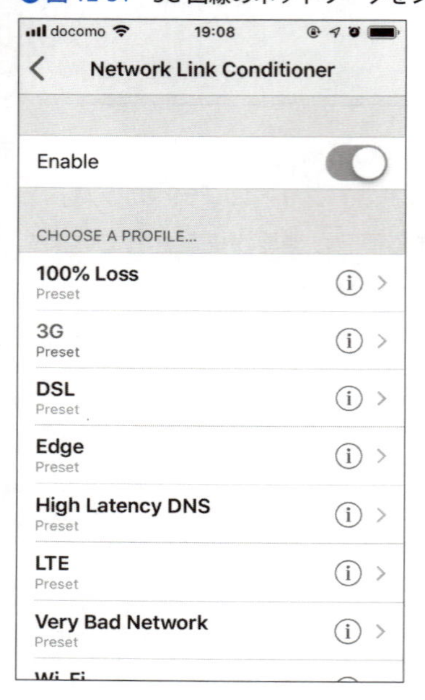

図 12-31 のように「Enable」を ON にし、一覧からネットワーク環境を選択（ここでは「3G」を選択）することで、そのネットワーク環境がシミュレートされた状態で、iPhone が動作するようになります。

なお、この設定はすべてのアプリに適用されます。普段利用している iPhone などで設定を OFF にするのを忘れると、接続速度が遅くなったままになるので注意しましょう。

画面の末端には「Add a profile...」という項目もあり、ここから任意の回線状態をシミュレートするプロファイル（設定）を新規に作成することも可能です。

このように低速なネットワークにおける動作確認も手軽におこなえるので、アプリのリリース前に一度は確認しておくとよいでしょう。

12-7 アプリ上でデザインを確認する - Hyperion

アプリ開発では、デザイナーがSketchなどで作成したデザイン仕様書をもとに、iOSアプリエンジニアがStoryboardやXibを用いて画面デザインをするケースが多いでしょう。そのまま仕様書どおりのデザインがアプリに反映されれば問題ありませんが、実装ミスやコミュニケーションミスにより、意図した設定値が正しく反映されないケースもあります。

Hyperin-iOSを利用すると、アプリ上でかんたんにデザインを確認できます。公式リポジトリのREADME※15には、動画付きで機能が紹介されているので、そちらを先に見ると、どういったことができるのかイメージしやすいでしょう。

Hyperion-iOSを導入する

Hyperion-iOSの導入方法は、リポジトリのREADMEにくわしく記載されています。ここでは、CocoaPodsを利用した導入方法について説明します。

■インストール

CocoaPodsを利用してインストールする場合は、`Podfile`のアプリ本体用のターゲットに追加します。

▶リスト 12-7 Podfile の設定

```
target 'TestBookApp' do
  use_frameworks!

  # Hyperion iOS本体 ❶
  pod "HyperioniOS/Core", :configurations => ['Debug']

  # プラグイン（任意） ❷
  pod 'HyperioniOS/AttributesInspector', :configurations => ['Debug']
```

※15 https://github.com/willowtreeapps/Hyperion-iOS

```
pod 'HyperioniOS/Measurements', :configurations => ['Debug']
pod 'HyperioniOS/SlowAnimations', :configurations => ['Debug']
```

❶ Hyperion-iOS の本体で、インストールは必須です
❷ Hyperion-iOS のプラグインで、必要なものだけインストールできます

あとは、`pod install` を実行すれば導入は完了です。

それぞれ「`:configurations => ['Debug']`」と指定しています。これは Podfile の記法の 1 つで、ここでは Build Configurations が「Debug」の場合にのみ有効にすることを意味しています。このようにすることで、特定の Build Configurations でビルドした場合だけ、Hyperion-iOS を含められるようになります。

なお、Build Configurations は、Xcode のプロジェクトの Info タブから追加できます。デフォルトでは「Debug」と「Release」のみが作成されていますが、必要に応じて追加することもできます。

▶図 12-32 ビルド用の Configuration を追加する

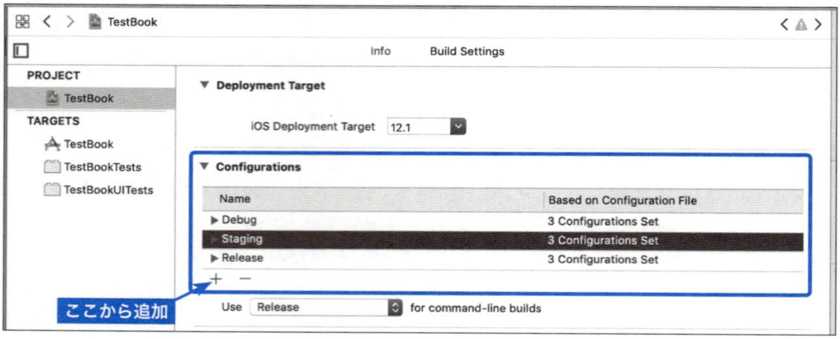

Hyperion-iOS を表示する

Hyperion-iOS は、デフォルトでは、次のどちらかの方法で表示できるようになっています。

・画面右端からスワイプ（RightEdgeSwipe）
・端末を降る（Shake）

正しく導入がおこなえていれば、上記どちらかの操作をすると画面右端からメニューが表示されます（トリガーをカスタマイズする方法は後述します）。

1 2 3 4 5 6 7 8 9 10 11 12 A

図 12-33　Hyperion-iOS のメニュー

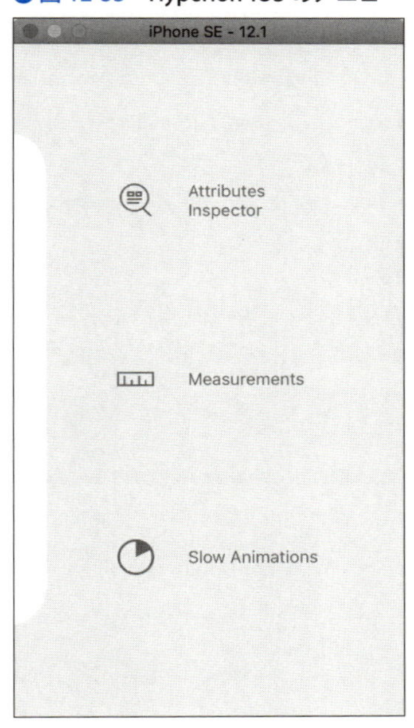

3 つの項目が表示されていますが、これがインストールされたプラグインの一覧です（表 12-7）。

表 12-7　Hyperion-iOS の公式から提供されているプラグイン

名称	説明
Attributes Inspector	選択した要素の属性を確認する
Measurements	要素間の距離を確認する
Slow Animations	アニメーションの速度を調整する

各プラグインの機能を利用する

メニューから各プラグインをタップすることで、機能が利用できます。ここでは、公式から提供されているプラグインについて紹介します。

■要素の情報を確認する - Attributes Inspector

Attributes Inspector では、要素をタップして選択することで、その要素の属性などの情報を表示できます。

図12-34　要素の属性を表示する

図12-34のとおり、末端の「・・・」という部分をタップすると、より詳細な情報を表示できます（図12-35）。

▶図 12-35　末端の・・・をタップすると詳細な情報が表示される

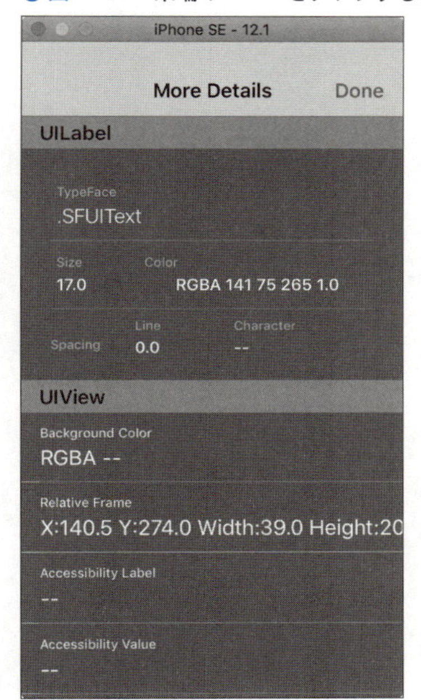

1
2
3
4
5
6
7
8
9
10
11
12
A

なお、画面要素が小さい場合、そのままだとタップして選択するのが難しいケースもありますが、Hyperion-iOS が有効な状態であれば、ピンチイン・ピンチアウト[※16]で、画面の縮小・拡大もできます。

こういった属性値の確認は、12-3 節で紹介した「Debug View Hierarchy」でも確認可能ですが、Hyperion-iOS は Xcode がなくても利用できるため、デザイナーやテスターなど開発者以外に確認してもらう際にも便利です。

■要素間の距離を確認する - Measurements

Measurements では、選択した 2 要素間の距離を表示できます。

※16　iOS標準の写真アプリなどでも利用されている、2本指で拡大・縮小を行う操作

図 12-36　2 要素間の距離を表示する

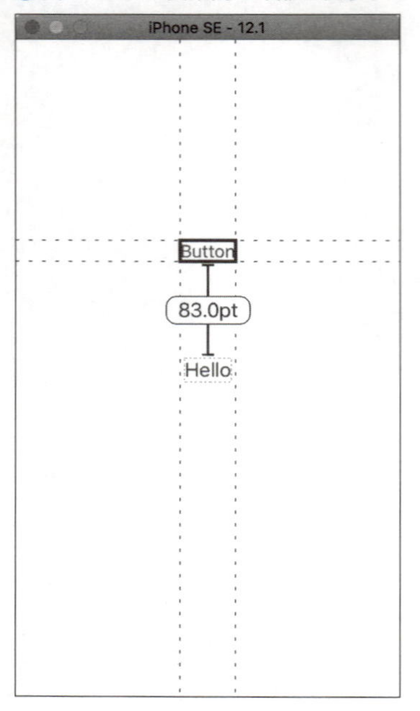

同じ View 階層の要素同士だけではなく、別の View 階層の要素同士や親 View との距離も表示できます。Xcode ではこういった機能は用意されていないので、要素間の距離が正しいか確認したいケースなど、開発中のデバッグにも利用できるでしょう。

■アニメーションを遅くする - Slow Animations

Slow Animations では、アニメーションの速度を「x0.25」「x0.5」「x0.75」のいずれかに変更できます。

図 12-37 アニメーションの速度を変更する

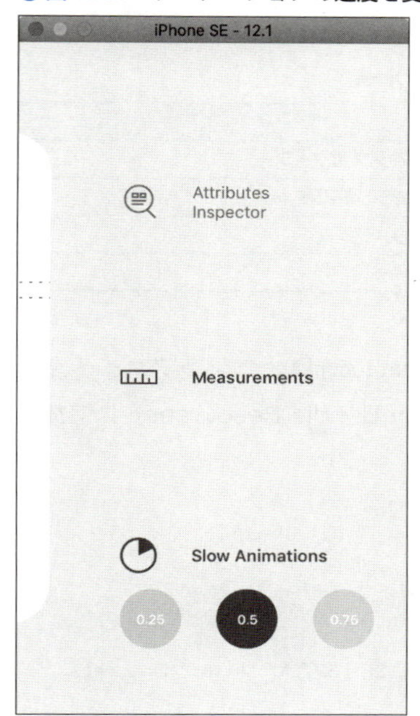

シミュレータであれば、12-5 節で紹介した機能も利用できます。しかし、アニメーション速度は固定なので、さまざまな速度で確認したい場合などは、こちらの機能を利用するとよいでしょう。

トリガーとなるジェスチャーを変更する

前述したとおり、Hyperion-iOS のメニューを表示するデフォルトの操作（トリガー）は、「画面右端からスワイプ（RightEdgeSwipe）」または「端末を降る（Shake）」となっています。

この設定で不都合がある場合[※17]は、トリガー操作を変更することもできます。

README 上では明記されていませんが、API リファレンス[※18]やコード[※19]を

※17 左右にスワイプする操作が多く、操作が競合してしまうアプリなど。
※18 https://willowtreeapps.github.io/Hyperion-iOS/Enums/HYPActivationGestureOptions.html
※19 https://github.com/willowtreeapps/Hyperion-iOS/blob/master/Core/Public/HYPActivationGestureOptions.h

読むと、次のいずれかが設定可能であることがわかります。

▶表12-8 Hyperion-iOSで利用可能なジェスチャーの一覧

設定値	説明
TwoFingerDoubleTap	2本指でダブルタップ
ThreeFingerSingleTap	3本指でシングルタップ
RightEdgeSwipe	右端からスワイプ
Shake	端末を降る

カスタマイズする場合は、HyperionConfiguration.plistというファイルを新規に作成し、アプリ本体のターゲットの「Copy Bundle Resources」に追加します[※20]。

XML[※21]での記述例は、次のようになります。

▶リスト12-8 HyperionConfiguration.plistの設定例

```
<?xml version="1.0" encoding="UTF-8"?>
<!DOCTYPE plist PUBLIC "-//Apple Computer//DTD PLIST 1.0//EN" "http://www.apple.
com/DTDs/PropertyList-1.0.dtd">
<plist version="1.0">
    <dict>
        <!-- シミュレータ・実機の両方で許可するトリガー -->  ❶
        <key>Default</key>
        <dict>
            <key>Triggers</key>
            <array>
                <string>Shake</string>
                <string>RightEdgeSwipe</string>
            </array>
        </dict>
        <!--シミュレータに追加で許可するトリガー -->  ❷
        <key>Simulator</key>
        <dict>
            <key>Triggers</key>
            <array>
                <string>TwoFingerDoubleTap</string>
            </array>
```

※20 Xcode上で新規に作成した場合、「Copy Bundle Resources」には自動的に追加されます。
※21 XcodeのProperty List Editorを利用して編集しても問題ありません。

```
        </dict>
        <!-- 実機で追加に許可するトリガー -->  ❸
        <key>Device</key>
        <dict>
            <key>Triggers</key>
            <array>
                <string>ThreeFingerSingleTap</string>
            </array>
        </dict>
    </dict>
</plist>
```

この設定例では、次のような挙動になります。

❶ シミュレータ・実機ともに「Shake」と「RightEdgeSwipe」が利用できる
❷ シミュレータでは❶に加えて「TwoFingerDoubleTap」が利用できる
❸ 実機では❶に加えて「ThreeFingerSingleTap」が利用できる

「<key>Triggers</key>」や「<key>Device</key>」における定義は、「<key>Default</key>」の設定を上書きするのではなく、追加で利用可能になるという点を押さえておけばよいでしょう。

Appendix

A-1　XCTestを導入する

XCTestを導入する手順としては、次の2つがあります。

1　新規プロジェクト作成時に設定する
2　既存プロジェクトにあとから追加する

新規プロジェクト作成時に設定する

次の手順をおこないます。

1　Xcodeメニュー> File > New > Project……（⌘+ Shift + N）を選びます（Xcodeのスタート画面から「Create a new Xcode project」を選択する方法でも可能です）

図A-1　新規プロジェクトのメニュー画面

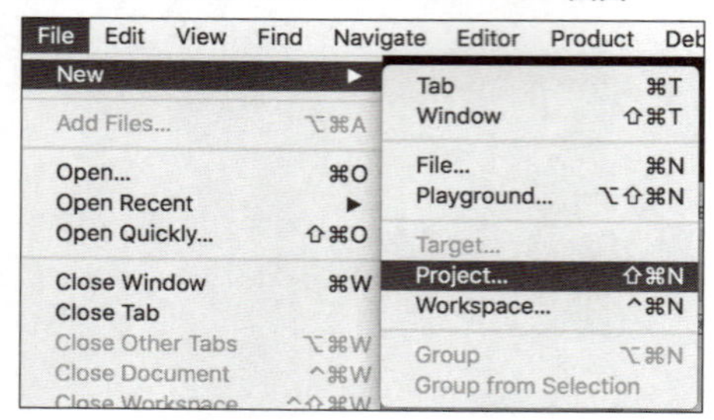

2　プロジェクトのテンプレート選択画面で任意のテンプレートを選択します(ここでは「Single View App」を選びます)

◎図 A-2　新規プロジェクトのテンプレート選択画面

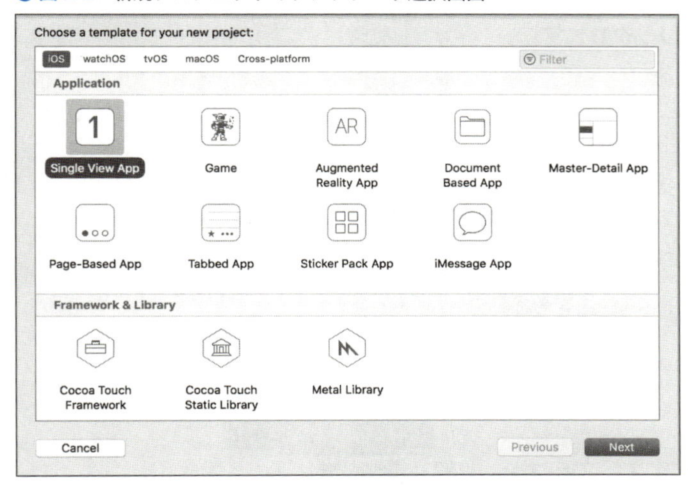

3　プロジェクトの設定を入力する画面が表示されます。「Include Unit Tests」をチェックすると単体テストが、「Include UI Tests」をチェックするとUIテストが、プロジェクトに導入されます

◎図 A-3　新規プロジェクトのプロジェクト設定画面

4 最後にプロジェクトの保存先を聞かれるので、任意の場所を選択し「Create」ボタンをクリックします

生成されたXcodeプロジェクトを確認すると、以下の図のようになります。

A-4　新規プロジェクトの生成結果

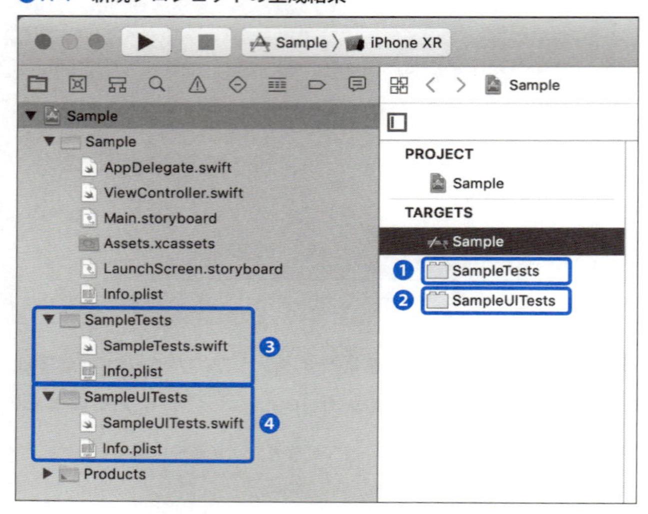

❶ 単体テスト用のターゲット
❷ UIテスト用のターゲット
❸ ユニッテスト用のソースが格納される場所
❹ UIテスト用のソースが格納される場所

「SampleTests.swift」といったソースは、デフォルトで生成されたテストコードのひな形です。

リスト A-1　ひな形として生成されたテストコード（コメントは除外）

```
import XCTest
@testable import Sample

class SampleTests: XCTestCase {
```

```
    override func setUp() {
        super.setUp()
    }

    override func tearDown() {
        super.tearDown()
    }

    func testExample() {
    }

    func testPerformanceExample() {
        self.measure {
        }
    }
}
```

既存プロジェクトにあとから追加する

次の手順をおこないます。

1 プロジェクトナビゲータからプロジェクトを選択し、「TARGETS」の一覧の左下の「+」をクリックしてターゲットを追加します

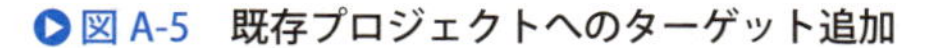
図 A-5 既存プロジェクトへのターゲット追加

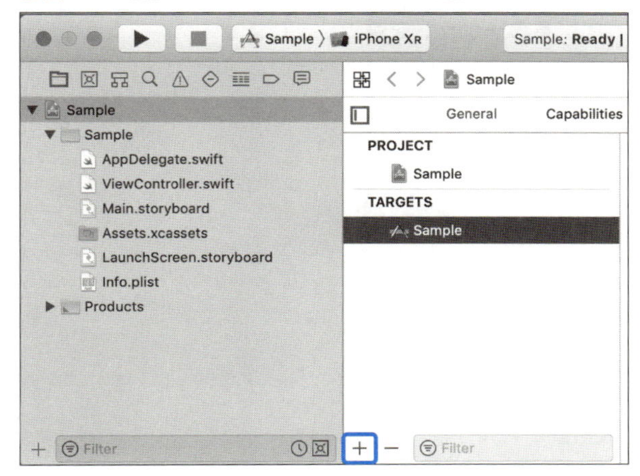

2 ターゲットのテンプレートを選択する画面が表示されるので、「iOS Unit Testing Bundle」を選択します（UIテストを追加する場合は「iOS UI Testing Bundle」を選択）

▶図 A-6　既存プロジェクトのテンプレート選択画面

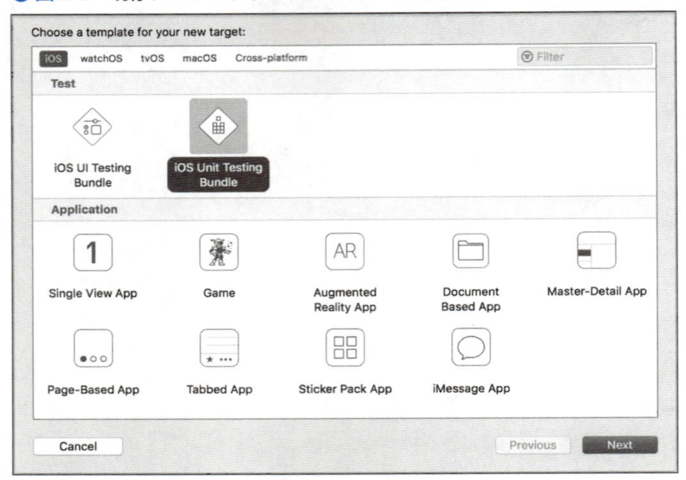

3 追加するターゲットの設定を入力する画面が表示されるので、任意の設定値を入力して「Finish」ボタンをクリックします。「Target to be Tested」にはテスト対象となるターゲットを選択します。XCTestでテストしたい対象となるソースが含まれているターゲットを選択しましょう

図 A-7　既存プロジェクトのターゲット設定画面

Choose options for your new target:

Product Name: SampleTests
Team: None
Organization Name: Book
Organization Identifier: edu.self
Bundle Identifier: edu.self.SampleTests
Language: Swift
Project: Sample
Target to be Tested: Sample

Cancel　Previous　Finish

作成が完了すると、新規プロジェクト作成時に XCTest を設定したときと同様にテスト用のターゲットが追加され、それに対応するコードがプロジェクトナビゲータ上に追加されます。

図 A-8　既存プロジェクトの生成結果

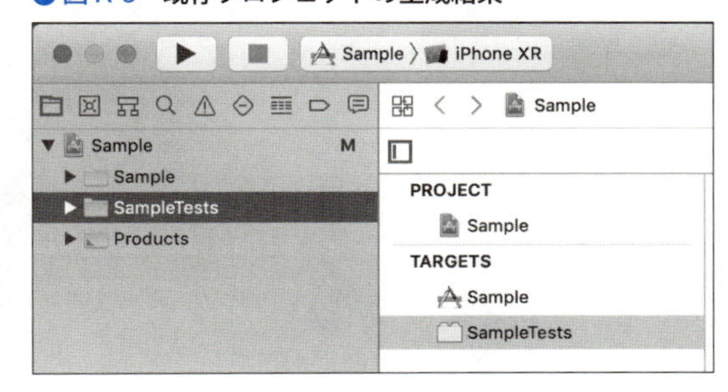

A-2 XCTest を実行する

Xcode 上からテストを実行する方法は、おもに次の 3 種類があります。

・エディタ上から実行
・テストナビゲータ上から実行
・スキーム全体で実行

エディタ上から実行する

テストコードをエディタに表示すると、次の図 A-9 のように、ルーラ上に「ひし形」マークが表示されます[※1]。

▶図 A-9　エディタのルーラ上に「ひし形」マークが表示される

```
 9  import XCTest
10
◇  class SampleTests: XCTestCase {
12
13      override func setUp() {
14          // Put setup code here. This method is called before the in
15      }
16
17      override func tearDown() {
18          // Put teardown code here. This method is called after the
19      }
20
◇      func testExample() {
22          // This is an example of a functional test case.
23          // Use XCTAssert and related functions to verify your tests
24      }
25
◇      func testPerformanceExample() {
27          // This is an example of a performance test case.
28          self.measure {
29              // Put the code you want to measure the time of here.
30          }
31      }
32
33  }
```

※1　たまにマークが表示されない事象に遭遇することもあります。そうした場合はXcodeを再起動したり、クリーンビルドをすると直る場合が多いです。

これらをクリックすることで、対象のテストが実行されます。この例では、1番上はテストクラス全体（テストクラスに含まれる全テストメソッド）、ほかの2つは対象のテストメソッドのみが実行されます。

ひし形マークをクリックするとビルドが開始され、それが終了するとシミュレータが起動し、テストが実行されます。しばらく時間がかかるケースもあるので焦らずに待ちましょう。

「Test Succeeded」と通知が表示されればテストは成功です。

▶図 A-10　XCTest の成功通知

実行後、テストが成功したものについてはマークが緑の「✓」（❶）に変化し、逆にテストが失敗すると赤の「×」（❷）に変化します。この挙動は、どのテスト実行についても同様です。

▶図 A-11　XCTest の成功後

```
 8
 9  import XCTest
10
⊗  class SampleTests: XCTestCase {
12
✓    ❶ func testSuccess() {
14          XCTAssertTrue(true)
15      }
16
⊗    ❷ func testFailed() {
18          XCTAssertTrue(false)          ⊗ XCTAssertTrue failed
19      }
20  }
21
```

テストナビゲータから実行する

ナビゲータエリアから「テストナビゲータ」を選択すると、プロジェクトに存在するテストの一覧が表示されます。テストの一覧は「ターゲット＞クラス＞メソッド」という階層で表示されており、これらの単位で実行できます。

図 A-12　Xcode のテストナビゲータからテストの一覧を表示したところ

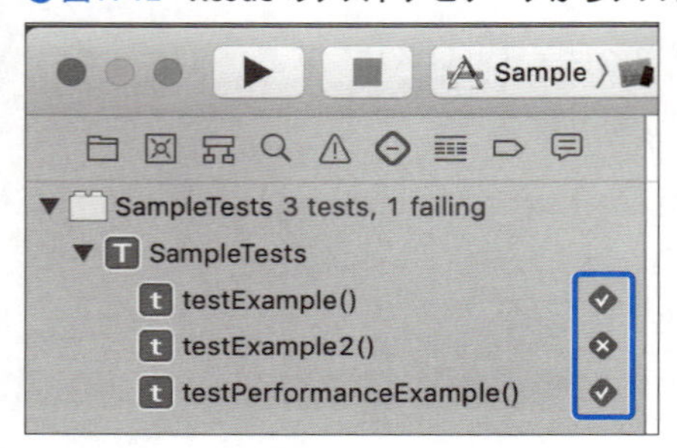

右側に表示されている「ひし形」マークは直近のテスト実行結果を表しており、エディタのルーラに表示されるマークと同様に、緑が「成功」、赤が「失敗」を表しています。これらのマークをクリックすることで、対象のテストが実行されます。

具体的な利用例として、次のようなケースでテストナビゲータを利用できます。

・特定の「テストターゲット」の全テストを実行したい
・失敗している特定のテストのみをピンポイントで再実行したい

スキーム全体で実行する

「Xcode のメニュー ＞ Product ＞ Test」を選択するか、ショートカットキーとして「⌘ + U」を入力することで、スキーム設定で選択されたすべてのテストが実行されます。

▶ 図 A-13 プロジェクト全体で実行する

Product Debug Source Co
Run ⌘R
Test ⌘U
Profile ⌘I
Analyze ⇧⌘B
Archive

対象のスキームで実行対象とするテストは、スキームエディタの「Test」から設定できます。Info タブの下部に表示された一覧で、「Enabled」のチェックが ON になっているものが、実行対象となります。次の図 A-14 では、「Sample Tests」ターゲットの SampleTests クラスの testExample2 メソッドのみが対象となっています。

▶ 図 A-14 スキームエディタで実行対象にするテストを選択

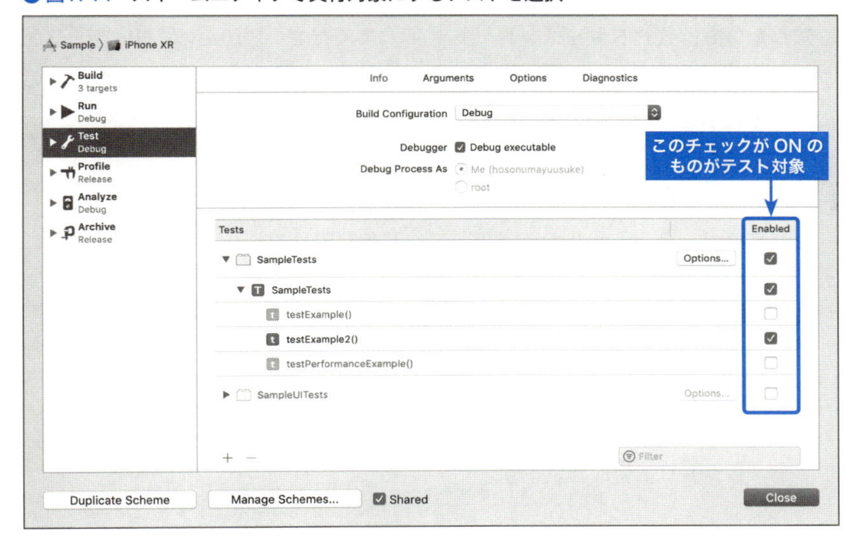

具体的な利用例として、以下のようなものが考えられます。

- 普段の開発で利用しているスキームでは、短時間で実行できる単体テスト用のターゲットのみを選択しておく
- CI/CD 環境で実行するスキームでは、全テストターゲットを対象にする

A-3 Bundlerによるツールバージョンの固定

第9章で取り上げているfastlaneやiOSにおけるパッケージマネージャであるCocoaPodsは、Rubyのライブラリ（RubyGems）として提供されています。これらのツールはビルドに密接に関わるため、開発チーム内で利用するバージョンを揃えたほうが安全です※2。RubyGemsとして提供されているBundler※3というツールを利用すると、ソフトウェア的にバージョンを固定できます。

ここでは、Bundlerの導入手順※4から基本的な利用方法について解説します。Bundlerの詳細については本書の範囲外となるので割愛しますが、よりくわしく知りたい方は公式ドキュメント※5を参照してください。Rubyにおいてデファクトスタンダードなツールであるため、インターネット上にも多くの情報があるので、それらを参考にしてもよいでしょう。

Bundlerの導入

Bundlerは、ターミナルから次のコマンドを利用してインストールできます。

```
$ gem install bundler
```

次に、Xcodeプロジェクトのルートディレクトリに移動して、以下のコマンドを入力すると、利用するGem（ライブラリ）を記述する「Gemfile※6」がカレントディレクトリに生成されます。

```
$ bundle init
```

※2　異なるバージョンを使用していた場合、ある開発者のマシンでは正しくビルドできない、あるいはビルドできるものの期待した結果が得られないといったトラブルが考えられます。
※3　https://bundler.io/
※4　Rubyのバージョン2.6からはBundlerが標準で同梱されています。
※5　https://bundler.io/docs.html
※6　CocoaPodsでは「Podfile」にあたります。

▶リスト　自動生成されたGemfile

```
# frozen_string_literal: true

source "https://rubygems.org"

git_source(:github) {|repo_name| "https://github.com/#{repo_name}" }

# gem "rails"
```

CocoaPodsのインストール

ここではBundlerを利用して、CocoaPodsをインストールしてみます。まずは、Gemfileを次のように書き換えます。

▶リスト　Gemfileを修正

```
# frozen_string_literal: true

source "https://rubygems.org"

git_source(:github) {|repo_name| "https://github.com/#{repo_name}" }

gem "cocoapods" # この行を修正
```

そして、次のコマンドを入力するとインストールが実行され、依存ライブラリも含めて利用するGem（ライブラリ）のバージョンを完全に固定する「Gemfile.lock」※7が生成されます。

```
$ bundle install
...
Bundle complete! 1 Gemfile dependency, 30 gems now installed.
Use `bundle info [gemname]` to see where a bundled gem is installed.
```

なお、「bundle info <Gem名>」と入力すると、どのバージョンが利用されているのか確認できます。

```
$ bundle info cocoapods
```

※7　CocoaPodsでは「Podfile.lock」にあたります。

```
  * cocoapods (1.5.3)
        Summary: The Cocoa library package manager.
        Homepage: https://github.com/CocoaPods/CocoaPods
        Path: /Users/xxxx/.rbenv/versions/2.4.2/lib/ruby/gems/2.4.0/gems/
cocoapods-1.5.3
```

ここまでの手順で、次の２つのファイルが作成されているので、ソースリポジトリにコミットし、開発チーム内で同一バージョンを利用できるようにしましょう。

```
├ Gemfile
└ Gemfile.lock
```

Bundler 経由でツールを実行する

Bundler 経由でインストールしたツールは、「bundle exec < ツール名 > < ツールの引数 >」という形式のコマンドを利用することで実行できます。たとえば、CocoaPods のバージョンを確認するコマンドは、次のように実行します。

```
$ bundle exec pod --version
1.5.3
```

索引

記号

!== 演算子 67
=== 演算子 67
==> 演算子 167

A

Accessibility Identifier 208, 236
Accessibility Inspector 196
Action 263
adjust 214
allElementsBoundByIndex 210
Amazon Web Service 331
anyString 156
Appium 177, 331
App Store Connect 307
App Store Connect API 307
Arbitrary プロトコル 168
ARC 404
Attributes Inspector 425
Automatic Reference Counting 404
AWS 331
AWS Device Farm 257, 331

B

BDD 124
Behavior Driven Development 124
Bitrise 253, 326, 344
Builder 144, 146
Build for Testing 321
build_ios_app 290, 294
Build-in: Fuzz 331

C

Call matcher 157
CD 252
children 208
CI 250
CI/CD 250
CI/CD パイプライン 258, 344, 370
CircleCI 253, 370
Comparable 69
contain 127
context 125
Cuckoo 148

D

debugDescription 219
Debug Memory Graph 404
Debug View Hierarchy 194, 402
Deliverfile 300

DeployGate................................256, 313
descendants................................208
describe................................125
Dobby................................159
DSL................................153, 265

E

E2E テスト................................34
EarlGrey................................177
element(boundBy:)................................211
End-to-End テスト................................34
Equatable................................66
Exception ブレークポイント................................392
exists:................................216
expect................................131
expectation................................91

F

Fastfile................................262
fastlane................................262
Firebase................................319
Firebase Test Lab................................257, 319
firstMatch................................211
Four-Phase Test................................42
fulfill................................91

H

Haskell................................160
HTTP モック................................139
Hyperin-iOS................................423

I

Instruments................................407
iOS Device Testing................................326
isHittable:................................216
it................................125

L

lane................................280
Leaks................................408
LLDB................................411

M

Matcher................................144, 145
match アクション................................373
Measurements................................425
MockFive................................159
Mockito................................148
MVC アーキテクチャ................................33

N

Network Link Conditioner 421
Nimble 126

O

Objective-C 66

P

Page Object Pattern 242
Parameter macher 156
pinch 213
Pluginfile 288
press 212
private_lane 280
Property-based Testing 160
Protocol-Oriented Programming 101

Q

Quick 124
Quick/Nimble 53, 124

R

Randomize execution order 111
rotate 213
Ruby 284
runActivity 85
run_tests 295

S

Scanfile 298
setUp メソッド 60
Share ブレークポイント 397
Slack 380
Slow Animations 419, 425
stub 153
SwiftCheck 160
SwiftMock 159
Swift Mock Generator Xcode Source Editor Extension 159
swipe 213
Symbolic ブレークポイント 394

T

tap 212
TDD 173
tearDown 61
TestFlight 256, 262, 306
then 151
thenDoNothing 154
thenReturn 152, 153

times 155

U

UI テスト 26
upload_to_app_store 300

V

verify 154

W

waitForExistence 216
wait(for:timeout:) 92
when 153
Wiremock 147
Workflow Editor 344
Workflows 344, 375
Workspace 384

X

xcodebuild 294, 322
XCTAssert 62
XCTAssertEqual 63, 65
XCTAssertEqualObjects 63, 66
XCTAssertFalse 62, 64
XCTAssertGreaterThan 63, 69
XCTAssertGreaterThanOr 63
XCTAssertGreaterThanOrEqual 69
XCTAssertLessThan 63, 69
XCTAssertLessThanOrEqual 63, 69
XCTAssertNil 62, 65
XCTAssertNotEqual 63, 65
XCTAssertNotEqualObjects 63, 66
XCTAssertNoThrow 63, 71
XCTAssertNotNil 62, 65
XCTAssertThrowsError 63, 71
XCTAssertTrue 62, 64
XCTAttachment 226
XCTContext 85
XCTest 52, 54
XCTestCase クラス 84
XCTestExpectation 88
XCTest クラス 84
XCTFail 63, 70
XCUIApplication 178, 221
XCUIDevice 225
XCUIElement 178
XCUIElementQuery 178
XCUIElementTypeQueryProvider 186
xUnit フレームワーク 68

あ

アクション……263
アサーション……62
アサーションメソッド……62
アプリ配信サービス……256, 306, 313

う

ウォッチポイント……398

か

外部テスター……306, 309

き

強制アンラップ……74

け

継続的インテグレーション……250
継続的デリバリ……250
結合テスト……26

し

シミュレータ……419

す

スタブ……97
スパイ……97

せ

性質……165

た

ダミー……97
探索的テスト……25
単体テスト……26

て

テストダブル……33, 96
テストピラミッド……26, 43
デバイスファーム……256
デバッグエリア……402

な

内部テスター……306, 308

ふ

フェイク……97
ブランチ戦略……260
振舞駆動開発……124
ブレークポイント……390, 400

ほ

ホワイトボックステスト 32

め

メモリリーク..................................... 404, 407

も

モック 33, 96

ゆ

ユーザビリティテスト 25

り

リファクタリング 25

れ

例外...71
レーン...263
レコーディング機能........................ 190, 194
レポートナビゲーター 86

わ

ワークフロー 260, 327, 344, 370

参考文献

- **『初めての自動テスト』**
著：Jonathan Rasmusson ／訳：玉川紘子／ 2017 年刊行／オライリージャパン

- **『継続的インテグレーション入門』**
著：ポール・M・デュバル、スティーブ・M・マティアス、アンドリュー・グローバー／ 訳：大塚庸史、丸山大輔、岡本裕二、亀村圭助／ 2009 年刊行／日経 BP 社

- **『継続的デリバリー』**
著：David Farley、Jez Humble ／訳：和智右桂、高木正弘／ 2012 年刊行／ KADOKAWA/ アスキー・メディアワークス

- **『テスト駆動開発』**
著：Kent Beck ／訳：和田卓人／ 2017 年刊行／オーム社

- **『iOS/macOS プログラマのための Xcode 時短開発テクニック』**
著：土屋喬／ 2017 年刊行／秀和システム

- **『The RSpec Book』(Professional Ruby Series)**
著：David Chelimsky、Dave Astels、Zach Dennis ／監修：角谷信太郎、豊田祐司／訳：株式会社クイープ／ 2012 年刊行／翔泳社

- **『Functional Swift』**
著：Chris Eidhof、Florian Kugler、Wouter Swierstra ／ Version 2.0(December 2015) ／ objc.io（https://www.objc.io/books/functional-swift/）

- **『Android テスト全書』**
著：白山文彦、外山純生、平田敏之、菊池紘、堀江亮介／ 2018 年／ PEAKS（https://peaks.cc/books/android_testing）

- **『iOS アプリ設計パターン入門』**
著：関義隆、史翔新、田中賢治、松館大輝、鈴木大貴、杉上洋平、加藤寛人／ 2018 年／ PEAKS（https://peaks.cc/books/iOS_architecture）

- **『アジャイルサムライ－達人開発者への道－』**
著：Rasmusson ／監訳：西村直人、角谷信太郎／訳：近藤修平、角掛拓未／ 2011 年刊行／オーム社

- **『JUnit 実践入門　～体系的に学ぶユニットテストの技法』**
著：渡辺修司／ 2013 年刊行／技術評論社

- **『Succeeding with Agile: Software Development Using Scrum』**
著：Mike Cohn ／ 2009 年刊行／ Addison-Wesley Professional

著者略歴

●平田敏之（ひらた　としゆき）

DeNA の SWET（Software Engineer in Test）グループ所属。グループウェアの開発、女性向け Web サービスや iOS アプリ開発を経て現職の SWET にたどり着く。現職では、iOS や CI/CD に関する領域を主に担当。テストに関する勉強会である「Test Night」を立ち上げ、SWET メンバーと共に定期開催している。

●細沼祐介（ほそぬま　ゆうすけ）

DeNA の SWET（Software Engineer in Test）グループ所属。Java のテスティングフレームワークである JUnit や、XP 開発におけるテスト駆動開発について、黎明期で触れ、自動テストに興味を持つ。Web、Windows、iOS など様々なプラットフォームでのアプリケーション開発を経て、自動テストの専門部署である SWET にたどり着く。現在は iOS ／ Go 言語の自動テスト領域を担当。Swift や Haskell などの関数型プログラミングを好む。

カバーデザイン：石間淳
本文デザイン／レイアウト：SeaGrape
編集：西原 康智